Zusammenarbeit von Klinik
und Klinischer Chemie

Validität
klinisch-chemischer Befunde

Herausgeber
H. Lang · W. Rick · H. Büttner

Mit 72 Abbildungen und 72 Tabellen

Deutsche Gesellschaft für Klinische Chemie
Merck-Symposium 1979

Springer-Verlag Berlin · Heidelberg · New York 1980

Dr. Hermann Lang, Biochemische Forschung E. Merck, Darmstadt

Prof. Dr. Wirnt Rick, Institut für Klinische Chemie
und Laboratoriumsdiagnostik der Universität Düsseldorf

Prof. Dr. Dr. Hannes Büttner, Institut für Klinische Chemie
der Medizinischen Hochschule Hannover

Merck-Symposium
der Deutschen Gesellschaft für Klinische Chemie
Bonn, 17.–19. Mai 1979
Leitung: H. Büttner

Das Symposium wurde von der Merck'schen Gesellschaft für Kunst
und Wissenschaft unterstützt

ISBN-13:978-3-540-09961-1   e-ISBN-13:978-3-642-81447-1
DOI: 10.1007/978-3-642-81447-1

CIP-Kurztitelaufnahme der Deutschen Bibliothek. Validität klinisch-chemischer Befunde /
Merck-Symposium 1979. Hrsg. H. Lang . . . Dt. Ges. für Klin. Chemie. – Berlin, Heidelberg,
New York : Springer, 1980.
Zusammenarbeit von Klinik und klinischer Chemie
ISBN-13:978-3-540-09961-1

NE: Lang, Hermann (Hrsg.); Merck-Symposium
< 05, 1979, Bonn >; Deutsche Gesellschaft für Klinische Chemie

Begrüßung

Meine sehr verehrten Damen und Herren,
liebe Kolleginnen und Kollegen!

Es ist für mich eine besondere Freude, daß ich zum zweitenmal
in meiner Amtsperiode im Namen des Vorstandes und der Mitglie-
der der Deutschen Gesellschaft für Klinische Chemie die Teilneh-
mer des Symposiums "Zusammenarbeit von Klinik und Klinischer
Chemie" begrüßen kann. Mein Dank gilt der Merck'schen Stiftung
für Kunst und Wissenschaft, die uns die materielle Basis für
diese so fruchtbaren Gespräche wiederum zur Verfügung gestellt
hat. Ich möchte ferner Herrn BÜTTNER für die wissenschaftliche
Vorbereitung und den Herren RICK und LANG für die Organisation
dieser Tage danken.

Ich bin überzeugt, daß wir die gute Tradition der Wiesbadener
und Mainzer Treffen am neuen Orte hier in Bonn fortsetzen werden und daß mit dem diesjährigen Thema vielleicht ein neuer
Durchbruch in dem gemeinsamen Bemühen um eine optimale Nutzung
der mit der klinisch-chemischen Analytik gegebenen Möglichkeiten in der Diagnostik erzielt werden kann.

Das diesjährige Thema "Validität klinisch-chemischer Befunde"
beschäftigt in zunehmendem Maße die gesamte Medizin. Und dies
nicht nur aus ökonomischen Gründen, sondern - und das mag in der
täglichen Arbeit noch gravierender sein - wegen der Problematik,
die die Handhabung großer Datenmengen für die Arbeit am Krankenbett mit sich bringt. Es ist nur natürlich, daß diejenigen kli-
nisch-theoretischen Fachrichtungen der Medizin, welchen die Bereitstellung dieser Daten obliegt, in besonders hohem Maße mit
der Datenfülle einerseits und den ökonomischen Problemen andererseits konfrontiert sind. So ist es verständlich, daß die Klinische Chemie begonnen hat, auf der einen Seite die theoretischen
Grundlagen zur Beurteilung der Validität klinisch-chemischer Befunde zu erarbeiten und auf der anderen Seite das enge Gespräch
mit den Klinikern sucht, in deren Arbeitsbereich sowohl die Aus-
führung klinisch-chemischer Untersuchungen initiiert, wie letzt-
endlich der Befund in Diagnostik und Therapiekontrolle verwertet
wird.

Es ist wohl kaum ein Thema so dazu geeignet, zwischen klinisch-
theoretischem Fach und Klinik diskutiert zu werden, wie diese
akute Problematik, deren Bedeutung für beide Bereiche zunehmend
erkannt wird. So ist zu erwarten, daß diese Tage allen Teilneh-
mern vielfältige Informationen und Denkanstöße für die weitere
Erarbeitung dieses Gebietes geben werden. Ich bin der festen
Überzeugung, daß wir in Zukunft in zunehmendem Maße in die Re-

flektion über Informationsgehalt und Validität klinisch-chemischer Befunde eintreten müssen, um anstelle der Fülle der Information die für die jeweilige Fragestellung relevante Information zu setzen. Nur wenn das gelingt, werden wir die Möglichkeiten der Klinischen Chemie voll für die Patientenversorgung und die klinische Forschung nutzen können.

Mit den Wünschen für ein gutes Gelingen der diesjährigen Gespräche eröffne ich die Tagung.

A. DELBRÜCK

Inhaltsverzeichnis

Teilnehmerverzeichnis

BREUER, H., Prof. Dr.
Institut für Klinische Chemie
und Klinische Biochemie der Universität
Bonn

BÜRGI, W., Priv.-Doz. Dr.
Zentrallaboratorium des Kantonsspitals
Aarau

BÜTTNER, H., Prof. Dr. Dr.
Institut für Klinische Chemie der Medizinischen Hochschule
Hannover

DELBRÜCK, A., Prof. Dr.
Zentrallaboratorium des Krankenhauses Oststadt
Hannover

DENGLER, H.J., Prof. Dr.
Medizinische Universitätsklinik
Bonn

DEUS, B., Prof. Dr.
Zentrallabor am Universitätsklinikum
Freiburg

DYBKAER, R., Dr.
Department of Clinical Chemistry
Frederiksberg Hospital
Copenhagen

EGGSTEIN, M., Prof. Dr.
Medizinische Universitätsklinik
Lehrstuhl für Klinische Chemie
Tübingen

FREI, J., Prof. Dr.
Laboratoire Central de Chimie Clinique
Centre Hospitalier Vaudois
Lausanne

FRERICHS, H., Prof. Dr.
Medizinische Universitätsklinik
Göttingen

FRITSCH, W.P., Prof. Dr.
Medizinische Klinik der Universität
Düsseldorf

GIBITZ, H.I., Prim. Dr.
Chemisches Zentrallaboratorium der Landeskrankenanstalten
Salzburg

X

GLADTKE, E., Prof. Dr.
     Universitätskinderklinik
     Köln

GREILING, H., Prof. Dr. Dr.
     Klinisch-chemisches Zentrallaboratorium
     der Medizinischen Fakultät der TH
     Aachen

GROSS, R., Prof. Dr.
     Medizinische Universitätsklinik
     Köln

GUDER, W.G., Priv.-Doz. Dr.
     Klinisch-chemisches Institut des Krankenhauses Schwabing
     München

HARTMANN, F., Prof. Dr.
     Medizinische Klinik der Medizinischen Hochschule
     Hannover

HAECKEL, R., Prof. Dr.
     Institut für Klinische Chemie
     der Medizinischen Hochschule
     Hannover

HELGER, R., Dr.
     Biochemische Forschung E. Merck
     Darmstadt

KAISER, N., Dr.
     Max-Planck-Institut für Plasmaphysik
     Garching

KATTERMANN, R., Prof. Dr.
     Klinisch-chemisches Institut
     der Städtischen Krankenanstalten
     Mannheim

KELLER, H., Prof. Dr. Dr.
     Institut für Klinische Chemie und Haematologie des
     Kantons St. Gallen
     St. Gallen

KNEDEL, M., Prof. Dr.
     Institut für Klinische Chemie des Klinikums Großhadern
     Universität München
     München

KREUTZ, F.H., Prof. Dr.
     Zentrallaboratorium des Stadtkrankenhauses
     Kassel

KRUSE-JARRES, J.D., Prof. Dr.
     Klinisch-chemisches Labor
     der Chirurgischen Universitätsklinik
     Freiburg

KRÜCK, F., Prof. Dr.
     Medizinische Universitäts-Poliklinik
     Bonn

KRÜSKEMPER, H.-L., Prof. Dr.
    Medizinische Universitätsklinik
    Düsseldorf

LANG, H., Dr.
    Biochemische Forschung E. Merck
    Darmstadt

LAUE, D., Dr.
    Institut für Klinische Chemie und Nuklearmedizin
    Köln

MATTENHEIMER, H., Prof. Dr.
    Department of Clinical Chemistry
    Rush Medical College
    Chicago

OETTE, K., Prof. Dr.
    Abteilung für Klinische Chemie der Universitätskliniken
    Köln

OTTO, H., Prof. Dr.
    Klinikum für Innere Medizin, Zentralkrankenhaus Nord
    Bremen

PIONTEK, P., Dr.
    Bundesministerium für Forschung und Technologie
    Bonn

PRELLWITZ, W., Prof. Dr.
    Zentrallaboratorium der Medizinischen Universitätskliniken
    Mainz

RICK, W., Prof. Dr.
    Institut für Klinische Chemie und Laboratoriumsdiagnostik
    der Universität
    Düsseldorf

ROBRA, B.-P., Dr.
    Institut für Epidemiologie und Sozialmedizin der
    Medizinischen Hochschule
    Hannover

RÓKA, L., Prof. Dr.
    Institut für Klinische Chemie an den Universitätskliniken
    Giessen

ROMMEL, K., Prof. Dr.
    Department für Klinische Chemie der Universität
    Ulm

SANDEL, P., Dr.
    Institut für Klinische Chemie des Klinikums Großhadern
    Universität München
    München

SEIDEL, D., Prof. Dr.
    Lehrstuhl für Klinische Chemie und Zentrallabor
    der Universität
    Göttingen

SIEGENTHALER, W., Prof. Dr.
     Department für Innere Medizin
     Universitätsspital
     Zürich

STAMM, D., Prof. Dr. Dr.
     Klinisch-chemische Abteilung
     Max-Planck-Institut für Psychiatrie
     München

SCHLEBUSCH, H. Dr.
     Abteilung für Klinische Chemie der
     Universitäts-Frauenklinik
     Bonn

SCHMIDT, E., Frau Prof. Dr.
     Abt. für Gastroenterologie und Hepatologie
     Department für Innere Medizin der Medizinischen Hochschule
     Hannover

SCHMIDT, F.W., Prof. Dr.
     Abt. für Gastroenterologie und Hepatologie
     Department für Innere Medizin der Medizinischen Hochschule
     Hannover

SCHÖLMERICH, P., Prof. Dr.
     II. Medizinische Universitätsklinik
     Mainz

TRAUTSCHOLD, I., Prof. Dr. Dr.
     Institut für Klinische Biochemie und Physiologische Chemie
     der Medizinischen Hochschule
     Hannover

VOGT, W., Priv.-Doz. Dr.
     Institut für Klinische Chemie des Klinikums Großhadern
     Universität München
     München

WERNER, M., Prof. Dr.
     Medical Center, George Washington University
     Washington D.C.

WISSER, H., Prof. Dr. Dr.
     Zentrallabor des Robert-Bosch-Krankenhauses
     Stuttgart

Einleitung

H. Lang

Sehr verehrte Gäste, liebe Kolleginnen und Kollegen,

Im Namen des Sponsors begrüße ich Sie herzlich zum 5. Symposium
unserer Reihe "Zusammenarbeit von Klinik und Klinischer Chemie".
Wir danken Ihnen, daß Sie sich für zwei Tage aus Ihren Pflich-
ten freigemacht haben, um hier mit uns zu diskutieren. Jedoch
glauben wir, daß eine Thematik zur Debatte steht, welche diese
Zusammenarbeit durchaus bereichern kann, wenn es uns gelingt,
sie in der richtigen Weise zu diskutieren und zu verarbeiten.
Da es sich um die verstärkte Aktivität der Klinischen Chemie in
neuen, mehr ärztlich ausgerichteten Problemkreisen handelt,
brauchen wir zur richtigen Weiterentwicklung der Denkansätze
die Resonanz und den Kommentar der Kollegen aus der Klinik.

Ich darf Sie nun in aller Kürze und mit der notwendigen Vereinfachung komplexer Zusammenhänge in die Thematik des Symposiums
einführen. Mein Ziel dabei ist, den roten Faden aufzuzeigen,
der alle Themen dieser Veranstaltung miteinander verbindet und
der den Weg aufzeigen soll, auf welchen wir die Diskussionen zu
lenken haben.

Erzeugung des klinisch-chemischen Befundes

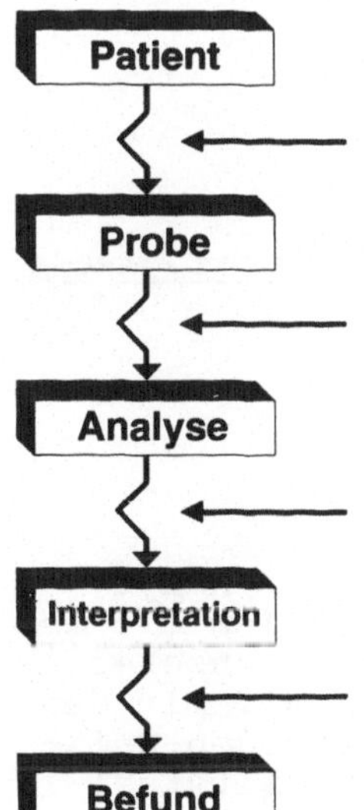

Abb. 1. Erzeugung
eines klinisch-chemischen Befundes

Abbildung 1 zeigt das uns allen bekannte Schema der einzelnen
Stationen, die bei der Erzeugung eines Laborbefundes durchlau-
fen werden. Ich möchte diesen Vorgang mit der Erzeugung einer
Nachricht vergleichen - um einen Ausdruck aus der Informationstheorie zu gebrauchen, welche heute wohl den besten theoretischen Zugang zur Validierung klinisch-chemischer Daten gestattet (1). Auf jeder einzelnen Verarbeitungsstufe wird der Informationsgehalt der Nachricht in irgendeiner Weise verändert. Es
ist die Aufgabe der Klinischen Chemie, dafür zu sorgen, daß
diese Veränderung nicht negativer Natur ist, d.h. Informations-
verzerrung oder -verlust darstellt, sondern daß die Veränderung
positiver Natur ist, d.h. Informationspräzisierung und -gewinn
bedeutet. Dies ist nichts anderes als die von Herrn WERNER for-
mulierte "Herausgeber-Funktion" des Klinischen Chemikers ("Edit
Concept") (2) für die Verarbeitung klinisch-chemischer Daten.

Um die Erzeugung des klinisch-chemischen Befundes in die Richtung optimalen Informationsgewinnes zu lenken, wird der Prozeß
auf allen Stufen einer kritischen Analyse unterzogen, wie in Abbildung 2 dargestellt ist.

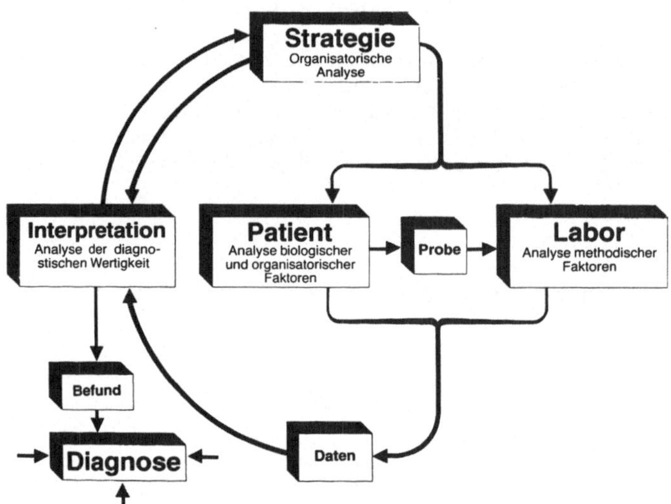

Abb. 2. Einflüsse und deren Analyse auf den verschiedenen Stufen der Erzeugung eines klinisch-chemischen Befundes

Methodische Einflüsse

In den letzten 15 Jahren hat sich die Klinische Chemie haupt-
sächlich mit der Analyse der Laborarbeit, d.h. vor allem mit der
Analyse methodischer Faktoren beschäftigt; auch eines unserer
Symposien war speziell dieser Problematik gewidmet (3). Mit den
Werkzeugen der Methoden-Standardisierung (4) und Methoden-Defi-
nition (5, 6, 7) sowie der Qualitätskontrolle und Qualitätssi-

cherung (8) haben wir inzwischen ein Instrumentarium geschaffen, das eine ausreichende Kontrolle der Laboreinflüsse gewährleistet. Hierüber braucht in diesem Kreise nicht mehr diskutiert zu werden. Herr KELLER hat die Notwendigkeit der Klinischen Chemie, sich zunehmend aus diesem Problemkreis zu lösen, klar ausgesprochen (9, übersetzt): "... Die Zukunft der Klinischen Chemie ... wird durch unsere eigene Einstellung zu unserem Fach bestimmt. Wenn die Kollegen aus der Klinik die Klinische Chemie als einen technischen Hilfsbetrieb definieren und wir diese Qualifikation akzeptieren, dann werden wir in Zukunft nur zu den medizinischen Hilfsberufen gehören."

<u>Andere Einflüsse</u>

Ebenso haben wir begonnen, die von seiten des Patienten und der Probengewinnung möglichen Einflußgrößen zu erkennen und zu analysieren. Um mit Herrn GUDER zu sprechen (10): "Durch die Verbesserung der Analytik in der Klinischen Chemie werden immer häufiger Fehler bei der Probennahme, beim Transport oder der Lagerung als Ursache von Ergebnissen, die nicht ins klinische Bild passen, aufgedeckt. Mit Recht wird daher eine systematische Überwachung auch dieser Funktionen gefordert." Jedoch ist die Signifikanz verschiedener Einflußgrößen - insbesondere der biologisch bedingten, wie z.B. kurz- und langzeitige Oscillationen - für die Laboratoriumsdiagnostik noch nicht genügend aufgeklärt und hinsichtlich der notwendigen Konsequenzen sind noch viele Fragen offen. Herr KELLER hat sich daher dankenswerterweise der Mühe unterzogen, eine kritische Übersicht vorzubereiten, die vor allem auch Vorschläge enthält, wie diese Einflußgrößen besser als bisher gemessen und bewertet werden könnten.

<u>Validierung der Daten</u>

In dem Maße, wie die Klinische Chemie ihre Basis absichert, wendet sie sich zunehmend den übergeordneten Problemen zu: der Interpretation der Daten und der Erarbeitung sinnvoller Strategien für unterschiedliche Untersuchungsprogramme.

Für die Interpretation der Daten ist die Aufgabenstellung von Herrn WISSER folgendermaßen formuliert worden (11): "Die Beurteilung der diagnostischen Wertigkeit verschiedener Parameter beruht bisher weitgehend auf einer subjektiven Einschätzung durch den Anwender ... (Die) Quantifizierung der Beurteilung der diagnostischen Zuverlässigkeit verschiedener Untersuchungsmethoden frei von subjektiven Fehleinschätzungen sollte ein Schwerpunkt klinisch-chemischer Forschung werden."

Herr BÜTTNER wird im zentralen Referat des Symposiums die Denkmodelle und Methoden darstellen, mit deren Hilfe die Klinische Chemie beginnt, die diagnostische Wertigkeit der Laborbefunde qualitativ und quantitativ zu erfassen. Es darf dabei nicht der

Eindruck entstehen, daß die Interpretation eine rein mathematische Behandlung der Daten darstellt; die Erzeugung des klinisch-chemischen Befundes ist, um Herrn ROMMEL zu zitieren (12): "... eine abwägende medizinisch-wissenschaftliche Beurteilung", bei der die richtige Gewichtung der verschiedenen Daten und Einflüsse auf den unterschiedlichen Ebenen medizinischer Entscheidungsbildung maßgebend ist.

Die an das Grundsatzreferat anschließenden drei Modelle Leber, Schilddrüse und Herz-Kreislauf sollen von seiten der Klinischen Chemie sowohl Beispiele für die Anwendung und Grenzen der Bewertungsverfahren als auch Anregungen für deren Weiterentwicklung geben. Anhand des Modells Leber wird die Notwendigkeit gezeigt, die Datenbasis durch Verbesserung unserer pathobiochemischen Kenntnisse abzusichern. Im Modell Schilddrüse werden Vorschläge für weiterführende Bewertungsverfahren zur Diskussion gestellt. Am Modell Herz-Kreislauf wird die Problematik der Übertragung epidemiologischer Daten auf den Einzelpatienten diskutiert.

Von den jeweils anschließenden Correferaten seitens der Klinik erhoffen wir uns - soweit heute möglich - diejenige positive und negative Resonanz, welche notwendig ist, um die Denkansätze und Verfahren weiter zu verfeinern und vor allem den medizinischen Fragestellungen noch weiter anzupassen. In der Diskussion der Modelle wird es notwendig sein, von noch so interessanten Einzelheiten immer wieder auf die große Linie zurückzuführen, was ich als speziellen Wunsch an die Herren Moderatoren aufzufassen bitte.

Strategie der klinisch-chemischen Arbeit

Die strategische Planung der klinisch-chemischen Arbeit beinhaltet neben anderem vor allem die Wahl geeigneter Untersuchungsspektren - insbesondere also auch die Testanforderung - und die Kosten/Nutzenanalyse. Zwischen Strategie und Interpretation besteht eine direkte Interdependenz in dem Sinne, daß die für eine bestimmte Problemstellung - z.B. Differentialdiagnose oder Screening, um zwei Extreme zu nennen - optimale Interpretation die Anwendung einer bestimmten Untersuchungsstrategie erfordert und umgekehrt. Die bei diesem Prozeß notwendigen Kompromisse - z.B. hinsichtlich Spezifität, Empfindlichkeit oder Kosten - werden durch das "Prioritäten-Konzept" oder "Trade Off Concept" von Herrn WERNER (2) ausgedrückt.

Über den Bereich der Klinischen Chemie hinaus erhalten die strategischen Fragen eine gesundheitspolitische Bedeutung, wie z.B. aus dem "Programm der Bundesregierung zur Förderung von Forschung und Entwicklung im Dienste der Gesundheit" (13) ersichtlich ist. Die Problematik hat z.B. Herr ROMMEL (14) drastisch mit seiner Formulierung angesprochen, daß die Anwendung der "TÜV-Strategie" auf den Menschen nicht nur ökonomisch, sondern auch humanitär zur Katastrophe führen muß.

Diese Probleme sind nur in Zusammenarbeit von Klinik und Klinischer Chemie zu definieren und zu lösen. Am Beispiel des Screenings soll daher die Thematik im Vortrag der Herren GROSS und OETTE sowohl von seiten der Klinik, als auch im Vortrag von Herrn HAECKEL von seiten der Klinischen Chemie dargestellt werden. In der Diskussion wird vor allem über die Fragen betreffend diskriminierte versus indiskriminierte Analyse, Auswahl von Testprofilen und Bezugswerten; jedoch mangels konkreter Daten weniger über die Kosten/Nutzen-Abwägung zu sprechen sein (siehe (15)).

Schließlich ist es uns eine selbstverständliche Pflicht und ein Vergnügen, unsere Gäste ausgiebig zu Wort kommen zu lassen. In diesem Sinne wird Herr HARTMANN unser Gespräch mit der Darstellung einleiten, wie die Klinik heute den klinisch-chemischen Befund im Rahmen der ärztlichen Diagnose einordnet.

Die Diagnose ist, trotz aller Fortschritte, um mit Herrn GROSS (16) zu sprechen, immer "Entscheidung unter Unsicherheit". Jedoch kann die Klinische Chemie dazu beitragen, diese Unsicherheit zu verringern. Herr GALEN hat diese Potenz folgendermaßen ausgedrückt (17, übersetzt): "Labortests sind eine Erweiterung der körperlichen Untersuchung. Sie erweitern die Sinne des Arztes, so daß er auf cellulärer, molekularer und atomarer Ebene sehen, hören und fühlen kann."

<u>Literatur</u>

1. BÜTTNER H (1978) Optimization of laboratory testing. In: BENSON ES, RUBIN M (Eds) Logic and economics of clinical laboratory use. Elsevier/North Holland Biomedical Press S.91
2. WERNER M (1979) Kleinkonferenz "Efficacy of Tests" Deutsche Gesellschaft für Klinische Chemie, Salzburg, 28./29.3.1979
3. LANG H, RICK W, ROKA L (Eds) (1973) Optimierung der Diagnostik. Springer, Berlin Heidelberg New York
4. Empfehlungen der Deutschen Gesellschaft für Klinische Chemie (1970, 1972, 1977) Standardisierung von Methoden zur Bestimmung von Enzymaktivitäten in biologischen Flüssigkeiten. Z Klin Chem Klin Biochem 8:658; 10:182; 15:255
5. Deutsche Gesellschaft für Klinische Chemie (1979) Procedure for the selection, description and publication of selected methods. J Clin Chem Clin Biochem 17:278
6. STAMM D (1979) Recommendations for the description of a selected method in clinical chemistry. J Clin Chem Clin Biochem 17:280
7. STAMM D (1979) Reference materials and reference methods in clinical chemistry. J Clin Chem Clin Biochem 17:283
8. STAMM D (1980) Die Meß-Sicherheit bei quantitativen Klinisch-chemischen Untersuchungen. Mitteilungen der Phys.-Techn. Bundesanstalt 90:161
9. KELLER H (1978) Trends and aspects in clinical chemistry. J Clin Chem Clin Biochem 16:687

10. GUDER WG (1977) Gewinnung und Sicherung des Untersuchungs-
    materials für klinisch-chemische Untersuchungen. Med Welt
    28:1249
11. WISSER H, KNOLL E (1978) Beurteilungskriterien der diagno-
    stischen Wertigkeit klinisch-chemischer Untersuchungen.
    medizintechnik 98:124
12. ROMMEL K (1978) Der klinisch-chemische Befund. Med Welt
    29:1306
13. Der Bundesminister für Forschung und Technologie (Ed)
    (1978) Programm der Bundesregierung zur Förderung von For-
    schung und Entwicklung im Dienste der Gesundheit 1978-1981,
    Bonn
14. ROMMEL K (1977) Klinische Chemie und Krankheitsfrüherken-
    nung. Med Welt 28:1257
15. WERNER M, ALTSHULER CH (1979) Utility of multiphasic bio-
    chemical screening and systematic laboratory investigations.
    Clin Chem 25:509
16. GROSS R (1975) Über diagnostische und therapeutische Ent-
    scheidungen. Klin Wschr. 53:293
17. GALEN RS (1979) Selection of appropriate laboratory tests.
    In: KING JS (Ed) Clinician and chemist - the relationship
    of the laboratory to the physician. American Association for
    Clinical Chemistry, Washington p. 69

Validität klinisch-chemischer Befunde

Moderator: L. Ròka

Stellenwert klinisch-chemischer Befunde in verschiedenen Zusammenhängen ärztlicher Urteilsbildung

F. Hartmann

<u>Einleitung</u>

Der Klinische Chemiker - der am Krankenbett für den Kranken mit chemischer Methodik und biochemischer Musteranalyse Hilfreiche - hat in der Regel nicht einen Chemischen Kliniker, einen Iatrochemiker, einen Chemiater zum Partner, der sich die Entstehung und die Merkmale von Krankheiten rein chemisch vorstellt und diese entsprechend behandelt. Gegenseitige Erwartungen und Erfüllungen können demnach nicht von vornherein in einem harmonischen Verhältnis zueinander stehen. Der Klinische Chemiker bekommt in der Regel keine Rückmeldung darüber, ob, wie, wieviele und welche der auf Anforderung gemessenen Werte vom Anfordernden wahrgenommen oder übersehen, ausgewertet oder vergessen werden. Er erfährt auch selten verläßlich, warum ein Wert bestimmt und - zu einem bestimmten Zeitpunkt - wiederholt wurde. Es fehlen noch Untersuchungen darüber, wie sich die Arbeit des Klinischen Chemikers in Epikrisen und Arztbriefen als wirksam gewordene Leistung darstellt. Viele Werte werden in diesen Dokumenten lediglich aufgezählt, andere in verschiedenen Zusammenhängen verwertet. Mein Beitrag ist einer zur Denk-Ökonomie.

Fragen der Verwertungszusammenhänge klammere ich aus, will aber einige Beispiele nennen, um den Unterschied zu Bewertungszusammenhängen zu zeigen. Auch bleibt die Frage unberücksichtigt, wieviel Laboratoriumswerte verwendbar sind oder tatsächlich verwendet werden. Auch hier wäre es lehrreich, Vergleiche zwischen verschiedenen Ärzten, Stationen, Abteilungen, Kliniken bei gleichen "Krankheitsbildern" zu machen. Das wäre ein Weg zur Rationalisierung - und beiderseitigen Ernüchterung - über das wirklich Notwendige. Unter Verwertung verstehe ich also die Einordnung von Daten in übergeordnete Zusammenhänge mit qualitativ andersartigen Daten überhaupt, z.B. eines Kalium- oder Eisenwertes mit anamnestischer Angabe Muskelschwäche, Abbrechen der Fingernägel; oder $pO_2/pCO_2/pH$ mit Werten der Lungenfunktionsprüfungen; ein Leberenzymmuster mit dem histologischen Befund der Leberbiopsie; eine isolierte alkalische Phosphatase mit einem niedrigen Prothrombinwert, was dann eine quantitative Stuhlanalyse veranlaßt; ein lymphocytäres Blutbild mit Virustitern; Calcium und alkalische Phosphatase mit Röntgenbefunden der Knochen; CPK mit EKG und EMG; hysteriforme Verhaltensweisen, Paraesthesien und Krämpfe im Leib mit Porphyrie. Stellenwert und Stellung eines klinisch-chemischen Befundes in der zeitlichen Reihenfolge der Einordnung in einen ärztlichen Gedankengang stehen wahrscheinlich in einer - noch zu untersuchenden - Beziehung zueinander. Beide sind nicht von vornherein festgelegt; denn ärztliches Denken ist in der Regel Suchbewegung, Versuchen, Ver-

werfen, Vermuten und Bestätigen. Herr GROSS hat zu Recht auf
diesem Symposion 1970 diese Spielfreiheit als unverzichtbar erklärt. Sie muß eingeübt werden, damit der Arzt im Notfall auch
ohne Labor zu vertretbaren Entscheidungen kommt und ohne fremde
Hilfen nicht hilflos bleibt und den Kranken hilflos läßt.

Herr RÓKA hat damals geantwortet: "Hier frage ich, ob das Zusammensetzen der Befunde zu einem Laborbild letzten Endes nicht
ein logischer Prozeß ist. Logische Operationen können wir aber
mit entsprechenden Rechnern simulieren, so daß der Trend dahin
führt, daß die verschiedenen Laborbefunde elektronisch zu einem
"Labor-Bild" zusammengesetzt werden." Wie so häufig sehen wir
hier Positivismus und Optimismus Arm in Arm schwanken auf dem
Boden eines verkürzten Begriffs von Logik. Hier möchte ich heute
kritisch ansetzen.

Logische Operationen setzen weder einen Anfang noch ein Ziel
einer Argumentationskette. Sie liefern auch nicht eindeutige
Auswahlhilfen für die zu verwendenden Argumente oder Befunde,
Daten, Beschwerden. Am Anfang steht eine Setzung: Diese Befunde,
Beschwerden, Zeichen, Labordaten sollen in einen logischen Zusammenhang gebracht werden. Das kann bedeuten, sie sollen im
Sinne einer Pathogenese aufeinander beziehbar sein. Es kann aber
auch gemeint sein ihre empirische Zusammengehörigkeit in einem
Bild einer Krankheit. Schließlich kann der Versuch zugrundelie-
gen, zu einem notwendigen Handeln die Begründung - wissenschaftlich haltbar - oder zumindest die Rechtfertigung - sittlich vertretbar - zu liefern. Logik zielt in diesem Fall auf nachvoll-
ziehbare, schlüssige, zumindest plausible Gedankengänge, die bei
urteilendem Arzt, Krankem, Angehörigen, anderen Ärzten, notfalls
auch Richtern übereinstimmen können.

Logische Operationen sind also Verfahren in einem vorgegebenen
Rahmen von Voraussetzungen und Zwecken. Die Ausgangsbedingungen
liegen außerhalb dieser Logik. Sie sind zum Beispiel durch die
zur Verfügung stehenden Daten und das Ordnungswissen - Gelern-
tes, Erfahrung, Intuition - des Arztes bestimmt. Das Ergebnis
der logischen Operationen stimmt nicht mit dem Zweck der Operationen überein. Das Ergebnis unterliegt vielmehr einer abschließenden, durchaus mehrdeutigen Bewertung. Es ist in unterschiedlichen Wertzusammenhängen benutzbar und nützlich. In einer allgemeinen Form habe ich das einmal in einem Schema zusammengestellt, das die Multifunktionalität diagnostischer Begriffe veranschaulichen soll.

Auch wenn wir logische Operationen als Wenn - Dann - Beziehungen auffassen, sind sie ein offenes System. Das Wenn ist versuchsweise, spielerisch, veränderbar, im Extremfall willkürlich.
Gerade die logischen Operationen des ärztlichen Denkens sind
auch in Bezug auf das Dann offen. Es handelt sich an vielen
Stellen der Argumentationskette um die Möglichkeit mehrerer
Danns; wir haben es mit einer Verzweigungslogik zu tun. Die Entscheidung, in welcher Richtung weitergedacht werden soll, fällt
nach Erfahrungsregeln, Wahrscheinlichkeitsannahmen. Oft müssen
an diesen Stellen neue Daten als Entscheidungshilfen eingeführt
werden, z.B. der SCHILLING-Test bei makrocytärer hyperchromer

Anämie mit LDH-Erhöhung, oder HLA-B 27 bei seronegativer chronischer Polyarthritis.

Das Urteil am Ende der logischen Operationen ist nicht gleichbedeutend mit der Entscheidung, der Folgerung für das Handeln. Dies ist zwar kein unabhängiger, aber auch kein determinierter Vorgang. Man braucht nur daran zu erinnern, daß sich in gleicher Lage der eine Arzt zum Handeln, der andere zum Abwarten entschließt.

Aufgaben des Überdenkens logischer Operationen sind dem Arzt auch im Verlauf der Krankheiten an den Knotenpunkten der Argumentationsketten gestellt. Wichtig ist der Zeitpunkt des Neubedenkens und der Bestimmung entscheidungsleitender Werte. Beispiel sind rechtzeitige Bestimmung von α-Amylase bei Pankreatitis, CPK bei Herzinfarkt, Blutkultur im Fieberanstieg, Komplement im Schub einer Immunkomplexkrankheit. Logische Operationen sind zeitlos; ärztliches Denken und Handeln steht in Zeitnot, zumindest unter Zeitdruck.

Mit diesen Bemerkungen habe ich nur an die zwar zentrale, aber in einem offenen Denkverfahren doch begrenzte Bedeutung logischer Operationen erinnern wollen, damit zugleich aber auch an die eingeschränkten Möglichkeiten, ärztliches Denken durch Computer zu entlasten, Krankheitsbilder durch "Laborbilder" vorzuformen. Für klinisch-chemische Daten gilt nichts anderes als für bakteriologische und histologische Befunde. Trotzdem verwerfe ich "Laborbilder", gedeutete Befunde, nicht, wenn sie in Kenntnis der Verwertungs- und Bewertungsebenen als Konjekturen, d.h. mit Außenkriterien interpretiert sind. Das muß für den letzturteilenden Arzt nur erkennbar und überprüfbar sein. Der Purismus von Herrn GROSS in dieser Sache ist pädagogisch vertretbar. Wenn ärztliche Entscheidungen aber ein konsiliarischer, dialogischer Vorgang sind, dann sind die Befunde und die Deutungen - Bewertungen unter verschiedenen Gesichtspunkten - beider Gegenüber Inhalt des Dialogs.

Im Hauptteil beschränke ich mich nun auf das, was ich Bewertungs-Zusammenhänge nenne. Diese will ich auf eine unterscheidende Weise ordnen, um den mehrwertigen Charakter klinisch-chemischer Befunde herauszuarbeiten. Auch Begriffe, auf die ärztliches Denken gebracht wird, sind Handwerkszeug, wie die logischen Operationen. Es sind Ordnungsbegriffe, die ihre Bedeutung von den Zielen und Zwecken her gewinnen. Sie sind prinzipiell gleichrangig, auch wenn im Bewußtsein der Ärzte zur Zeit die Diagnose einen hohen Kurswert hat. Es möge jeder einmal für sich seine Erfahrungen bedenken, welche Begriffe im ärztlichen Alltag am häufigsten urteils- und handlungsleitend sind.

Ich entwickle die in Abbildung 1 dargestellte Übersicht: Tatsächlich bewegt sich ärztliches Denken ständig im Spannungsfeld all dieser Begriffe, auch wenn es sich dessen nicht bewußt ist. Gleichzeitig wird der gleiche Befund, die gleiche Beschwerde, das gleiche Laboratoriumsergebnis in unterschiedlichen Zusammenhängen bewertet. Der Nutzwert ist dann verschieden. Wenn ich gelegentlich von "Medizin ohne Diagnose" spreche, so ziele ich da-

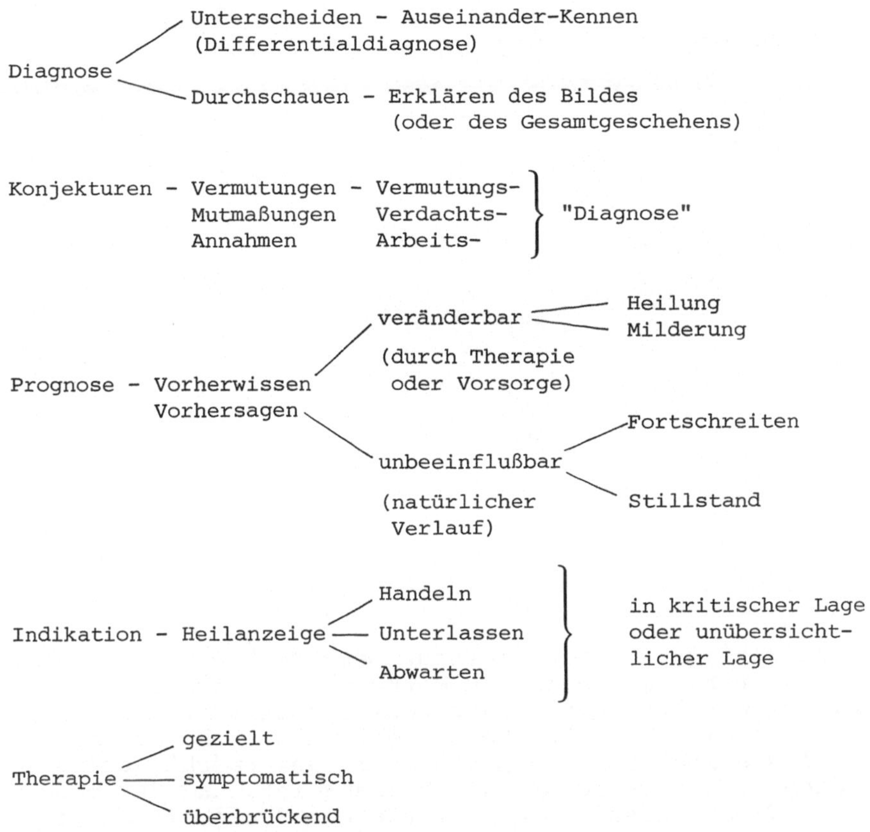

Abb. 1. Bewertungszusammenhänge ärztlicher Urteilsbildung

mit pädagogisch auf die intellektuellen und moralischen Gefahren, die aus einer Vernachlässigung und Verdrängung nicht-diagnostischer Denkabläufe entspringen können.

Abbildung 2 zeigt, daß auch das ärztliche Denken wie das mathematische, das experimentell-naturwissenschaftliche und das juristische ein Beweisverfahren ist, das wie die übrigen Beweisverfahren der Prüfung durch Sachkundige standhalten können muß. Wie die genannten Verfahren nicht untereinander gleichartig sind, so hat auch das ärztliche Beweisverfahren seine eigene Struktur. Sie läßt sich nicht auf das naturwissenschaftliche Verfahren reduzieren; denn es stellt keine experimentellen Bedingungen her - das tut es nur im nachahmenden Verfahren des Tierversuches. Aber sie findet unveränderbare Bedingungen vor wie der Mathematiker die Axiome, der Richter die Gesetze, der Historiker die geschichtlichen Ereignisse, der Physiker die Naturerscheinungen. Wenn wir als Ziel dieser Anstrengungen von Wahrheit reden, so meinen wir in Wirklichkeit deren uns erreichbare reale Formen:

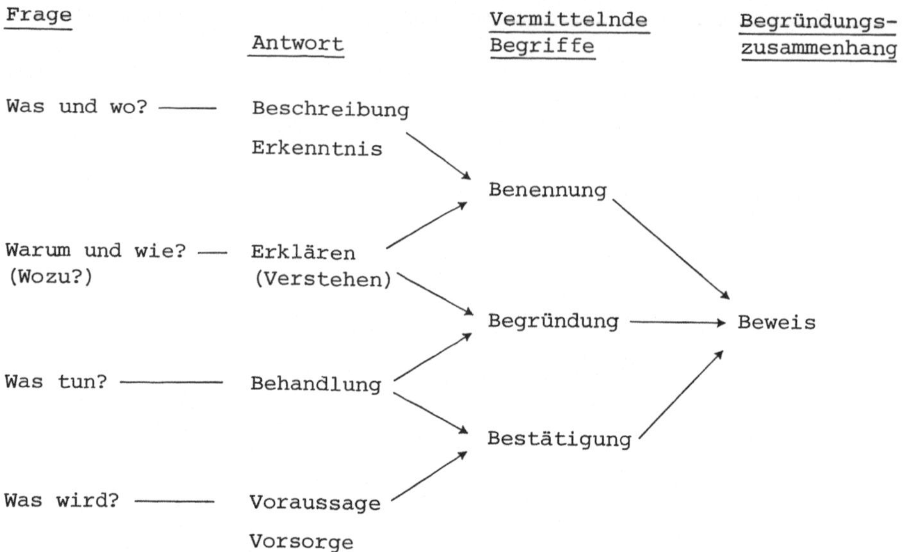

Abb. 2. Ärztliches Denken als Beweisverfahren

Richtigkeit, Gerechtigkeit, naturgetreue Beschreibung, brauchbare
Feststellung. Letztere sind auch die Merkmale ärztlicher Wahr-
heitsfindung. Sie werden ergänzt oder besser überformt durch die
Gültigkeit für den einzelnen Kranken. Damit meine ich, daß man
einen hypercholesterinämischen Hypertoniker, der raucht, dring-
lich berät, auch wenn er - noch - nicht krank ist, und daß man
einen sich gesund fühlenden Menschen mit einem Schenkelblock im
EKG oder einer Hypokaliämie von 2,5 mmol/l, an die er adaptiert
ist, oder mit einem Blutdruck von 100/60 nicht "befundkrank"
macht.

Nun möchte ich die einzelnen Bewertungszusammenhänge mit Beispielen veranschaulichen.

Diagnose

Merkmale der Unterscheidung sind z.B. die histochemische Enzym-
ausstattung undifferenzierter weißer Blutkörperchen bei akuten
Leukämien; oder das Leberenzymmuster bei der Unterscheidung von
infektiöser Mononucleose und Röteln von Cholestase und Paren-
chymschaden; oder die Konstellationen Eiweiß - Granulocyten -
Erythrocyten im Urin bei der Differentialdiagnose der chronischen Nierenentzündungen. Die diagnostischen Unterscheidungshil-
fen sind hier im ersten und dritten Fall gleichzeitig therapeutische.

Auch die pathognomonischen Zeichen gehören zu den unterscheidenden und nicht notwendig zu den erklärenden, Durchschau auf die
Grundvorgänge gebenden. Der positive SCHILLING-Test ist zwar

pathognomonisch für die perniziöse Anämie. Aber er erklärt nicht
die Ursache. Ein niedriger Eisenwert erklärt zwar eine hypochro-
me Anämie und hilft bei der Unterscheidung der Anämien; aber er
bedarf selbst der Erklärung.

Wenn wir von einer Diagnose verlangen, daß sie Durchschau be-
legt und erklärt, so ist dieser Anspruch noch nicht eindeutig.
Ich weiß nicht, ob wir in der Regel über das Programm MORGAGNIS
hinausgelangen oder hinausgelangen wollen. MORGAGNI wollte die
Ursachen der Krankheitszeichen durch Leichenschau aufklären.
Fand er den Sitz einer Atemnot (Pleuraerguß), einer Wassersucht
(großes Herz), eines Ikterus (große Leber), eines Fiebers (Ab-
sceß, große Milz), von Erbrechen (Magengeschwulst), von Bewußtlosigkeit (Hirntumor), so war für ihn die Ursache geklärt, die
Ursache der Beschwerden oder des Befundes. Krankheit war für ihn
Symptommuster. Das änderte sich nicht, als VIRCHOW den Sitz in
die Zelle verlegte oder wenn wir ihn in Substrukturen suchen.
Verhält es sich anders, wenn wir Symptome auf klinisch-chemische
Werte beziehen? Sie damit erklären, durch das Zeichen oder Zei-
chenmuster hindurch auf das verantwortliche Stoffwechselun-
gleichgewicht schauen und damit das Zeichen erklären: Hypoglykämie, Hypokaliämie, Hyperuricämie. Nur die Forschungsergebnisse
setzten uns in die Lage, den klinisch-chemischen Befund als Si-
gnatur eines pathogenetischen Prozesses zu verwenden, der für
eine Erklärung steht, der vielleicht auch etwas über seinen Zusammenhang mit den klinischen Symptomen aussagt - über das rein
Empirische hinaus. Und wie groß sind in beiden Richtungen die
Lücken unseres Wissens. Es ist nicht leicht, den Zusammenhang
von Hypoglykämie und Schweißausbruch oder von Urämie und Anämie
oder Bewußtlosigkeit oder von Leberversagen und Koma zu erklären. Ich halte es deswegen für unaufrichtig, von der Diagnose
im Sinne von Durchschauen und Erklären mehr zu verlangen als
der Arzt im Einzelfall wirklich leisten kann. Das entlastet die
Forschung und Ausbildung aber nicht von der äußersten Anstren-
gung, die krankhaften Vorgänge in ihren Einzelschritten aufzuklären und diejenigen Meßgrößen oder Befundmuster zu finden,
die für das Ganze stehen können.

Zusammenarbeit von Kliniker und Klinischem Chemiker

Die häufigste Phase der Zusammenarbeit von Kliniker und Klinischem Chemiker ist die diagnostische, feststellende, das heißt
zur Diagnose führende, aber vor ihr liegende. Selten erfährt der
Klinische Chemiker, welche Diagnose der Arzt aus seinen Befunden überhaupt machen wollte oder letztlich gemacht hat - vielleicht gar keine. Der Klinische Chemiker trägt also zu einem
Denk- und Urteilsvorgang bei, der von Annahmen ausgeht, in der
Regel von mehreren.

Eingeleitet wird der diagnostische Prozeß bei ungezielter Labor-
anforderung in der Regel noch nicht durch einen Denkvorgang,
eher durch einen Automatismus, der in den Bereich gebahnter, be-
dingter Reflexe gehört. Alle offenlassenden diagnostischen Aus-

sagen sind Hypothesen, die im Laufe des gezielten diagnostischen
Prozesses, Beobachtung des Verlaufes, Wechsel der Symptome, Wirkung der Behandlung, überprüft werden. Auch Funktionsproben wie
PABA-Test, Glucosebelastung, TSH-Test gehören zum experimentellen Teil einer Hypothesenprüfung. Die Benutzung dieses Begriffs
befriedigt systematisch nicht ganz. Eine Hypothese übersteigt
eine Theorie - als schlüssiges Bezugssystem von Beobachtungs-
daten - um mindestens ein unbekanntes Element, eine Annahme. In
der klinischen Medizin sind diese am Anfang der Diagnostik noch
unbekannte Sachverhalte, die für den einzelnen Kranken besonderen Bedingungen, nach denen der Diagnostiker sucht oder suchen
läßt. Geprüft wird, ob sie zur "Theorie eines Krankheitsbildes"
passen. Das wäre eine besondere Form von Hypothesenbildung, die
in der Regel zur Bestätigung einer bestehenden Theorie führt.
Nur, wenn der Einzelfall eine bisher nicht bekannte, in der
Theorie nicht enthaltene, gleichwohl zum Krankheitsprozeß gehö-
rige Erscheinung aufweist, tritt an die Stelle der alten - über
die Hypothesenbildung - eine neue, erweiterte Theorie. Das geschieht aber nur bei neuen Entdeckungen, nicht in der Diagnostik
des ärztlichen Alltags.

Deshalb möchte ich die Rückkehr zum alten Begriff der Konjektur
vorschlagen und behaupten, daß sie das eigentliche diagnostische
Verfahren ist, das am häufigsten gebraucht wird.

Konjekturen

Die Vermutungs-, Verdachts-, Arbeits-Diagnosen sind nur graduell
von der Diagnose als Begriff für eine abgeschlossene Erkenntnis
und Beschreiben eines krankhaften Sachverhaltes unterschieden.
Die Unterschiede sind Grade der Wahrscheinlichkeit. JAKOB BER-
NOULLI nannte seine mathematische "Mutmaßungs-Kunst" 1713 "Ars
conjectandi". Seitdem heißen in der Mathematik Sätze, die noch
nicht bewiesen sind, Vermutungen, z.B. die FERMAT'sche.

In diesem Zusammenhang dienen klinisch-chemische Befunde der Ab-
stufung von Wahrscheinlichkeiten unter mehreren "Arbeits-Diagnosen". Solche Untersuchungen werden gezielt ausgewählt. Ein hoher
Calciumwert mit einer hohen alkalischen Phosphatase vergesell-
schaftet löst eine Parathormonbestimmung und eine Röntgenunter-
suchung des Skelets aus: eine Hypocalcämie mit erhöhter alkalischer Phosphatase wird ergänzt um eine Prothrombinbestimmung,
eine Stuhluntersuchung auf Fett- und Calciumgehalt und eine
Knochenbiopsie.

Vermutungen sind nicht willkürlich; sie müssen begründet sein.
Die Begründung kann im Beschwerdemuster, in den Befunden oder
auch in einem "Labor-Bild", einer Datenkonstellation liegen.

Prognosen

Prognose ist immer ein Versuch. Sie ist eine praktische Konjektur: aus gegenwärtigen Verknüpfungen von Ursachen schließen wir auf wahrscheinliche Folgen.

Bei einem Tumor sind hohe α_2-Globuline und erhöhte LDH ein schlechtes Vorzeichen: Nekrosen, Metastasen. Niedrige Transaminasen bei Hepatitis können einen protrahierten Verlauf bedeuten.

Verlaufskontrollen ausgelesener Werte sind ein wichtiger Beitrag der klinischen Chemie zur Prognostik. Das Interesse an solchen prognostischen Markern ist in den vergangenen Jahren in all den Fällen gestiegen, in denen durch Behandlung die natürliche Prognose verändert werden kann. Gefragt sind Meßgrößen, die die Veränderung früher anzeigen als die klinischen Befunde: LDH bei perniziöser Anämie; Natrium bei Nebennierenrinden-Insuffizienz, Choriongonadotropin bei bestimmten Hodentumoren, T_3/T_4 bei Hypothyreose. Je aggressiver die Therapien wirken, um so wichtiger wird die Bereitstellung von Parametern, die eine Gefährdung rechtzeitig signalisieren, wenn sie zum rechten Zeitpunkt oder feinmaschig im Krankheits- und Therapieverlauf eingesetzt werden: z.B. die Leukocyten bei Cytostatikabehandlung. Auch die Nebenwirkung will vorhergesehen sein. Hier bleibt klinisch-chemisch noch viel zu tun. Das gilt auch für die rechtzeitige Erkennung von Komplikationen.

Indikationen

Die Indikationen werden von Diagnosen nicht hinreichend scharf geschieden. Sie leiten das Handeln des Arztes in kritischen, unübersichtlichen Lagen des Kranken. Die gesamte symptomatische Therapie gehört hierher, Bekämpfung von Schmerzen und Angst.

Symptome sind aber auch sinkender Blutdruck, erlöschende Harnsekretion, stockende Atmung, innere Blutverluste, Austrockung, Rhythmusstörungen, Bewußtlosigkeit. Diese Zustände erfordern unabhängig von der Diagnose lagegerechtes Handeln.

Die Elektrolytbilanzierung, die Blutdruckstützung, der Blutersatz, die Kardioversion sind Indikationen, die zum Teil durch Laborparameter kontrolliert werden, z.B. pO_2/pCO_2-Bestimmungen, laufende Kontrolle von Kalium oder Blutzucker.

Indikationen sind auch Vorbeugemaßnahmen, wie diätetische oder medikamentöse Beeinflussung von Hyperuricämie oder Hypertriglyceridämie. Ihnen liegt eine prognostische Wahrscheinlichkeitsannahme, eine Konjektur zugrunde.

Die meisten chirurgischen Eingriffe erfolgen nicht aufgrund einer Diagnose, sondern aufgrund einer Indikation wegen eines bestimmten Verlaufs oder einer Komplikation: Appendicitis, Her-

nie, Ileus, Ulcus duodeni, Pankreatitis, Colitis, Cholelithia-
sis, Herzvitien. PICHLMAIER (Köln) eröffnete sein Referat auf
dem Internisten-Kongreß 1978 mit der lapidaren Behauptung "Der
Entschluß zu operieren setzt eine Diagnose voraus". Sie kann
nur richtig sein, wenn man den Diagnosebegriff überdehnt. Die
Indikation zur Appendektomie setzt einen Symptomenkomplex voraus, der oft - aber nicht immer - auf eine Appendicitis zurückgeht. In den eben genannten Fällen wird bei gleicher Diagnose
meist nicht operiert. Wenn operiert wird, dann bei, aber nicht
wegen einer Diagnose.

Indikation umfaßt eine weite Skala von unumgänglichen, lebens-
rettenden Eingriffen bis zur Eröffnung einer Leibeshöhle zur
Diagnosestellung.

Die Indikation - auch der begründete Versuch mit Medikamenten -
ist praktischer Teil von Konjekturen. Die Überraschungs-Diagnose
steht außerhalb der Konjekturen. Die Diagnose ex juvantibus
setzt sehr verantwortungsvoll gekonnte Konjekturen voraus. Indikation heißt, daß Beschwerden, Zeichen, Befunde, Labordaten zum
Handeln zwingen, oder ein solches zureichend rechtfertigen. Indikation kann aber auch bedeuten zu unterlassen, z.B. bei einem
bewußtlosen Diabetiker den Blutzuckerwert abzuwarten, bevor man
Insulin gibt. Es kann auch eine Indikation zum Abwarten bestehen, z.B. bei Schlafmittel- oder Alkoholintoxikationen.

Therapie

Die Behandlung von Kranken wird im Krankenhaus täglich, in der
Praxis in größeren Abständen überprüft. Ihre Fortführung oder
Veränderung nach Art, Menge, Anwendungsform und Zeitverteilung
richtet sich nach Rückmeldungen, zu denen neben Befinden, Beschwerden, Symptomen, Befunden auch klinisch-chemische Daten gehören. Im therapeutischen Benutzungszusammenhang können solche
Daten sehr unterschiedliche Bedeutung haben. Im idealen Fall
geben sie den Leitparameter einer spezifischen Therapie, z.B.
bei den Substitutionstherapien: Blutzucker bei Insulintherapie
des Diabetes; aber auch Harnsäure unter Uricosurica. Früher und
genauer als das klinische Bild - das wie bei der Gicht gerade
nicht wieder auftreten soll - zeigen sie den Erfolg der richtigen Behandlung. Beim Diabetes wecken aber Hypertriglyceridämie
und ein Enzymmuster, das auf Fetteinlagerung in der Leber hin-
weist, die gleiche Aufmerksamkeit wie der Blutzucker. Zufrieden kann der Arzt erst sein, wenn auch diese Werte sich wieder
normalisiert haben.

Andere Laborwerte dienen der Warnung vor typischen Nebenwirkungen spezifischer und unspezifischer Therapie: Kalium bei Salu-
retikabehandlung, okkultes Blut im Stuhl bei Behandlung mit An-
tiphlogistika, Eiweiß im Urin bei Therapie mit Gold oder D-
Penicillamin.

Die Bestimmung von Ammoniak im Blut gehört nicht zur Diagnose
von Lebercirrhosen und ist auch prognostisch nicht sehr verläß-

lich. Aber sie ist eine brauchbare Meßgröße zur Beurteilung der
Schwere der Vergiftung nach einer Blutung aus Varicen des Oeso-
phagus oder Magens und - wenn Ammoniak erhöht war - zur Kontrolle der Wirksamkeit von Diät, Lactulose und Neomycin.

Eine andere Einstellung haben wir zu den eine symptomatische
Therapie begleitenden Laborkontrollen. Bei den Indikationen
haben wir die symptomatischen Therapien in ihrer dramatischsten
Form kennengelernt: der bedrohliche Zustand, nicht dessen Ursache - Herzinfarkt, Blutung, Vergiftung - wird behandelt. In
den anderen Fällen dienen Laborwerte oft der Warnung vor Nebenwirkungen, z.B. Cholestase. Eine Versuchung besteht, ungeklärte
Normabweichungen von Laborwerten, für die ja immer ein sympto-
matischer Charakter für unentdeckte pathogenetische Prozesse
vermutet werden muß, "symptomatisch" zu behandeln, sogenannte
Labor-Kosmetik. Es gibt Ausbrecher, die man auf sich beruhen
lassen soll, wenn ihnen keine klinischen Zeichen entsprechen.
Es gibt Fälle von Hypokaliämie, an die die Menschen adaptiert
sind. Nicht beruhigen soll man sich trotzdem bei der Suche nach
den Ursachen.

Die überbrückenden Therapien gehören zu den Indikationen. Für
die verschiedenen Formen und unterschiedlichen Therapien akuter
oder chronischer Nierenerkrankungen sind Kreatinin und Harnstoff
von geringer Bedeutung, aber zur Indikation und Wirksamkeitskon-
trolle der Hämodialyse sind sie von unschätzbarem Wert. Zur Abschätzung der Gefahr sind Kalium und Phosphat wichtiger.

Pathogenese

Mit dem Hinweis auf die Bewertung klinisch-chemischer Daten bei
der Suche nach pathogenetischen Erklärungen für Symptome, Syndrome und Krankheitsbilder, für eintretende und ausbleibende
Wirkungen der Behandlung, für Nebenwirkungen, schließe ich wieder an die Diagnose in ihrem Anspruch als Erklärungsmodell an.
Die Diagnose kann diesen Anspruch in günstigen Fällen auf Leitparameter stützen, z.B. Insulinwerte im Blut bei Diabetes.

Die pathogenetische Erklärung muß nach Schlüsselprozessen suchen, an denen Entgleisungen geschehen, z.B. schwierig zu be-
stimmenden Enzymreaktionen. In der Regel reichen die Meßgrößen
der klinisch-chemischen Routine dazu nicht aus. Mit komplizierten Belastungsproben werden pathogenetische Teilschritte, sog.
Patheme, erkundet. Hier geht Klinische Chemie in klinische Biochemie und Diagnostik in klinische Forschung fließend über. Aber
es ist hinreichend deutlich, daß Laborwerte, die diagnostisch,
prognostisch, therapeutisch voll befriedigen, meist nicht im
Mittelpunkt oder an Brennpunkten des pathogenetischen Geschehens
stehen. So schauen die Forscher oft etwas verächtlich auf die
Leitwerte, an die Kliniker sich auf den verschiedenen Ebenen
ihrer Urteilsbildung und Entscheidungsfindung halten und die in
der Klinischen Chemie bestimmt werden.

Schlußbemerkung
==============

Das Denken auf den verschiedenen Ebenen der ärztlichen Urteilsbildung führt zu ganz unterschiedlichen Auswahlen geeigneter
Leitparameter, zu unterschiedlichen und unterschiedlich häufigen Anforderungen an die Laboratorien. Die logischen Operationen sind immer die gleichen. Die Unterschiede liegen im Ausgangspunkt der Fragen und im Ziel.

Auf diese Weise kann die gleiche Meßgröße in den verschiedenen
Argumentationsprozessen einen ganz verschiedenen Wert haben.
Der Krankheitswert eines Laboratoriumsergebnisses ist eben nicht
der einzige. Diese Meßdaten sind für den Arzt viel wertvoller
als das gewöhnlich einseitige Bewußtwerten als Diagnostikhilfen
das vermuten läßt. Es wäre aufschlußreich, einmal die Gründe zu
untersuchen, die zur einmaligen oder wiederholten Anforderung
im Laboratorium führen und nicht immer nur den einen Grund der
Verdachts- und Arbeitsdiagnose. Man müßte dann die veranlassende
Bewertungsebene, die Urteils-Kategorie im Anforderungsbogen an-
geben: Diagnostik, Konjekturen, Prognose, Indikation, Therapie,
Pathogenese.

Das würde die klinische und die klinisch-chemische Forschung in
die Lage setzen, die Suche nach neuen Meßgrößen oder die Auswahl
von in der Biochemie bekannten systematisch auf die Bedeutungs-
zusammenhänge hin zu betreiben, in denen solche Daten vom Arzt
benutzt und bewertet werden.

Diskussion

RÓKA:
Vielen Dank, Herr HARTMANN. Sie haben uns mit dieser logischen
Planung und Analyse unseres Themas gezeigt, wie man einen Ein-
stieg in die Probleme bekommen kann, und Sie haben uns auch her-
ausgefordert, dazu im weiteren Verlauf unserer Diskussion noch
einige Überlegungen anzustellen. Ich glaube, Sie haben aber auch
besonders klar gezeigt, daß die logischen Prozesse machtlos
sind ohne den richtigen Anhaltspunkt und die richtige Zielsetzung; genauso klar ist herausgekommen, daß richtiger Ausgangspunkt und richtige Zielsetzung ohne das Dazwischenschalten
eines logischen Prozesses ebenso wirkungslos sein müssen.

SCHÖLMERICH:
Herr HARTMANN, ich habe nicht ganz verstanden, worin die Unterschiede zwischen Ebene 1 und 2 liegen: Wenn Sie in der Ebene 1
"Diagnose" den Begriff "Durchschauen und Erklären des Bildes"
nehmen und in der Ebene 2 "Anhiebsdiagnose", worin liegt der
Unterschied? Ist das eher ein Prozeß der zeitlichen Differenzierung? Es sind doch beides wahrlich sozusagen prärationale, nicht
pararationale Prozesse, die zur Diagnose führen. Warum zwei Ebenen, warum nicht eine, nämlich die Diagnose mit der Differenzierung?

HARTMANN:
Sie meinen nicht die Differentialdiagnose?

SCHÖLMERICH:
Nein, ich meine Durchschauen und Erklären des Bildes und Differenzieren von Anhiebsdiagnosen. Das ist ja im Grunde *ein* Prozeß.

HARTMANN:
Nun, die Antwort darauf ist, daß Diagnose als Durchschauen und
Erklären des Bildes ein Anspruch ist, der ganz selten erfüllt
werden kann. Für alles, was ich "Konjektur" genannt habe, gibt
es im Sprachgebrauch auch den Begriff "Vermutungsdiagnose". Ich
habe aber an einer Stelle gesagt, daß praktisch zwischen dem,
was wir mit Diagnose als "erklärende Tätigkeit" beschreiben,
und den Konjekturen nur graduelle Unterschiede bestehen, mit
dem Ziel, daß wir mit dieser Frage logisch an einen Punkt kommen, wo ich zwar systematisch unterscheiden kann, aber praktisch
Diagnose und Konjekturen ein einheitliches Feld bieten, das nur
durch Wahrscheinlichkeiten voneinander unterschieden wird. Meine
Unterscheidung hat, wie so häufig, einen pädagogischen Sinn.

GROSS:
Die Pädagogik war gerade angesprochen worden und Sie haben liebenswürdigerweise gestattet, daß wir hier etwas differenzieren:
die aufgestellte Forderung, daß ein diagnostischer Befund oder
eine Konjektur nur einmal in das diagnostische Gerüst, wie Sie
es nennen, eingehen darf, sei mehr ein pädagogisches Anliegen.
Das möchte ich nicht ganz akzeptieren, wie ich an einem Beispiel zeigen möchte: Ein Röntgenologe fragt beispielsweise den
Patienten nach seiner Anamnese, was sehr häufig passiert, oder
nach dem Ergebnis der Bestimmung der Magensekretion. Er macht
davon seine Röntgenbefunde abhängig und gibt seine Röntgenbefunde dann dem Kliniker, so daß praktisch die Magensaftanalyse
oder die Anamnese, was Sie haben wollen, zweimal in die Diagnose eingehen. Im logischen Sinne - ich habe das nicht pädagogisch gemeint, sondern sehr streng logisch - bringen Sie dann
in den Ablauf zwei gleiche Prämissen ein, und das ist nicht erlaubt. Ich möchte das hier klar differenzieren.

Noch eine Bemerkung zu dem Begriff der Konjekturen. Ich bin
über den Ausdruck an sich glücklich und bin froh darüber, wie
Sie ihn neu in die Diskussion bringen. Nur liegt in den Grenzbereichen der Medizin und der Philosophie natürlich immer die
Schwierigkeit darin, daß diese Begriffe schon von verschiedenen
Autoren mit verschiedenen Begriffsinhalten beschlagnahmt sind,
und ich darf im Zusammenhang mit der Konjektur z.B. an die Publikation von K. POPPER, Conjectures and Refutations, London,
1969, erinnern. Die einen nehmen Konjektur als Hypothese, die
anderen nehmen Konjektur als Erklärung und die dritten sind mit
der Konjektur nicht sehr weit vom Beweis entfernt. Im Grunde
ist Ihr Konjektur-Begriff sehr fruchtbar, nur besteht die Gefahr, daß wir damit etwas neu einführen, was im Grunde von anderen schon mit anderem Sinngehalt verwendet wurde.

HARTMANN:
Zu Ihrem Beispiel des Röntgenologen, der eine Anamnese macht,
aber nicht mitteilt, daß er seine Befunde nicht nur vom Röntgenbild, sondern auch von der Anamnese her gewichtet hat: Wenn er
eine Diagnose mitteilt, muß erkennbar sein, aus welchen Elementen sie besteht, d.h. er müßte dann fairerweise dazu schreiben,
daß er aus der Anamnese und den Befunden einen Zusammenhang hergestellt hat.

GROSS:
Richtig!

HARTMANN:
Mein Hauptargument darf ich nochmal wiederholen: Herr LANG hat
gesagt, daß man den Klinischen Chemiker nicht in die Rolle des
Datenlieferanten drängen darf, genau wie auch den Röntgenologen
nicht. Wenn wir aber von einem Modell ausgehen, in dem alle
diese Daten vergleichbar mit Konsilien sind, dann müssen wir ihm
zugestehen, daß er auch Deutungen gibt.

Der Klinische Chemiker als Dialogpartner, als Gegenüber, in
einem konsiliarischen System, sollte mir mehr sagen als nur den

Befund liefern. Darauf wollte ich hier hinaus, das war ein Anstoß zur Diskussion, der - glaube ich - in diesem Kreis notwendig ist.

GROSS:
Was ist mit der Definition der Konjektur?

HARTMANN:
Da hatten Sie natürlich Recht. Ich wollte diesen Begriff in diesem begrenzten Kreis einmal erörtern. Er ist sicher noch nicht
geeignet für eine allgemeine Verunsicherung, was ja immer dann
geschieht, wenn man neue Begriffe einführt. Das war eine Rela-
tivierung des Begriffs "Diagnose", mit der wir uns im Laufe der
nächsten Jahre alle sehr viel mehr beschäftigen müssen.

TRAUTSCHOLD:
Herr HARTMANN, Sie haben noch nicht von der Kinetik dieses Prozesses gesprochen, sondern diese Ebenen zunächst einmal etwas
statisch dargestellt. Sehen Sie einen sequentiellen und chrono-
logischen Zusammenhang, sehen Sie eine Wechselwirkung? Denn Sie
haben ja selbst gesagt, daß die Konjektur ein stufenweises Her-
antasten an eine Vorstellung darstellt, die korrigierbar ist.
Insofern würde das Bild vervollständigt werden, wenn letztend-
lich entscheidende Wechselwirkungen auch von der Therapie zum
Beispiel kommen, daß diese nicht nur nach Abschluß des diagnostischen Prozesses folgt. Etwas enttäuscht hat mich, daß Sie die
Pathogenese nur als Appendix, als Erklärung eines Prozesses an-
gehängt haben, ohne sie echt in die Prozesse der Vermutung und
Bestätigung einer Diagnose einzufügen.

HARTMANN:
Ich bin da praktisch vorgegangen. Der zweite Teil, die Verknüpfung dieser Ebenen untereinander, das Verwobensein der Denkpro-
zesse auf den verschiedenen gedanklichen Stufen, würde eine noch
weitergehende und nicht mehr überschaubare Darstellung erfordern. Aus dem gleichen praxisorientierten Grunde ist die Pathogenese an den Schluß gekommen. Denken Sie einmal kritisch nach,
wie viele Ärzte wirklich aus den vielen kleinen pathogenetischen
Bruchstücken, die sie aus dem Studium mitgenommen haben, etwas
in ihre Urteilsbildungsprozesse einbeziehen.

TRAUTSCHOLD:
Aber ihre Bewertung ist doch rational in Ihrem Sinne!

HARTMANN:
Natürlich, aber das schließt die pragmatische Argumentation
nicht aus. Ich habe ja zum Schluß gesagt, daß die pathogenetische Entwicklung nicht zu trennen ist von der Diskussion der
Diagnose als Durchschauen und Erklären.

EGGSTEIN:
Herr HARTMANN, Sie haben am Ende Ihres Referates angeregt, man
möge doch versuchen, die klinisch-chemischen Befunde diesem Prozeß der Urteilsfindung zuzuordnen. Wir haben das getan und ich
kann folgendes dazu sagen: Von rund 200 Patienten unserer Inten-
sivbehandlungsstation wurden 13.000 klinisch-chemische Befunde

erhoben. Von den 13.000 waren 42% nicht normal; 7% dienten als
wesentliches Diagnosekriterium und wurden bei der Diagnose als
wesentlicher Baustein mitverwendet. 2% wurden als Therapiekrite-
rium und 1,8% sowohl für die Diagnose als auch für die Therapie
verwendet. Im Endeffekt waren also 11% der klinisch-chemischen
Daten in diesen Prozeß der Diagnosefindung eingeordnet. Aber
nicht eingegangen in diesen Prozeß sind alle *die* Resultate, die
negativ waren und damit eine Aussage gaben durch das Ausschlußverfahren. Deren Zuordnung ist sicher schwierig, aber vielleicht
ist das ein erster Ansatz, um auf Ihre Frage eine konkrete Antwort zu geben.

Für mich stellt sich - gerade im Hinblick auf die Zuordnung
der Laborresultate für Intensivbehandlungsfälle - die Frage:
wenn man Ihren Slogan "Therapie ohne Diagnose" im Blick hat,
würden Sie Begriffe Indikation und Diagnose gleichsetzen?

HARTMANN:
Nein! Die Gretchenfrage ist doch: Der Klinische Chemiker soll
ja vermitteln, auch zwischen Pathobiochemie und Klinik. Nach
einer solchen Auswertung wollte ich gern einmal hören: Wenn er
die und die Indikationen hat, dann braucht er nur die und die
Parameter, ganz harte Parameter, dann wird nicht der Überschuß
produziert, den wir jetzt haben. Wir brauchen auch neue Parameter auf pathobiochemischer Basis, da fehlt es bisher nach meiner Ansicht.

RÓKA:
Herr HARTMANN, ich glaube, wir werden in den beiden folgenden
Referaten einiges dazu hören.

SIEGENTHALER:
Die Ausführungen von Herrn HARTMANN waren außerordentlich wichtig, da sie viele klinisch wichtige Statements enthalten haben.
Ich habe auch Mühe, wie Herr SCHÖLMERICH, zwischen Diagnose und
Konjekturen zu unterscheiden, aber das spielt in der Praxis
wahrscheinlich keine wesentliche Rolle. Viel mehr etwas Systema-
tisches: Sie haben z.B. bei den Konjekturen gesagt, man findet
eine Hypercalcämie und eine Erhöhung der alkalischen Phosphatase
und macht dann eine weitere Abklärung in Richtung Malabsorption.
Das würde bei mir unter "Differentialdiagnose" laufen.

HARTMANN:
Da kann ich natürlich antworten: Differentialdiagnostik ist ein
Arbeiten mit Konjekturen!

SIEGENTHALER:
Dann meinen wir ja das gleiche.

GLADTKE:
Her HARTMANN, ich vermisse aus pädagogischen und didaktischen
Gründen die namentliche Erwähnung des Stellenwertes der Anamnese.
Diese gehört in alle von Ihnen genannten Ebenen irgendwie hinein.
Ich bin der Meinung, daß der Klinische Chemiker meist wenig von
der Anamnese erfährt. Deswegen fällt die Rückkopplung zwischen
Klinischen Chemikern und Klinikern manchmal etwas schwer.

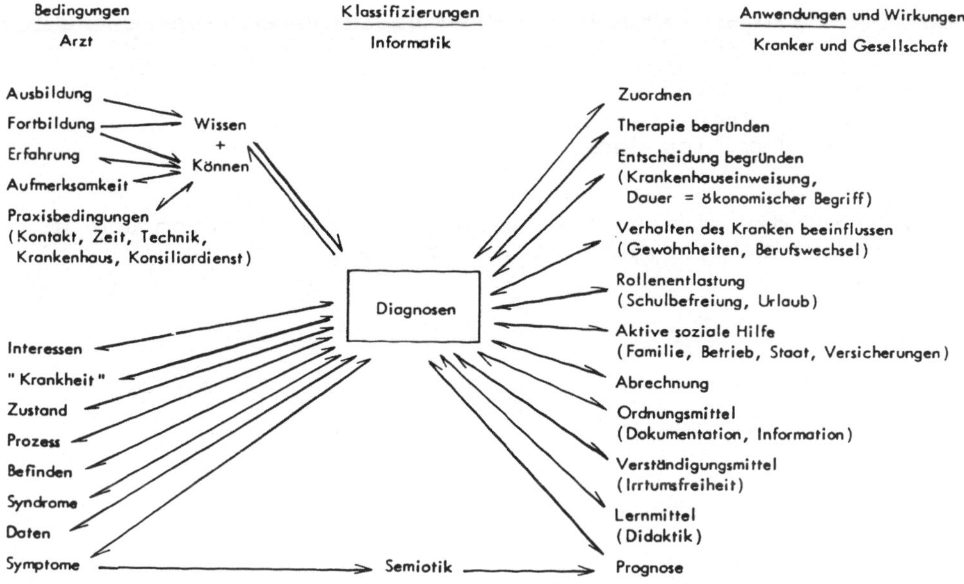

KELLER:
Könnten Sie sich mit der These einverstanden erklären, daß jeder Laboratoriumsbefund eine bestimmte Position in der hierarchischen Struktur des diagnostischen Prozesses einnimmt? Mit anderen Worten: Der Laboratoriumsbefund kann sich auf die Ätiologie oder auf den Pathomechanismus beziehen oder er ist als Symptom einer Krankheit oder eines Zustandes zu werten.

Erlauben Sie mir, diesen Gedanken an einem simplizifierten Beispiel zu erläutern: Als Symptomtests werden bei einem Patienten im Blut ein erniedrigter Hämoglobin- und MCHC-Wert gefunden, im Plasma eine verminderte Ferritin-Konzentration. Auch die anschließende Eisenbestimmung im Serum ergibt einen erniedrigten Wert. Dies legt die Annahme nahe, daß die Hyposiderinämie ätiologisch mit den Anämie-Symptomen verknüpft sei. Wenn nun im Stuhl auch noch regelmäßig Blut gefunden wird, so ist damit der Pathomechanismus geklärt und die Diagnose kann lauten: Eisenmangel-Anämie durch Blutverlust.

Obwohl die eindeutige Zuordnung zu diesen Kategorien für die verschiedenen Parameter bei unterschiedlichen Fragestellungen strittig sein kann, dürfte es doch von großem Nutzen sein, diese Rangfolge bei der Testbewertung anzustreben, da die logische Kombination zu einer diagnostischen Aussage von hoher Sicherheit führt, ungeachtet der Schwäche der Einzelaussagen.

HARTMANN:
Sie würden aber auch meinen, daß jeder dieser Befunde in der Hierarchie anders angeordnet ist. Die obige Abbildung soll zei-

gen, daß der Stellenwert und die Stellung innerhalb des zeitlichen Ablaufes unterschiedlich ist, d.h., wenn ich therapeutisch denke, denke ich in einer bestimmten Hierarchie, einer besonderen Gewichtung. Ein Befund wird in der Regel in einem therapeutischen Schema erheblich mehr bewertet als auf der pathogenetischen Ebene, wenn wir die Hochschulmedizin einmal ausklammern, die ja auch die Ebene der Lehre kennt. Da müssen wir in verschiedenen Hierarchien denken.

KELLER:
Ohne Zweifel, der gleiche Test kann einmal ein Symptom und im anderen Fall den Pathomechanismus bedeuten.

Einflüsse auf klinisch-chemische Meßgrößen

H. Keller

<u>Vorbemerkungen</u>

Die Kenntnis der Einflußfaktoren auf klinisch-chemische Meßgrößen ist die Voraussetzung für Indikation und Interpretation klinisch-chemischer Befunde. Eine rationale Basis für die Anforderung, Durchführung und Beurteilung klinisch-chemischer Tests
setzt eine Reihe von a priori-Informationen voraus:

1. Die logische Beziehung, die zwischen der gewählten Untersu-
   chungsart und der ärztlichen Fragestellung hergestellt werden kann
2. die Intraindividual-Faktoren des Patienten
3. die präinstrumentelle Fehlerrate
4. die instrumentelle Fehlerrate
5. den Referenzbereich, der durch transversale oder longitudinale Beobachtung gewonnen wurde.

Aus diesen Informationen resultiert ein Erwartungswert, der von
den Einflußfaktoren prädeterminiert ist. Der Vergleich mit dem
aktuellen Resultat führt entweder (näher) zur Diagnose oder zu
einer neuen Formulierung des diagnostischen Verdachts und/oder
zur Anordnung neuer Labortests.

Das folgende Referat behandelt demnach die Prädeterminatoren
klinisch-chemischer Meßgrößen. Wenn es sich im wesentlichen auf
Untersuchungsverfahren im menschlichen Blut resp. Serum oder
Plasma beschränkt, so deshalb, weil dies das häufigste Untersuchungsmaterial ist und die meisten Literaturangaben Blutparameter behandeln.

Die Spannbreiten der Blutparameter eines Patienten werden durch
Individualfaktoren bestimmt respektive beeinflußt. Es resultieren die intraindividuellen Spannbreiten, die von den interindividuellen zu unterscheiden sind. Die Individualfaktoren können
in permanente, langzeitige und kurzzeitige eingeteilt werden
(Abb. 1). Pathologische oder iatrogene Einflüsse können sie
überlagern. Die dadurch bewirkten Änderungen in Zellen oder
Zellverbänden werden evtl. von der Zusammensetzung des Blut-
plasma-Systems reflektiert, dann nämlich - nur dann -, wenn die
physiologische Homöostase nicht voll aufrecht erhalten werden
kann.

Auf die Probenahme sind kurzzeitige, den Patienten betreffende
Einflußfaktoren wirksam; gemeinsam mit den Specimenproblemen im
engeren Sinne stellen sie die präinstrumentellen Variationen
dar.

Patient Individual - Faktoren				Specimen	Sample
				Transfer	Transfer
permanente	langzeitige		kurzzeitige		
Geschlecht Rasse	Alter Gewicht Lebensgewohnheiten	Defekte Krankheiten Arzneimittel	Alimentation Körperl. Belastung Bio. Oszillation Stress	Abnahme Aufnahme Verwahrung	Vorbereitung Analyse
			Prä-instrumentelle Variationen		Instrumentelle Variationen
Biologische Variationen				Errors	

Abb. 1. Einflußgrößen auf klinisch-chemische Meßwerte

Instrumentelle analytische Variationen betreffen die Sample-Probleme, d.h. die Unschärfe der instrumentellen Analyse selbst.

Die Kenntnis dieser Einflußgrößen ist der Schlüssel zum Verständnis klinisch-chemischer Befunde.

1. Individualfaktoren

Die intraindividuellen Prädeterminatoren, die der Patient in sich trägt, sind:

1. Genetisch fixierte Determinanten
2. Zeitabhängige Variable, die durch genetische und exogene Faktoren beeinflußt werden
3. Exogene, non-iatrogene Faktoren
4. Iatrogene Faktoren im weitesten Sinn
5. Pathomechanische Faktoren, die zum Teil genetisch beeinflußt sind.

Zu den genetisch fixierten Determinanten zählen Geschlecht, Rasse und Individualfaktoren.

1.1. Geschlechtsspezifität

Für die Mehrzahl der klinisch-chemischen Parameter sind unterschiedliche Referenzbereiche für Mann und Frau beschrieben (1). In fast allen großen Studien zur Ermittlung dieser Bereiche (2-12) wurden die Probanden nach Geschlechtern getrennt und - bei hinreichend großer Probandenzahl - in der Mehrzahl signifikante Differenzen zwischen beiden Kollektiven auch dann gefunden, wenn die Parameter keine ursächlichen Beziehungen zum Kerngeschlecht oder zu geschlechtsspezifischen Merkmalen (z.B. zur

Tabelle 1. Testosteron im Plasma
Werte in ng/ml (Mod. nach MÜLLER (13) und LUDVIK (14))

Knaben:	0.6-0.4	0.2-0.1	: Mädchen (5-15 Jahre)
Männer (18-35 Jahre):	10.3-4.5	2.0-0.2	: Frauen (20-80 Jahre)
Männer (über 60 Jahre):	6.8-1.8		

Tabelle 2. Östradiol im Plasma
Werte in µg/ml (Mod. nach KLEY (15) und ABRAHAM (16))

Knaben:	3.0- 6.9	5.4- 14.6	: Mädchen
Männer (20-40 Jahre):	16.0-22.0	30.0-150.0	: Frauen (Ovul.)
Männer (50-90 Jahre):	21.0-35.0	6.0- 22.0	: Frauen (Postklim.)

Menstruation) haben. Die Geschlechtsabhängigkeit ist aber doch problematischer als es auf den ersten Blick erscheinen mag:

Es drängt sich nämlich bei den nicht-geschlechtsspezifischen Parametern die Frage auf, ob die Unterschiede der Körperoberflächen, der Muskelmassen und des Körpergewichts nicht allein schon genügen würden, um die beobachteten Differenzen zwischen Mann und Frau zu erklären. Auch andere Einflußgrößen, z.B. der höhere Alkoholkonsum oder die größere körperliche Belastung des Mannes, sollten bei Studien zur Ermittlung von Referenzbereichen berücksichtigt werden. Es ist vorstellbar, daß dann geschlechtsspezifische Differenzen in vielen Fällen nicht mehr existent sind.

Ein Argument für diese Hypothese ist die Tatsache, daß es selbst bei geschlechtsspezifischen Parametern nicht in jedem Fall gelingt festzustellen, ob das Material von einem männlichen oder weiblichen Probanden stammt (Tabelle 1): Die in der Literatur angegebenen Spannbreiten der Serum-Androgene von älteren Männern überlappen die der Frauen eindeutig. Auch bei präpubertiven Kindern ist die Trennung selbst bei guter analytischer Technik problematisch. Das gleiche gilt für die Östrogenbestimmung im Plasma (Tabelle 2), wo sich die Bereiche von Knaben und Mädchen ebenso wie von Männern und postklimakterischen Frauen breit überdecken. Das gleiche gilt auch für die Gestagene (17).

Die Beispiele zeigen, daß derart breite Referenzbereiche, die von vielen Prädeterminatoren beeinflußt sind, der Individualität offensichtlich so ungenügend Rechnung tragen, daß ein isoliertes Resultat wenig aussagt.

1.2. Einfluß der Rasse

Auch die Rasse gilt als Prädeterminator klinisch-chemischer Resultate. Die vorliegende Literatur erweist jedoch nicht eindeutig, daß nur ethnische Faktoren und nicht im wesentlichen soziale Bedingungen für die gefundenen Differenzen verantwortlich sind. So haben Vergleichsuntersuchungen an weißen und schwarzen amerikanischen Blutspendern gezeigt (18), daß der höhere Chole-

sterin- und Triglyceridspiegel der weißen Gruppe nicht mehr gefunden wird, wenn man die Blutspender nicht nach ihrer Hautfarbe,
sondern nach ihrer Ernährungsweise gruppiert. Die vermeintli-
chen rassischen Differenzen reflektieren also tatsächlich nur
unterschiedliche Diätgewohnheiten. Ähnliches dürfte auch für
andere Untersuchungen (19-23) zutreffen.

1.3. Individualfaktoren

Auf den Unterschied zwischen intraindividuellen und interindividuellen Spannbreiten hat WILLIAMS schon 1956 in einer Mono-
graphie über die "Biochemical Individuality" (24) aufmerksam gemacht. Besonders von amerikanischen Arbeitskreisen wurde dieses
Thema weiterbearbeitet (25-44). Es war das Ziel dieser Untersuchungen, für alle wichtigen Parameter das Verhältnis von intra-
zu interindividuellen Spannbreiten festzulegen, wobei der analytische Fehler (soweit als möglich) rechnerisch eliminiert ist.
Die große praktische Bedeutung dieser Studien soll an einem
Modell gezeigt werden (Abb. 2):

1. Das Verhältnis der intraindividuellen zur interindividuellen
   Variation sei klein, z.B. kleiner als 0,6. In diesem Fall
   ist der Referenzbereich zur Beurteilung des Individualwerts
   offenbar wenig sensitiv.
2. Im umgekehrten Fall sei das Verhältnis intra/interindividuell
   größer als 1,0; der Referenzbereich ist zwar sensitiv, aber
   weniger spezifisch (WILLIAMS (44) bezeichnet diesen Referenzbereich als "oversensitive").
3. Zu einem brauchbaren Beurteilungskriterium wird der interindividuelle Bereich dann, wenn er mit dem intraindividuellen
   Bereich weitgehend übereinstimmt.

Das Verhältnis intra/interindividuelle Variation wurde von HAR-
RIS (34) als "ratio value" bezeichnet. Tabelle 3 zeigt solche
Quotienten, die neueren Arbeiten entnommen sind.

Bei den Elektrolyten sind die Angaben sehr unterschiedlich, z.B.
für Calcium, dessen Ratiowert von STATLAND (35) mit 2,8, von
VAN STEIRTEGHEM (43) dagegen mit 0,4 ermittelt wurde.

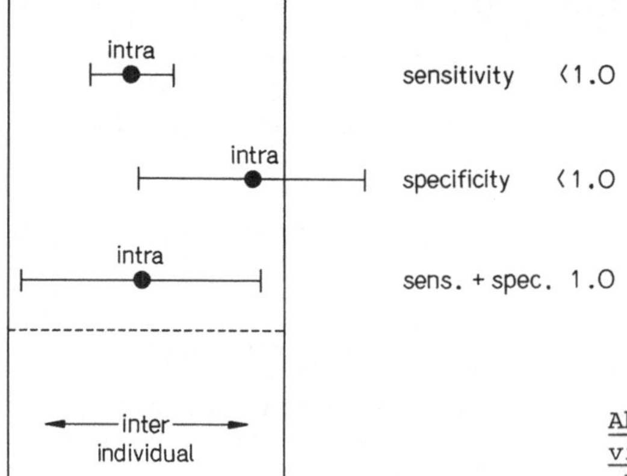

Abb. 2. Zusammenhang zwischen Indi-
vidual-Faktoren und Referenzbereichen für klinisch-chemische Meßgrößen

Tabelle 3. Verhältnis von intra- zu interindividueller Variation für klinisch-chemische Meßgrößen ("Ratio Values")

Enzyme	STATLAND et al. (35)	PICKUP et al. (42)	VAN STEIRTEGHEM et al. (43)	WILLIAMS et al. (44)
AP	0.14	0.38	0.053	0.92
GGT	0.16	./.	./.	0.40
LDH	0.44	./.	0.31	0.54
GPT	0.45	./.	0.28	./.
CK	0.56	./.	1.50	1.1
GOT	0.90	./.	0.71	0.63

Elektrolyte				
Chlorid	1.05	./.	0,75	./.
Kalium	1.19	1.33	0.63	./.
o-Phosphat	1.71	0.75	0.32	0.69
Natrium	1.75	1.72	1.43	./.
Calcium	2.83	1.11	0.41	0.44

Substrate				
Kreatinin	0.47	1.00	0.16	0.16
Harnstoff	0.73	0.87	0.62	0.79
Harnsäure	1.60	./.	0.27	0.79
Total Protein	1.04	0.85	0.78	0.71
Eisen	1.17	./.	./.	./.
Bilirubin	1.28	0.7	0.33	./.
Albumin	5.60	0.93	0.26	./.
Cholesterin	0.25	./.	0.097	0.42
Triglyceride	0.36	./.	0.24	0.57

Bei den Substraten findet sich die größte Differenz: Der Ratiowert von Albumin wird von einer Arbeitsgruppe mit 0,26, von einer anderen mit 5,6 gefunden.

Bei den Enzymen werden im allgemeinen Werte unter 1 angegeben, obwohl auch hier die Differenzen beträchtlich sind.

Darüber hinaus haben verschiedene Autoren (36, 41) sehr niedrige Ratiowerte für eine Reihe von Proteinen und für hämatologische Parameter (40) publiziert.

1.4. Alter und Altern

Zeitabhängige Variable, die genetisch und exogen beeinflußt werden, sind das Altern und die intraindividuellen Oscillationen.

Das Phänomen des menschlichen Alterns ist eines der am wenigsten aufgeklärten biologischen Probleme (45, 46). Die altersbedingten Veränderungen führen zu einer zunehmenden Suszeptibilität

Tabelle 4. Durch das Altern bedingte Variation klinisch-chemischer Meßgrößen
(Quellen s. Text)

Abnahme	Zunahme	
Calcium	Glucose	
o-Phosphat	Harnstoff-N	gesichert
Total Protein	Cholesterin	
Albumin	LDH	
Alanin		
	Kreatinin	
	Harnsäure	fraglich
	AP	
	GGT	

gegenüber einer Vielzahl von Erkrankungen, sie bewirken die zu-
nehmende Morbidität des Greisenalters und schließlich den Tod.
Deshalb ist es schwierig, gesunde alte Individuen zu finden, um
die Veränderungen durch die typischen Alterskrankheiten von den
Veränderungen durch das Altern selbst unterscheiden zu können.
Tabelle 4, nach Literaturangaben zusammengestellt, gibt eine
Übersicht, welche Parameter sich während des Alterns im Sinne
einer Zu- oder Abnahme verändern:

1. Calcium, Phosphat, Totalprotein (5, 7-9) und Albumin (47)
   sinken im Laufe des Alterns im Serum des Menschen ab. Die
   Verminderung von Alanin im Serum wird als besonders alters-
   empfindlicher Indikator bezeichnet (48).
2. Glucose (2, 6-8), Harnstoff (2, 5-9) und Cholesterin (3, 5-9)
   sowie die LDH-Aktivität (5, 6, 11, 48) steigen mit dem Alter
   an. Ob dies auch für Harnsäure (2, 3, 6-9), Kreatinin (2, 8)
   und die Aktivität der alkalischen Phosphatase (2, 4-8, 49)
   und der γ-GT (11, 50) zutrifft, wird unterschiedlich beurteilt.
3. Die bekannte Abnahme der Cholesterinwerte von Probanden, die
   über 70 Jahre alt sind, scheint ein Kohorteneffekt zu sein.
   Dieser Personenkreis dürfte ein positiv selektoniertes Kollektiv darstellen.
4. Der altersbedingte Anstieg der Harnsäure ist bei der Frau
   deutlicher ausgeprägt als beim Mann.
5. Generell aber sind die Änderungen der klinisch-chemischen
   Parameter im Serum während des Alterns bis hinein ins hohe
   Senium gering.

1.5. Biorhythmen

Ein circadianer Rhythmus wird von STAMM (51) definiert als ein
mit einer Periodizität von etwa 24 Stunden wiederkehrender Wechsel eines Phänomens. Im Bereich der klinischen Chemie sind diese
Rhythmen bei vielen Blut- und Harn-Bestandteilen mit mehr oder
weniger deutlich ausgeprägten Maxima und Minima zu beobachten.
Typische circadiane Schwankungen, die beim Gesunden regelmäßig
beobachtet werden, zeigt z.B. Cortisol (53-55). Sein Maximum
liegt am frühen Morgen, sein Minimum um Mitternacht. Wahrschein-

lich setzt sich der 24-Stundenrhythmus aus zahlreichen kleinen
Schwankungen zusammen, von denen drei Viertel zwischen Mitternacht und 9 Uhr morgens liegen.

Ein ähnlicher Rhythmus ist für ACTH (56), STH (57) und Prolactin
(58) beschrieben, wobei wahrscheinlich ein Zusammenhang mit dem
Schlaf-Wach-Rhythmus besteht. Der circadiane Rhythmus verschiebt
sich, wenn sich die Tageszeiten, z.B. durch einen Transatlantik-
flug, verschieben. Die Adaption an die neue lokale Zeit dauert
etwa 6 bis 8 Stunden.

Auch das Serumeisen unterliegt einem deutlichen circadianen
Rhythmus. Die Mehrzahl der Probanden hat ein Maximum am Morgen
und ein Minimum um Mitternacht. Einzelne Individuen zeigen jedoch ein Maximum am Abend, und es gibt auch Probanden, die keine
eindeutigen Maxima und Minima produzieren.

Individuelle Schwankungen, deren circadianer Charakter aber
nicht feststeht, sind für Natrium, Kalium, Harnstoff, Total-Protein, Albumin, Gesamtlipide und saure Phosphatase beschrieben
(60, 61), während für Kreatinin widersprüchliche Angaben vorliegen (31, 37, 52, 62). Über den Glucose-Rhythmus hat unlängst
KRUSE-JARRES berichtet (63).

Neben den 24-Stunden-Schwankungen kommen auch Oscillationen über
längere Zeiträume bei einzelnen Parametern vor. WINKEL (61) beobachtete bei einer Probandengruppe zwischen Februar und Juni
einen deutlichen Anstieg des Kaliums mit einem Gipfel im April,
die Lipidwerte zeigten ein Maximum im Februar und ein Minimum
im März. Ähnliche Langzeitoscillationen sind auch bei den Blutzellen beschrieben worden (64): Bei Monocyten (Abb. 3) beobachtete MEURET (65), daß von 33 Probanden 22 Oscillationen mit
einer mittleren Periode von 4,7 Tagen zeigten.

Circadiane Rhythmen und Langzeitoscillationen sind in den Referenzbereichen eingeschlossen mit der Folge, daß deren Sensitivität, Spezifität oder beides entsprechend eingeschränkt wird.

1.6. Exogene Faktoren

Zu den exogenen Prädeterminatoren werden gerechnet: Nahrungsauf-
nahme, Körpergewicht, Konsum von Nicotin und Alkohol, körperliche Belastung, geophysikalische Bedingungen, Bettruhe und emo-
tionale Faktoren.

1.6.1. Ernährung

Der Effekt einer Mahlzeit manifestiert sich nicht nur in der bekannten Erhöhung von Glucose, Triglyceriden und freien Fettsäuren, sondern auch in einer Zunahme der Aktivität der alkalischen
Phosphatase und des anorganischen Phosphats (66). Dabei ist eine
individuelle Reaktion auffallend (67, 68): Probanden mit der
Blutgruppe O, LEWIS positiv, haben eine besonders ausgeprägte
Zunahme der intestinalen alkalischen Phosphatase nach fettrei-
chen Mahlzeiten.

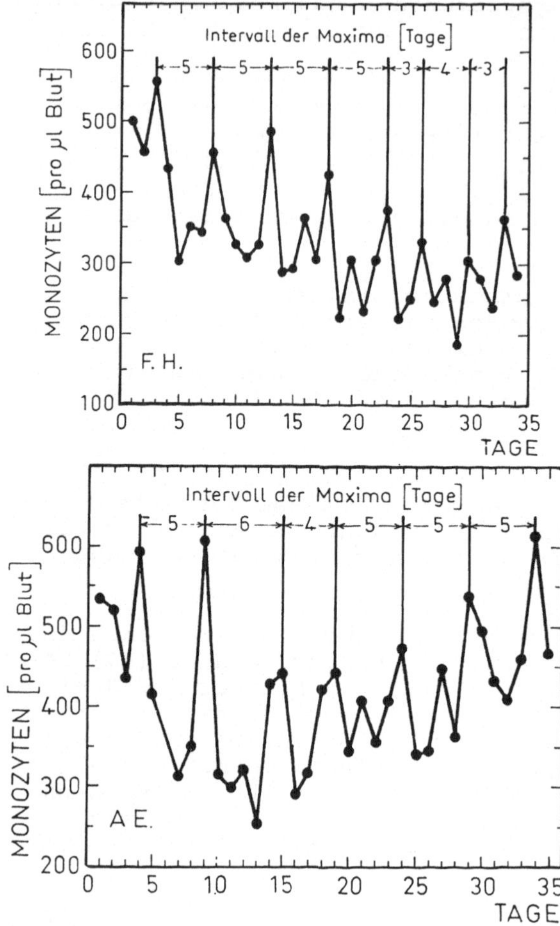

Abb. 3. Oscillation der Mono- cytenzahl im Blut bei zwei gesunden Individuen MEURET (65)

1.6.2. Körpergewicht

Der Einfluß des Körpergewichts wurde unlängst in einer größeren Studie (69) an über 2.000 Probanden auf 16 Blutparameter hin untersucht. Die Tabelle 5 zeigt zusammengefaßt das Resultat: Bei den adipösen Männern und Frauen finden sich die höchsten Werte für Harnsäure, postprandialen Blutzucker, LDH, Cholesterin und Insulin. Umgekehrt werden die niedrigsten Werte bei den Probanden der niedrigen Gewichtsgruppe gefunden. Beide Erscheinungen sind geschlechtsunabhängig für Phosphat, nur bei Frauen dagegen für Calcium.

Die mageren Männer zeigten auch die tiefsten Werte für Kreatinin, Total-Protein, Hämoglobin und die GOT-Aktivität, während die adipösen Männer hier die höchsten Werte aufwiesen.

Schon in älteren Arbeiten wurde wiederholt festgestellt (9, 10), daß die Harnsäure positiv mit dem Körpergewicht korreliert, was für Cholesterin offenbar nicht gilt.

Tabelle 5. Einfluß des Körpergewichts auf klinisch-chemische Meßgrößen (Nach MUNAN et al. (69), FOSTER et al. (48)

Analyt	erniedrigt	erhöht
	mager	fett
Harnsäure		
Glucose		
LDH	♂ + ♀	♂ + ♀
Cholesterin		
Insulin		
Kreatinin	mager	fett
Total Protein	nur	nur
Hämoglobin	♂	♂
GOT		
	♂ + ♀	♂ + ♀
o-Phosphat	fett	mager
Calcium	nur	nur
	♀	♀

Schließlich wurde in einer großen Studie (8) an über 9.500 weißen Frauen gezeigt, daß zunehmendes Gewicht streng mit der Abnahme des Albumins und einer Zunahme aller Globuline, besonders der α_2-Globuline korreliert.

1.6.3. Alkohol und Nicotin

Die häufigsten Genußgifte sind heute Alkohol und Nicotin. Ihre Auswirkungen auf klinisch-chemische Parameter wurden in einigen Arbeiten studiert, die Ergebnisse besagen zusammengefaßt folgendes (35, 70, 71): Schon wenige Minuten nach Alkoholgenuß beginnt die Aktivität der GOT anzusteigen und erreicht nach etwa 3 Stunden ihr Maximum. Später folgt eine mäßige Erhöhung der Aktivität der γ-GT. Die Aktivität der GPT, LDH, CK und AP wird durch Alkohol nur gering beeinflußt.

Die Angaben über den Einfluß von Nicotin (47, 72) sind schwerer verständlich. Bei Zigarettenrauchern wurden im Serum Albumin, postprandiale Glucose, Harnsäure und Kreatinin erniedrigt gefunden.

1.6.4. Körperliche Belastung

Der Einfluß körperlicher Belastung auf klinisch-chemische Parameter (35, 74, 74a) manifestiert sich primär in einer Hämokonzentration, infolge der Flüssigkeitsverschiebung vom Intravasalraum in den interstitiellen Raum. Es resultiert ein Anstieg von Hämatokrit, Hämoglobin, der Erythrocytenzahl und der Eiweißkonzentration. Die an Protein gebundenen Bestandteile, z.B. Cholesterin, Triglyceride und Calcium steigen analog an. Beim Nicht-

trainierten werden zudem bei akuter Belastung auch die Muskel-
enzyme CK, Aldolase, GOT und LDH freigesetzt.

1.6.5. *Bettruhe und schwerefreier Raum*

Der Einfluß strenger Bettruhe bewirkt eine massive Abnahme des
Blutvolumens (75-77) und zugleich eine Zunahme der Ausscheidung
an Calcium-, Ammonium-, Phosphat-, Natrium- und Chlorid-Ionen
(78).

An dieser Stelle sei eine Anmerkung erlaubt: Obwohl seit Jahr-
zehnten unzählige Kliniklaboratorien ihre Untersuchungen an Material durchführen, das von bettlägerigen Patienten abgenommen
wurde, existieren nur vereinzelt und in schwer zugänglicher
Literatur Untersuchungen über den offenbar nicht geringen Einfluß strenger Bettruhe auf klinisch-chemische Parameter. Nach
modernen Gesichtspunkten durchgeführte Studien scheinen hier
dringend erforderlich.

Mit strenger Bettruhe vergleichbar sind die Auswirkungen des
schwerefreien Raumes (75, 79): Auch hier erfolgt eine Deminera-
lisation der Knochen mit gesteigerter Ausscheidung von Calcium-
phosphaten und eine vermehrte Exkretion von 17-Hydroxysteroiden.

1.6.6. *Stress*

Vielfältig sind die Wirkungen psychischer Faktoren im Sinne von
Stress: Der Anstieg der Catecholamine mit reaktivem Blutzucker-
abfall ist schon länger bekannt (80, 81). Dadurch wird ein Anstieg des HGH und eventuell auch das PTH induziert (Übersicht
bei 82). Ebenfalls unter Stress-Situationen steigt die Konzentration des CRF, wodurch eine ACTH-Ausschüttung bewirkt wird,
die schließlich in einer vermehrten Cortisolproduktion mündet.
Auch Prolactin, die Thyreoidea-Hormone und MSH scheinen unter
Stress anzusteigen.

1.7. Iatrogene Faktoren

Die wichtigsten iatrogenen Einflußfaktoren auf klinisch-chemische Parameter sind Arzneimittel, operative Eingriffe und Anwendung ionisierender Strahlen.

1.7.1. *Arzneimittel*

Veränderungen von Meßwerten durch Arzneimittel können zwei Ursachen haben:

1. Im Untersuchungsmaterial vorhandene Arzneimittel oder ihre
   Metaboliten stören den Ablauf des chemisch-analytischen Verfahrens. Hierzu hat BÜTTNER 1973 (in 83) ausgeführt: "Die
   Einflüsse von Arzneimitteln in vitro sind nichts anderes als
   ein Spezialfall systematischer Fehler, d.h. ein Spezialfall

ungenügender Richtigkeit". Die von APPEL 1973 (in 83) gegebene Übersicht ist in großen Zügen unverändert gültig.
2. Schwieriger ist die Beurteilung pharmakodynamischer Effekte,
besonders wenn nicht klar ist, ob es sich um eine in vivo-
Wirkung des Arzneimittels oder um eine in vitro-Störung oder
um beides handelt. Erinnert sei hier an die Beiträge von
SIEGENTHALER (in 83) und APPEL (in 83). Über Wirkungen, Nebenwirkungen und analytische Störeffekte von Arzneimitteln liegen mehrere Übersichtsarbeiten vor (84-86).

1.7.2. Operative Eingriffe

Die Auswirkungen operativer Eingriffe sind, wie MAURER (in 83)
1973 dargelegt hat, abhängig vom Grundleiden, von der Art des
operativen Eingriffs, der gewählten Anaesthesieform, der post-
operativen Therapie und etwa aufgetretenen Sekundärerkrankungen.
Die Änderungen der Enzymaktivitäten nach operativen Eingriffen
hat SZASZ (in 83) in einer instruktiven Tabelle demonstriert,
die unverändert gültig ist. Zu ergänzen wären heute die Änderungen der Aktivitäten der CK-Isoenzyme. Die Beobachtung, daß post-
operativ der Cholesterinspiegel im Serum stark abfällt (87, 88),
dann in Abhängigkeit von der Rehabilitation wieder ansteigt und
damit ein empfindlicher Indikator für die Rehabilitationsfähig-
keit des Patienten ist, wurde bisher nicht an einem größeren
Krankengut nachgeprüft.

1.7.3. Ionisierende Strahlen

Die Therapie mit ionisierenden Strahlen führt regelmäßig zu
einer Veränderung aller hämatologischen Parameter. Gefürchtet
sind kritische Leukopenien und Thrombopenien. Beim Einschmelzen
großer Tumormassen kommt es nicht selten zu einer kritischen
Erhöhung der Harnsäure im Serum, die zu einer Urat-Nephropathie
führt. Nach direkter Strahleneinwirkung können Organläsionen der
verschiedensten Art mit entsprechenden organspezifischen Veränderungen klinisch-chemischer Parameter auftreten.

1.8. Angeborene und erworbene Krankheiten

Die wichtigsten Einflußgrößen auf klinisch-chemische Parameter
sind die angeborenen oder erworbenen Krankheiten oder Defekte.
Die Klassifikation der Tabelle 6 zeigt zunächst die sieben
Krankheitsgruppen, zu deren Diagnose oder Therapiekontrolle nur
ungenügende Möglichkeiten mit klinisch-chemischen Tests bestehen.

Dagegen verfügen wir für zahlreiche Organdefekte über Parameter
mit guter diagnostischer Spezifität.

Auch für systematische Defekte bestehen gute oder sehr gute diagnostische Möglichkeiten.

__Tabelle 6.__ Diagnostische Möglichkeiten mittels klinisch-chemischer Parameter

1.) Neoplastische		Ungenügende	+) ausgenommen 9.10
2.) Degenerative		diagnostische	Beteiligung 10.1
3.) Autoimmun-		Möglichkeiten	von 10.2
4.) Infekt.-reakt.	Erkrankungen	mittels	
5.) Psychiatrische		klinisch-chemischer	
6.) Dermatologische		Methoden	
7.) Nicht klassifizierbare			

8.) Organdefekte	Diagnostische	
	Spezifität	Sensitivität
1. Leber	gut	mäßig
2. Niere	gut	mäßig
3. Pankreas	gut	schlecht
4. Herz	gut	gut
5. G.I.T.	schlecht	schlecht
6. Cerebral	gut	schlecht

9.) Systemische Defekte

	Spezifität	Sensitivität
1. Angeb. AS-Metabol.Defekte	sehr gut	sehr gut
2. Angeb. KH-Metabol.Defekte	sehr gut	sehr gut
3. Angeb. Enymdefekte	sehr gut	sehr gut
4. Diabetes mellitus	mäßig	mäßig
5. Gicht	mäßig	mäßig
6. Porphyrie	gut	mäßig
7. Hyperlipidämie	mäßig	mäßig
10. Paraproteinämie	sehr gut	gut
11. Eisenstoffwechselstörung	sehr gut	gut

10. Endokrinopathien i.e.S.

	Spezifität	Sensitivität
1. Proteohormone	z.T. sehr gut	z.T. sehr gut
2. Steroidhormone	z.T. sehr gut	z.T. sehr gut
3. sonstige	z.T. sehr gut	z.T. sehr gut

Das gleiche gilt für die Endokrinopathien, nicht zuletzt deshalb, weil in den letzten Jahren für viele Hormonindividuen Rezeptor-Assays ausgearbeitet worden sind.

1.9. Präinstrumentelle Faktoren

Die präinstrumentellen Variationen beinhalten die kurzzeitigen intraindividuellen Prädeterminatoren, z.B. die biologischen Oscillationen, die alimentäre und psychologische Situation, die körperliche Belastung, Haltung usw. Andererseits beinhalten sie auch die Specimenprobleme im engeren Sinn, die durch Standardisierung unter Kontrolle gehalten werden müssen (Tabelle 7).

Tabelle 7. Specimen-Probleme   (Venenblut)

Möglichkeiten zur Verringerung der präinstrumentellen Varianz

1. Standardisierung der intraindividuellen Situation
   (Patienten-Vorbereitung)

2. Standardisierung der hämodynamischen Situation
   (Patienten-Körperhaltung)

3. Standardisierung der Venenstauung

4. Standardisierung von Probenahme und -Transport

5. Standardisierung der Zellabtrennung (Zentrifugation)

6. Standardisierung der Specimen- bzw. Sample-Verwahrung

1.9.1. Körperhaltung

Über die Bedeutung der Körperhaltung hat KREUTZ 1973 (in 83) umfassend referiert. Die in der Zwischenzeit noch publizierten
Untersuchungen (89, 95) zu dieser Problematik bestätigen den
altbekannten Effekt des Positionswechsels. Die Abbildung 4 zeigt
im linken Teil, welche Parameter durch Positionswechsel scheinbar konzentriert oder verdünnt werden. Der Shift des Körperwas-
sers aus dem vaskulären in das interstitiale Kompartiment beträgt etwa 8,5%, in der gleichen Größenordnung liegen die Veränderungen der unteren 9 Parameter.

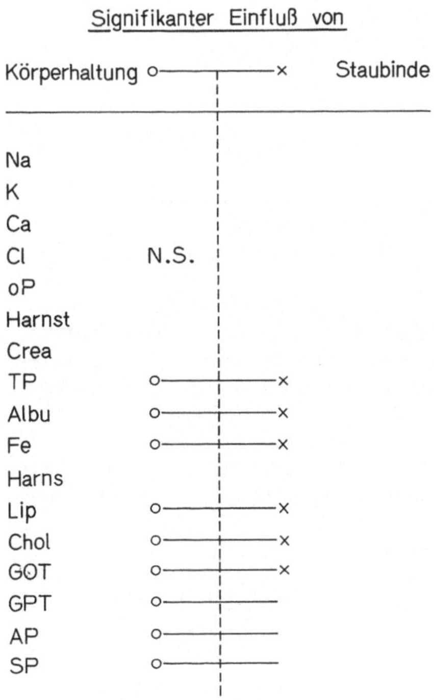

Abb. 4. Einflüsse von Körperhaltung bzw.
Staubinde auf klinisch-chemische Meßgrößen

1.9.2. Staubinde

Der Effekt einer Staubinde ist demjenigen einer Veränderung der
Körperhaltung vergleichbar (89, 90). Der rechte Teil der Abbildung 4 zeigt, daß 5 der 9 Parameter sich in gleicher Weise verändern. Die Staubinde entspricht somit dem Positionswechsel von
der Horizontalen in die Vertikale. Alle großmolekularen Inhalts-
stoffe und die an sie gebundenen Komponenten nehmen zu.

2. Extraindividuelle Faktoren

2.1. Specimen-Probleme im engeren Sinne

Wenn das Blut den Intravasalraum verläßt und via Kanüle in ein
Specimengefäß überführt wird, muß mit neuen Störfaktoren gerechnet werden, siehe Tabelle 8: Wichtig ist die Hämolyse, die durch
zahlreiche Ursachen zustande kommt. Intravasal, z.B. durch zu
lange Stauung, mechanisch durch zu starkes Mischen oder zu hohe
Gravitation, chemisch durch Detergentien und schließlich durch
die Blutgerinnung selbst. Sie bewirkt nach LÄSSIG (92) eine Ak-
tivitätssteigerung der LDH, CK, GOT und GPT, ferner der sauren
Phosphatase (91) und der Konzentration von Kalium und Eisen.

Tabelle 8. Probleme von Probenahme und -Transport (Nach GUDER (91))

Störfaktoren: 1. Hämolyse

2. Kontamination

3. Metabolismus der Blutzellen

4. Licht

5. Diffusion von Gasen

6. Wasserverluste

Kontaminationen z.B. mit Detergentien, Schwermetallen oder Spei-
chel führen zu groben Fehlern.

Der Metabolismus von Blutzellen manifestiert sich im Verbrauch
von Glucose und der Produktion von Lactat und Ammoniak. Aufbewahren von Blutproben im Kühlraum führt zur passiven Diffusion
von Kalium im Austausch gegen Natrium.

Blutzellen müssen möglichst schnell von der flüssigen Phase abgetrennt werden, da unmittelbar nach der Blutentnahme eine Zunahme der LDH-Aktivität und von Kalium und eine Abnahme von
Glucose und alkalischer Phosphatase beginnt (93).

Die beschleunigte Oxydation des Bilirubins durch Licht ist bekannt.

Offenstehende Proben verlieren Kohlensäure und werden mit Sauer-
stoff und Ammoniak angereichert.

Für die Routine besonders wichtig ist das Abdampfen von Wasser
aus unverschlossenen Proben, z.B. Autoanalyzer-Bechern.

2.2. Sample-Probleme

Beim Aufbewahren von Serum oder Plasma treten neue Störfaktoren
auf: Bei den Substraten ist mit der Abnahme von Bilirubin und
der scheinbaren Zunahme von Kreatinin zu rechnen (94, 95). Die
Abnahme der Triglyceride und Zunahme der freien Fettsäuren und
des Glycerins ist umstritten (96-98). Sicher ist, daß die Lipo-
proteide sich bei längerer Lagerung verändern, so daß falsche
Trennergebnisse resultieren (99-101). Durch Proteolyse werden
Proteohormone inaktiviert und/oder ihrer Antigendeterminanten
beraubt.

Von den Enzymen sind besonders die SDH und die saure Phosphatase
ohne Konservierungszusatz (Übersicht bei 102) sowie die akti-
vierten Gerinnungsenzyme lagerungsempfindlich.

2.3. Instrumentelle Faktoren

Neben den intraindividuellen und den präinstrumentellen Einflußgrößen wirken naturgemäß auch instrumentelle Variationen auf
klinisch-chemische Resultate ein. Die Unschärfe jeder Analyse
resultiert aus den unvermeidbaren zufälligen Fehlern, die WERNER
(103) in drei Klassen einteilt:

1. Additive Errors, bei denen die Standardabweichung unabhängig
   von der Konzentration ist
2. multiplikative Errors, bei denen die Standardabweichung mit
   der Konzentration steigt
3. gemischte Errors, bei denen ein konstanter additiver und ein
   multiplikativer Faktor zusammen das Resultat verändern.

Es hat sich gezeigt, daß die Overall-Errors in den meisten Tests
gemischte Errors darstellen. Bezüglich der vielfältigen mathema-
tisch-statistischen Überlegungen zur Definition analytischer
Fehler muß auf die Literatur verwiesen werden (104-107)

3. Testbewertung

Auf der Aspen-Konferenz 1976 (108) wurde vom College of American
Pathologists formuliert: "Das angestrebte Ziel der klinisch-chemischen Analytik kann nur in Bezug auf die Bedürfnisse der Patientenversorgung definiert werden. Jede andere Basis ist irrelevant".

Dementsprechend wurden auf dieser Konferenz zwei wichtige Empfehlungen gegeben:

40

Bei einem Gruppenscreening, wobei ein Individuum aus einer bestimmten Population selektioniert werden soll, ist die Größe des
erlaubten analytischen Variationskoeffizienten definiert mit:

$$CV_a \leq \frac{1}{2} \sqrt{(CV_{intra})^2 + (CV_{inter})^2}$$

Für einen individuellen einzelnen oder vielfachen Test, bei dem
ein Individuum auf der Basis von Diskriminationswerten untersucht wird, ist der erlaubte analytische Variationskoeffizient
beschrieben mit:

$$CV_a = \frac{1}{2} CV_{intra}$$

Da es also drei Größen sind, die als a priori-Information für
den Erwartungswert und den Vergleich mit dem Resultat vorliegen
müssen, wurde von VAN STEIRTEGHEM (43) eine dreidimensionale
(Abb. 5) Darstellung der analytischen, der intraindividuellen
und der interindividuellen Varianz vorgenommen. Diese räumliche
Darstellung der Beurteilungskriterien ist jedoch verwirrend. Sie
läßt z.B. nicht leicht erkennen, wo die analytische Variation
die intraindividuelle Spannbreite wesentlich übersteigt. Ent-

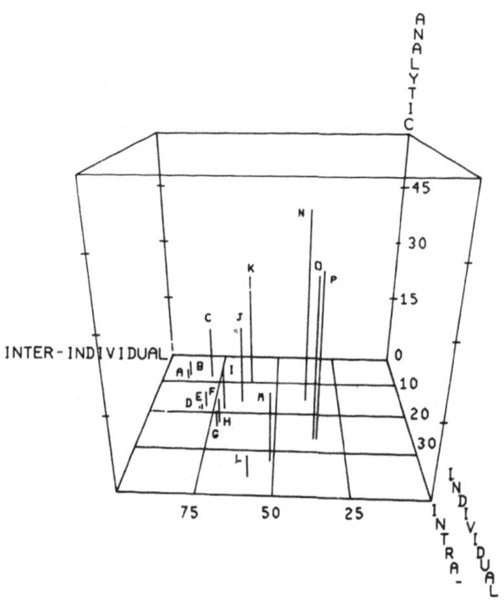

Abb. 5. Analytische, intraindividuelle und interindividuelle Varianz,
VAN STEIRTEGHEM (43)
Die Komponenten sind als Prozente der Gesamtvarianz für chemisch definierte
Meßgrößen ausgedrückt
Abkürzungen: A = Cholesterin, Autoanalyzer II, B = Cholesterin, SMAC,
C = Kreatinin, SMAC, D = Triglyceride, SMAC, E = Triglyceride, Autoanalyzer
II, F = Harnsäure, SMAC, G = Gesamt-Bilirubin, H = anorg. Phosphat, I = Harn-
säure, Autoanalyzer II, J = Albumin, K = Kreatinin, Autoanalyzer II,
L = Harnstoff-Stickstoff, M = Kalium, N = Calcium, O = Chlorid, P = Gesamt-
eiweiß

Tabelle 9. Klinisch-chemische Meßgrößen mit größerer analytischer als intraindividueller Variation
(Nach STATLAND (35), VAN STEIRTEGHEM et al. (43) u. WILLIAMS et al. (44)).

Analyt. V. >> intraindiv. V		
Na	Creat.	LDH
Ca	T4	GPT
Mg	Albu.	
CO_2		

scheidend sind nämlich nicht die absoluten Werte, sondern das Verhältnis dieser beiden Größen zueinander.

Tabelle 9 gibt eine Zusammenstellung von Parametern, bei denen die analytische Variationsbreite die intraindividuelle wesentlich übersteigt. Nach der vorliegenden Literatur ist damit zu rechnen bei Natrium, Calcium, Magnesium und CO_2, bei Kreatinin, Albumin und T4, und schließlich bei LDH und GPT. Allerdings sind die Literaturangaben zum Teil auch hier höchst widersprüchlich.

Um ein anschaulicheres Bild über die Wertigkeit der verschiedenen Tests hinsichtlich ihrer analytischen und ihrer diagnostischen Relevanz zu erhalten, schlagen wir vor, die Einflußgrößen zweidimensional darzustellen (s. Abb. 6). Dieses Test-Bewertungs-Netz gibt in der Horizontalen das Verhältnis zwischen intraindividuellem und interindividuellem Bereich und in der Vertikalen den Quotienten der analytischen zur intraindividuellen Variation wieder.

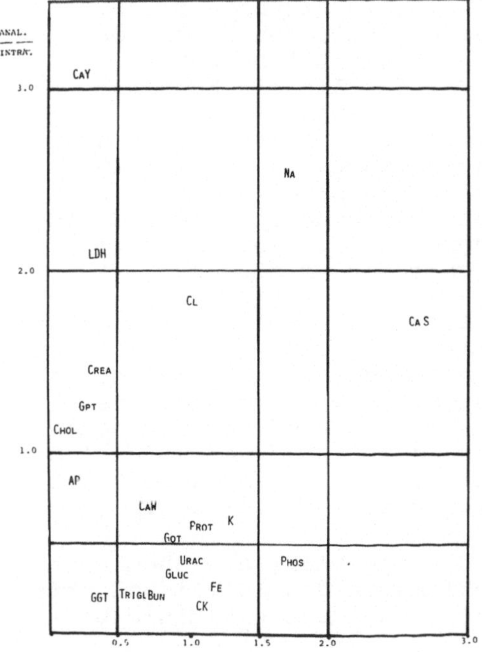

Abb. 6. Test-Bewertungs-Netz zur Beurteilung der analytischen und diagnostischen Wertigkeit klinisch-chemischer Meßgrößen
Daten für Calcium: CAS aus STATLAND et al. (35), CAW aus WILLIAMS et al. (44), CAY aus YOUNG et al. (29)

Das Test-Bewertungs-Netz basiert auf den folgenden fünf Axiomen:

1. Der optimale Test hat die Koordinaten 1,0 zu 0
2. Je kleiner der Abszissenwert, desto größer ist die Individualität des Parameters und desto kleiner seine Sensitivität bei einer Screeninguntersuchung (die FN-Ratio steigt)
3. Je mehr der Test auf der Abszisse 1,0 übersteigt, desto geringer ist die Ihdividualität und desto kleiner ist die Spezifität (die FP-Ratio steigt)
4. Wenn der Ordinatenwert des Tests 0,5 übersteigt, ist die chemische Analytik unbefriedigend
5. Ausreichend sind alle Tests, deren Abszissenwert zwischen 0,5 und 1,5 und deren Ordinatenwert kleiner oder gleich 0,5 ist.

Wenn diese fünf Punkte gelten, dann erlaubt das Test-Bewertungs-Netz für die eingetragenen Punkte folgende Aussage: Von den 19 eingetragenen Parametern entsprechen nur 8 hinsichtlich ihrer analytischen Qualität den Anforderungen für die individuelle Diskrimination. Bei den übrigen 11 Parametern müßte die analytische Präzision verbessert werden. Die Darstellung des Quotienten analytische zu intraindividueller Variation führt aber zu wesentlichen Unterschieden bei gleicher analytischer Präzision, wenn unterschiedliche intraindividuelle Variationen angenommen werden. Dies ist offensichtlich der Fall, wie das Beispiel Calcium zeigt: Die YOUNG-Gruppe in Bethesda findet einen Quotienten von 3,0, STATLAND in North Carolina 1,8 und WILLIAMS in San Francisco nur 0,6. Die Differenz der jeweils angenommenen intraindividuellen Variationen wird auch aus der Position auf der Abszissenachse deutlich. Das vorliegende Testbewertungsnetz kann also streng genommen nur für das Laboratorium gelten, das die Werte selbst erarbeitet hat.

Allgemein ist jedoch gültig, daß eine Erniedrigung auf der vertikalen Achse durch Verbesserung der analytischen Präzision noch keine Änderung der Spezifität oder Sensitivität bedeutet. Wenn der Abszissenwert 1,0 überschritten wird - für Albumin kann nach den Angaben von STATLAND (35) der Wert 5,6 gerechnet werden -, ist der Referenzbereich offensichtlich wertlos. In Erkenntnis dieses Problems hat STATLAND in einer Diskussionsbemerkung (35) formuliert: "I am very skeptical of getting baseline information on the entire 220 million population of this country. I would like to select certain patient groups where in a period of three to five years there is a chance for recurrence of disease".

Wenn der Abszissenwert wesentlich kleiner als 0,5 ist, so dürfte ein Vergleich mit einem Referenzkollektiv per se ohne informativen Wert sein. Bei diesen Parametern muß die Transversalbetrachtung durch eine Longitudinalbetrachtung ersetzt werden. Dies dürfte z.B. für alle endokrinen Parameter zutreffen, von denen wir vermuten können, daß sie von besonders hoher Individualität sind. Dies schließt natürlich nicht aus, daß biologische Rhythmen die Erkennung dieser Individualität sehr erschweren.

Zusammenfassend ist festzustellen, daß die Klinische Chemie in Zukunft mehr Aufmerksamkeit der Problematik des Individualwerts und der Prädeterminatoren widmen muß. Das heute praktizierte

Konzept der Normbereiche - die allenfalls Korrekturen nach Geschlecht und Alter erfahren - ist unbefriedigend. Anzustreben
ist die möglichst sichere Voraussage eines Erwartungswerts. Dies
setzt die Kenntnis vielfältiger Prädeterminatoren voraus. Damit
Erwartungswerte mit hinreichender Sicherheit kalkuliert werden
können, müssen noch umfangreiche experimentelle Studien nicht
nur der häufigeren, sondern auch der weniger häufigen Parameter
durchgeführt werden, um eine Aussage über ihre Individualität
und ihre Prädeterminatoren machen zu können. Aber auch die theoretische Basis muß noch erweitert werden, es sind Algorithmen
zu entwickeln, mit denen die objektive Berechnung des Erwartungs-
wertes möglich ist.

Zunehmend wird offenbar, daß der Fortschritt unseres Faches
nicht nur und vielleicht nicht einmal so sehr von genialen Ideen
als von Fleiß, Präzision und Ausdauer geprägt sein wird.

Literatur
========

1. SUNDERMAN FW (1975) Current concepts of "normal values",
   "reference values", and "discrimination values" in clinical
   chemistry. Clin Chem 21:1873-1877
2. ROBERTS LB (1967) The normal ranges, with statistical analysis for seventeen blood constituents. Clin Chim Acta
   16:69-78
3. FILES JB, VAN PEENEN HJ, LINDBERG DA (1968) Use of "normal
   range" in multiphasic testing. JAMA 205:684-688
4. KEATING FR, JONES JD, ELVEBACK LR, RANDALL RV (1969) The relation of age and sex to distribution of values in healthy
   adults of serum calcium, inorganic phosphorus, magnesium,
   alkaline phosphatase, total proteins, albumin, and blood
   urea. J Lab Clin Med 73:825-834
5. WERNER M, TOLLS RE, HULTIN JV, MELLECKER J (1970) Influence
   of sex and age on the normal range of eleven serum constituents. Z Klin Chem Klin Biochem 8:105-115
6. O'KELL RT, ELLIOTT JR (1970) Development of normal values
   for use in multitest biochemical screening of sera. Clin
   Chem 16:161-165
7. REED AH, CANNON DC, WINKELMANN JW, BHASIN YP, HENRY RJ,
   PILEGGI VJ (1972) Estimation of normal ranges from a controlled sample survey. I. Sex- and age-related influence on
   the SMA 12/60 screening group of tests. Clin Chem 18:57-66
8. WILDING P, ROLLASON JG, ROBINSON D (1972) Patterns of change
   for various biochemical constituents detected in well population screening. Clin Chim Acta 41:375-387
9. GOLDBERG DM, HANDYSIDE AJ, WINFIELD DA (1973) Influence of
   demographic factors on serum concentrations of seven chemical constituents in healthy human subjects. Clin Chem
   19:395-402
10. WINKELMAN JW, CANNON DC, PILEGGI VJ, REED AH (1973) Estima-
    tion of norms from a controlled sample survey. II. Influence
    of body habitus, oral contraceptives, and other factors on
    values for the normal range derived from the SMA 12/60
    screening group of tests. Clin Chem 19:488-491

11. SWEETIN JC, THOMSON WH (1973) Revised normal ranges for six
serum enzymes: Further statistical analysis and the effects
of different treatments of blood specimens. Clin Chim Acta
48:49-63
12. FLYNN FV, PIPER KA, GARCIA-WEBB P, McPHERSON K, HEALY MJ
(1974) The frequency distributions of commonly determined
blood constituents in healthy blood donors. Clin Chim Acta
52:163-171
13. MÜLLER J (1971) Biochemie (Testis). In: LABHART A (Ed) Klinik
der Inneren Sekretion. Springer, Berlin Heidelberg New York
14. LUDVIK W (1975) Andrologische Untersuchungen. In: DEUTSCH E,
GEYER G (Eds) Laboratoriumsdiagnostik Hartmann, Berlin
15 KLEY HK (1975) Östrogene im Plasma des Mannes. Urban
& Schwarzenberg, München
16. ABRAHAM G (1975) Radioimmunologische Bestimmungen von Oestra-
diol-17b im Plasma. In: BREUER H, HAMEL D, KRÜSKEMPER HL
(Eds) Methoden der Hormonbestimmung. Thieme, Stuttgart
17. VAN DER MOLEN HJ, DE JONG FH (1975) Gaschromatographische
Bestimmung von Progesteron im Plasma. In: BREUER H, HAMEL D,
KRÜSKEMPER HL (Eds) Methoden der Hormonbestimmung. Thieme,
Stuttgart
18. BENEDEK TG, SUNDER JH (1970) Comparisons of serum lipid and
uric acid content in white and negro men. Am J Med Sci
260:331-340
19. PAGE IH, LEWIS LA, GILBERT J (1956) Plasma lipids and proteins and their relationship to coronary disease among Navajo
Indians. Circulation 13:675-679
20. POLLAK VE, MANDEMA E, DOIG AB, MOORE M, KARK RM (1961) Ob-
servations on electrophoresis of serum proteins from healthy
North American Caucasian and Negro subjects and from patients
with systemic lupus erythematosus. J Lab Clin Med 58:353-365
21. MUNRO-FAURE AD, HILL DM, ANDERSON J (1971) Ethnic differences
in human blood cell sodium concentration. Nature 231:457-458
22. FRIEDMAN GD, SELTZER CC, SIEGELAUB AB, FELDMAN R, COLLEN MF
(1972) Smoking among white, black and yellow men and women.
Amer J Epidem 96:23-25
23. SELTZER CC, FRIEDMAN GD, SIEGELAUB AB (1974) Smoking and
drug consumption in white, black, and oriental men and women.
Amer J Public Health 64:466-473
24. WILLIAMS RJ (1956) Biochemical individuality. The basis for
the genetotrophic concept. University of Texas Press, Austin
25. MEFFERD RB, POKORNY AD (1967) Individual variability reexam-
ined with standard clinical measures. Am J Clin Pathol
48:325-331
26. WILLIAMS GZ, YOUNG DS, STEIN MR, COTLOVE E (1970) Biological
and analytic components of variation in long-term studies of
serum constituents in normal subjects. I. Objectives, sub-
ject selection, laboratory procedures, and estimation of
analytic deviation. Clin Chem 16:1016-1021
27. HARRIS EK, KANOFSKY P, SHAKARJI G, COTLOVE E (1970) Biological and analytic components of variation in long-term studies of serum constituents in normal subjects. II. Estimating biological components of variation. Clin Chem 16:1022-
1027
28. COTLOVE E, HARRIS EK, WILLIAMS GZ (1970) Biological and analytic components of variation in long-term studies of serum

constituents in normal subjects. III. Physiological and medical implications. Clin Chem 16:1028-1032

29. YOUNG DS, HARRIS EK, COTLOVE E (1971) Biological and analytic components of variation in long-term studies of serum constituents in normal subjects. IV. Results of a study designed to eliminate long-term analytic deviations. Clin Chem 17:403-410

30. HARRIS EK, DeMETS DL (1972) Effects of intra- and inter-individual variation on distribution of single measurements. Clin Chem 18:244-249

31. STATLAND BE, WINKEL P, BOKELUND H (1973) Factors contributing to intra-individual variation of serum constituents: 1. Within-day variation of serum constituents in healthy subjects. Clin Chem 19:1374-1379

32. BOKELUND H, WINKEL P, STATLAND BE (1974) Factors contributing to intra-individual variation of serum constituents: 3. Use of randomized duplicate serum specimens to evaluate sources of analytical error. Clin Chem 20:1507-1512

33. WINKEL P, STATLAND BE, BOKELUND H (1974) Factors contributing to intra-individual variation of serum constituents: 5. Short-term day-to-day and within-hour variation of serum constituents in healthy subjects. Clin Chem 20:1520-1527

34. HARRIS EK (1974) Effects of intra- and interindividual variation on the appropriate use of normal ranges. Clin Chem 20:1535-1542

35. STATLAND BE, WINKEL P (1977) Physiologic variation of the concentration values of selected analytes as determined in healthy young adults. Proceedings of the 1976 Aspen Conference on Analytical Goals in Clinical Chemistry. ELEVITCH FR (Ed). Coll of Am Pathologists

36. STATLAND BE, WINKEL P, KILLINGSWORTH LM (1976) Factors contributing to intra-individual variation of serum constituents: 6. Physiological day-to-day variation in concentrations of 10 specific proteins in sera of healthy subjects. Clin Chem 22:1635-1638

37. WINKEL P, STATLAND BE (1976) Correlation of selected serum constituents: 2. Consistency of intra-individual correlation values, means, and variances during four months. Clin Chem 22:1855-1861

38. STATLAND BE, WINKEL P (1976) Variations of cholesterol and total lipid concentrations in sera of healthy young men. Differentiating analytic error from biologic variability. Am J Clin Pathol 66:935-943

39. STATLAND BE, WINKEL P (1977) Relationship of day-to-day variation of serum iron concentrations to iron-binding capacity in healthy young women. Am J Clin Pathol 67:84-90

40. STATLAND BE, WINKEL P, HARRIS SC, BURDSALL MJ, SAUNDERS AM (1977) Evaluation of biologic sources of variation of leukocyte counts and other hematologic quantities using very precise automated analyzers. Am J Clin Pathol 69:48-54

41. BUTTS WC, JAMES GE, KEUHNEMAN M (1977) Intra-individual variation in the concentrations of IgA, IgG, IgM and complement component C3 in serum of a normal adult population. Clin Chem 23:511-514

42. PICKUP JF, HARRIS EK, KEARNS M, BROWN SS (1977) Intra-individual variation of some serum constituents and its relevance to population-based reference ranges. Clin Chem 23:842-850

43. VAN STEIRTEGHEM AC, ROBERTSON EA, YOUNG DS (1978) Variance components of serum constituents in healthy individuals. Clin Chem 24:212-222

44. WILLIAMS GZ, WIDDOWSON GM, PENTON J (1978) Individual character of variation in time-series studies of healthy people II. Differences for clinical chemical analytes in serum among demographic groups, by age and sex. Clin Chem 24:313-320

45. GRANNIS GF (1977) Aspects of human aging - An overview of live-course changes. 29th Ann Nat Meet AACC, Chicago, July 17-22, 1977. Ref in Clin Chem 23:1104

46. HODKINSON HM (1977) Biochemical diagnosis of the elderly. Chapman & Hall, London

47. WINGERD J, SPONZILLI EE (1977) Concentrations of serum protein fractions in white women: Effects of age, weight, smoking, tonsillectomy, and other factors. Clin Chem 23:1310-1317

48. FOSTER KJ, ALBERTI KG, HINKS L, LLOYD B, POSTLE A, SMYTHE P, TURNELL DC, WALTON R (1978) Blood intermediary metabolite and insulin concentrations after an overnight fast: Reference ranges for adults, and interrelations. Clin Chem 24:1568-1572

49. EASTMAN JR, BIXLER D (1977) Serum alkaline phosphatase: Normal values by sex and age. Clin Chem 23:1769-1770

50. SCHIELE F, GUILMIN AM, DETIENNE H, SIEST G (1977) Gamma-glutamyltransferase activity in plasma: Statistical distributions, individual variations, and reference intervals. Clin Chem 23:1023-1028

51. STAMM D (1974) Circadian rhythms in clinical chemistry. 1. Europ Kongr f klin Chem. Biochem Analytik 22.-24.4.1974 München. Plenarvortrag

52. STAMM D (1967) Tagesschwankungen der Normalbereiche diagnostisch wichtiger Blutbestandteile. Verh Dtsche Ges Inn Med 73. Kongr 1967, 983-989

53. DOE RP, FLINK EB, GOODSEL MG (1956) Relationship of diurnal variation in 17-hydroxycorticosteroid level in blood and urine to eosinophils and electrolyte excretion. J Clin Endocrinol Metab 16:196-206

54. ASFELDT VH (1971) Plasma corticosteroids in normal individuals. Scand J Clin Lab 28:61-70

55. DISTLER A, NAST HP, SINTERHAUF UW (1975) Diurnal profiles of plasma cortisol, aldosterone, renin, angiotensinogen and angiotensinase in normal subjects. 9th Int Congr Clin Chem Juli 13-18, Toronto. Ref Clin Chem 21:986

56. WEITZMAN ED, SCHAUMBERG H, FISCHBEIN W (1966) Plasma 17-hydroxy-corticosteroid levels during sleep in man. J Clin Endocrinol Metab 26:121-127

57. TAKAHASHI Y, KIPNIS DM, DOUGHADAY WH (1968) Growth hormone secretion during sleep. J Clin Invest 47:2079-2090

58. SASSIN JF, FRANTZ AG, WEITZMAN ED, KAPEN S (1972) Human prolactin: 24-hour pattern with increased release during sleep. Science 177:1205-1207

59. STATLAND BE, WINKEL P, BOKELUND H (1976) Variation of serum iron concentration in young healthy men: Within day and day-to-day changes. Clin Biochem 9:26-29

60. DOE RP, MELLINGER GT (1964) Circadian variation of serum acid phosphatase in prostatic cancer. Metab Clin Exp 13:445-452

61. WINKEL P, STATLAND BE, BOKELUND H (1975) The effects of
    time of venipuncture on variation of serum constituents. Con-
    sideration of within-day and day-to-day changes in a group
    of healthy young men. Am J Clin Pathol 64:433-447
62. KNOLL E, WISSER H, REBEL FC (1978) Abhängigkeit der Konzen-
    trationen von Kreatinin und Harnstoff im Serum von der Tages-
    zeit bei normaler und eingeschränkter Nierenfunktion. J Clin
    Chem Clin Biochem 16:567-570
63. KRUSE-JARRES JD (1975) The regulation of circadian glucose
    rhythms. 9th Int Congr, Clin Chem July 13-18, 1975, Toronto.
    Ref Clin Chem 21:957
64. MORLEY AA, KING-SMITH EA, STOHLMAN F (1970) The oscillatory
    nature of hemopoiesis. In: STOHLMAN F (Ed) Hemopoietic cel-
    lular proliferation. Grune & Stratton, New York
65. MEURET G (1974) Monozytopoese beim Menschen. J. F. Lehmann,
    München
66. STATLAND BE, WINKEL P, BOKELUND H (1973) Factors contribut-
    ing to intra-individual variation of serum constituents:
    2. Effects of exercise and diet on variation of serum con-
    stituents in healthy subjects. Clin Chem 19:1380-1383
67. STATLAND BE, WINKEL P, BOKELUND H (1973) Serum alkaline
    phosphatase after fatty meals: the effect of substrate on
    the assay procedure. Clin Chim Acta 49:299-300
68. WALKER BA, EZE LC, TWEEDIE MC, EVANS DA (1971) The influence
    of ABO blood groups, secretor status and fat ingestion on
    serum alkaline phosphatase. Clin Chim Acta 35:433-444
69. MUNAN L, KELLY A, PETITCLERC C, BILLON B (1978) Associations
    with body weight of selected chemical constituents in blood:
    Epidemiologic data. Clin Chem 24:772-777
70. FREER DE, STATLAND BE (1977) The effects of ethanol (0.75
    g/kg body weight) on the activities of selected enzymes in
    sera of healthy young adults: 1. intermediate-term effects.
    Clin Chem 23:830-834
71. FREER DE, STATLAND BE (1977) Effects of ethanol (o.75 g/kg
    body weight) on the activities of selected enzymes in sera
    of healthy young adults: 2. Interindividual variations in
    response of gamma-Glutamyltransferase to repeated ethanol
    challenges. Clin Chem 23:2099-2102
72. DALES LG, FRIEDMAN GD, SIEGELAUB AB, SELTZER CC (1974)
    Cigarette smoking and serum chemistry tests. J Chron Dis
    27:293-307
73. FRIEDMAN GD, SIEGELAUB AB, SELTZER CC, FELDMAN R, COLLEN MF
    (1973) Smoking habits and the leukocyte count. Arch Environ
    Health 26:137-143
74. RÖCKER L, SCHMIDT HM, MOTZ W (1977) Der Einfluß körperlicher
    Leistungen auf Laboratoriumsbefunde im Blut. Ärztl Lab
    23:351-357
74a.SIEST G, GALTEAU MM (1974) Variations of plasmatic enzymes
    during exercise. Enzyme 17:179-195
75. PACE N, KODAMA AM, PRICE DC, GRUNBAUM BW, RAHLMAN DF, NEWSON
    BD (1976) Body composition changes in men and women after
    2-3 weeks of bed rest. Life Sciences Space Research XIV,
    269-274
76. MILLER PB, JOHNSON RL, LAMB LE (1965) Effects of moderate
    physical exercise during four weeks of bed rest on circula-
    tory functions in man. Aerospace Med 36:1077-1082

77. GAUER OH, HENRY JP, BEHN C (1970) The regulation of extracellular fluid volume. Am Rev Physiol 32:547-595
78. LYNCH TN, JENSEN RL, STEVENS PM, JOHNSON RL, LAMB LE (1967) Metabolic effects of prolonged bed rest: their modification by simulated altitude. Aerospace Med 38:10-20
79. LUTWAK L, WHEDON GD, LACHANCE PA, REID JM, LIPSCOMB HS (1969) Mineral, electrolyte and nitrogen balance studies of the Gemini-VII fourteen-day orbital space flight. J Clin Endocrin 29:1140-1156
80. VON EULER US (1964) Quantitation of stress by catecholamine analysis. Clin Pharmacol Ther 5:398-404
81. SCHILDKRAUT JJ, KELLY SS (1967) Biogenic amines and emotion. Science 156:21-30
82. SCRIBA PC, VON WERDER K (1976) Stress. In: SIEGENTHALER W (Ed) Klinische Pathophysiologie, 3. Aufl: Thieme, Stuttgart
83. LANG H, RICK W, RÓKA L (Eds) (1973) Optimierung der Diagnostik. Springer, Berlin Heidelberg New York
84. HANSTEN PD (1974) Arzneimittel-Interaktionen. Hippokrates, Stuttgart
85. Ciba Foundation Symposium 26 (new series) (1974) The poisoned patient: The role of the laboratory. Elsevier, Excerpta Medica, Amsterdam
86. YOUNG DS, PESTANER LC, GIBBERMAN V (Eds) (1975) Effects of drugs on clinical laboratory tests. Clin Chem 21:No.5
87. GURAVICH JL, VENEGAS J (1962) Familial hypercholesterinaemia. Fed Proc Fed Amer Soc Exp Biol 21:44-51
88. KELLER H(1973) Postoperative Laboratoriumsuntersuchungen. Langenbecks Arch Chir 334:631-639
89. STATLAND BE, BOKELUND H, WINKEL P (1974) Factors contributing to intra-individual variation of serum constituents: 4. Effects of posture and tourniquet application on variation of serum constituents in healthy subjects. Clin Chem 20:1513-1519
90. JUNGE B, HOFFMEISTER H, FEDDERSON HM, RÖCKER L (1978) Standardisierung der Blutentnahme. Dtsch Med Wschr 103:260-265
91. GUDER WG (1976) Einfluß von Probennahme, Probentransport und Probenverwahrung auf klinisch-chemische Untersuchungsergebnisse. Ärztl Lab 22:69-75
92. LAESSIG RH, HASSEMER DJ, PASKEY TA, SCHWARTZ TH (1976) The effects of 0.1 and 1.0 per cent erythrocytes and hemolysis on serum chemistry values. Am J Clin Path 66:639-644
93. LAESSIG RH, INDRIKSONS AA, HASSEMER DJ, PASKEY TA, SCHWARTZ TH (1976) Changes in serum chemical values as a result of prolonged contact with the clot. Am J Clin Pathol 66:598-604
94. KIRBERGER E, KELLER H (1973) Lagerungsbedingte Fehler bei Creatininbestimmungen. Z Klin Chem Klin Biochem 11:205-209
95. RÖCKER L, SCHMIDT HM, JUNGE B, HOFFMEISTER H (1975) Orthostasebedingte Fehler bei Laboratoriumsbefunden. Med Lab 28:267-275
96. FRINGS CS, NERI BP, FREEMAN K, FENDLEY TW (1974) Stability of triglycerides in serum. Clin Chem 20:87-88
97. REHKAEMPER H (1974) Reply: to Frings CS et al. Clin Chem 20:88
98. GIEGEL JL (1974) Stability of triglycerides in serum. Clin Chem 20:920

99. STEINOV A (1972) Stability of plasma lipoproteins for poly-
    acrylamide-gel electrophoresis. Clin Chem 23:1942-1943
100. MÜHLFELLNER O, MÜHLFELLNER G, ZÖFEL P, KAFFARNIK H (1972)
    Über die Haltbarkeit von Plasmalipiden unter verschiedenen
    Lagerungsbedingungen. Z Klin Chem Klin Biochem 10:37-41
101. IRWIN WC, CAMPBELL DJ (1972) Agarose gel electrophoresis of
    lipoproteins. Standard Methods in Clinical Chemistry Aca-
    demic Press, New York. Vol 7:111-126
102. SCHMIDT E, SCHMIDT FW (1976) Kleine Enzym-Fibel, 2. Aufl:
    Schriftenreihe Boehringer, Mannheim
103. WERNER M, BROOKS SH, KNOTT LB (1978) Additive, multiplica-
    tive, and mixed analytical errors. Clin Chem 24:1895-1898
104. BÜTTNER H, HANSERT E, STAMM D (1974) Auswertung, Kontrolle
    und Beurteilung von Meßergebnissen. In: BERGMEYER HU (Ed)
    Methoden der enzymatischen Analyse 3. Aufl: Verlag Chemie,
    Weinheim
105. HARRIS EK (1970) Distinguishing physiologic variation from
    analytic variation. J Chronic Dis 23:469-480
106. HARRIS EK (1977) Statistical principles underlying analytic
    goal-setting in clinical chemistry. In: ELEVITCH FR (Ed)
    Proc. 1976 Aspen Conference on analytical goals in clinical
    chemistry. Coll Am Pathol
107. GLICK JH (1976) Expression of random analytical errors as a
    percentage of the range of clinical interest. Clin Chem
    22:475-483
108. ELEVITCH FR (1977) Analytical goals in clinical chemistry.
    CAP Conference Aspen 1976. Coll Am Pathol
109. KRAUSE RD, ANAND VD, GRUEMER HD, WILLKE TA (1975) The im-
    pact of laboratory error on the normal range: a Bayesian
    model. Clin Chem 21:321-324

Diskussion

RÓKA:
Vielen Dank, Herr KELLER, für diese Fülle von Informationen, die
Sie so klar gegliedert vorgeführt haben, auch wenn Sie am Schluß
relativ hohe Anforderungen an unser Abstraktionsvermögen gestellt
haben.

GUDER:
Ich habe nicht verstanden, wie das Verhältnis von analytischer
zu intraindividueller Variation unter 1 sinken kann, da man dazu doch eine Analytik bräuchte, die eine wesentlich kleinere
Variation hat. Die Feststellung der intra- und interindividuellen Variationen beinhaltet doch die analytische.

KELLER:
Für das Abschätzen der verschiedenen Varianz-Komponenten sind in
der Literatur mehrere Verfahren vorgeschlagen worden. Sie unterscheiden sich in den zugrundeliegenden Modellvorstellungen. Im
allgemeinen ist die "totale analytische Varianz" etwa gleich mit
der Schwankungsbreite von Tag zu Tag. Die "intraindividuelle
Varianz" dagegen, auch als "personale Varianz" bezeichnet, wird
aus Analysenresultaten einer Serie berechnet, wobei Mehrfachbe-
stimmungen üblich sind. Durch geeignete Verfahren werden die
einzelnen Varianz-Komponenten, aus denen sich die Gesamt-Varianz
zusammensetzt, getrennt ermittelt.

STAMM:
Herr GUDER, man muß fragen, wie die analytische Varianz ermittelt wurde; aus einer Varianzanalyse oder aus der Untersuchung
von Kontrollproben? Wenn sie aus Untersuchungen von Kontrollproben stammt, dann weiß man, daß sie entscheidend von der Matrix
abhängig ist. Bei Kontrollproben der gleichen Bereitungsart, in
der selben Serie analysiert wie im Laboratorium, können Sie Unterschiede in der analytischen Varianz um den Faktor 3 finden.
Und wenn dieselbe Kontrollprobe in verschiedenen Laboratorien
untersucht wird, können Sie sehr große Unterschiede der Varianzen von Laboratorium zu Laboratorium finden. Insofern muß man
bei jeder Untersuchung, bei der mit der analytischen Varianz gearbeitet wird, fragen, wie sie gewonnen wurde.

TRAUTSCHOLD:
Die grundsätzlichen Probleme der Variation von Meßdaten liegen
einmal auf dem statistisch-mathematischen Sektor und zum anderen
richtet der Klinische Chemiker zu sehr sein Augenmerk auf die
methodisch-analytische Komponente der Varianz, ohne die zum Teil
wesentlich größeren Anteile der intra- und interindividuellen
Varianz zu berücksichtigen. Zunächst ist es nur zulässig, mit

Varianzen s^2, d.h. dem Quadrat der Streuung und nicht mit den
Variationskoeffizienten direkt statistisch zu arbeiten, z.B. in
der Varianzanalyse. Die Anwendung des additiven Modells der
Varianzkomponenten (HARRIS EK et al. Clin Chem 20:1535 (1974);
WINKEL P et al. Clin Chem 22:1855 (1976); STATLAND BE et al.
Clin Chem 19:1374 (1973) setzt voraus, daß die Meßparameter normal verteilt sind; Varianzvergleiche wiederum sind nur bei nicht
signifikant voneinander abweichenden Mittelwerten zulässig. Den-
noch frage ich mich, weshalb in der Klinischen Chemie die intra-
und interindividuellen Varianzkomponenten praktisch unberücksichtigt bleiben.

Im Experiment mit kleinen Laboratoriumstieren z.B. ist nach unseren Untersuchungen zwar der intraindividuelle Varianzanteil
durch eine hohe methodische Komponente belastet, jedoch trägt
er wesentlich zur Gesamtvarianz bei. Hier zeigte sich auch -
wiederum zum Teil methodisch bedingt - eine erhebliche rechts-
schiefe Verteilung bestimmter Enzymaktivitäten im Serum. Wiederum im Tierversuch ergaben morphologische Untersuchungen, z.B.
die Messung von Mandibel-Längen einzelner Individuen einer Spe-
cies, interindividuelle Varianzanteile von 30-40%. Dazu kommt
eine nicht genetische Restvarianz, die auch als "intangible Varianz" oder als "phänotypische Plastizität" bezeichnet wird, die
möglicherweise mit durch Umweltfaktoren im Verlaufe der Ontoge-
nese bestimmt wird. Diese Größe bestimmt möglicherweise auch
die Lage eines Parameters des Einzelindividuums innerhalb der
Verteilung, die dieser Parameter in der Gesamtpopulation aufweist.

Eine zweite Bemerkung betrifft die Bedeutung des Trainingseffek-
tes im Zusammenhang mit Veränderungen von Enzymaktivitäten im
Serum. Für die erste rasche Phase von Aktivitätsänderungen nach
körperlicher Arbeit spielt der Trainingseffekt praktisch keine
Rolle. Hier kommt es - neben den bekannten kurzfristigen Flüssig-
keitsverschiebungen, die zu einer "relativen" Veränderung hoch-
molekularer Plasmabestandteile, also auch der Enzyme führen, zu
einem vermehrten Einstrom von Enzymaktivität aus dem interstitiellen Raum durch die Verstärkung des Lymphflusses bei Muskel-
arbeit. Ein initialer Aktivitätsquotient eines Enzyms von Lymphe:
Serum größer als 1 wird nach Abtransport der extracellulär vor-
handenen Enzymaktivität unter 1 absinken und nun zu einer gegen-
teiligen Aktivitätsänderung im Serum beitragen. Erst nach Stunden kommt es dann zur Äußerung, z.B. CK-Anstieg, einer Arbeits-
bedingten Zellschädigung, die dann vom Trainingszustand abhängig
sein kann.

KELLER:
Als "totale analytische Varianz" können - um der Realität mög-
lichst nahe zu kommen - jene Vertrauensbereiche angenommen wer-
den, die sich bei örtlich und zeitlich vergleichbaren Ringversu-
chen, z.B. bei einem CAP-Survey ergeben haben. Aber auch die
Langzeit-Varianzen eines Labors, ermittelt aus der permanenten
statistischen Qualitätskontrolle, können zugrundegelegt werden.
Die Frage ist noch im Fluß, welche Modellvorstellungen als
Grundlage für die Varianzkomponenten-Analysen die richtigen sind.
Möglicherweise müssen im Einzelfall unterschiedliche, der jewei-

52

ligen Situation und Fragestellung angepaßte Vorstellungen entwickelt werden. Die Mehrzahl der Autoren basiert heute noch auf
der Annahme von normalen oder log-normalen Verteilungen und daraus errechneten Variationskoeffizienten. So auch die Diskussionen auf der mehrfach zitierten Aspen-Konferenz 1977 und zahlreiche Arbeiten, die in den letzten zehn Jahren erschienen sind.
Wie ich gezeigt habe, divergieren Fakten und Interpretationen
zum Teil erheblich. Es ist vorstellbar, daß die Annahme von un-
zulässig simplifizierten Grundvorstellungen zu diesen Divergen-
zen beigetragen hat. Wesentlicher dürfte aber die Schlußfolge-
rung sein, die aus diesen Studien gezogen werden muß: Die Frage
nach dem sogenannten allgemein gültigen "Normalwert" eines Ana-
lyts in einer Körperflüssigkeit ist falsch gestellt. Richtig
kann nur nach Referenzbereichen einer definierten Population von
Gesunden oder Kranken, oder - besser - nach Individualbereichen
gefragt werden.

BÜTTNER:
Die von Herrn TRAUTSCHOLD vorgetragene Kritik ist auch von anderer Seite schon erhoben worden. Und zwar gerade gegen die Arbeiten von STATLAND, auf die sich Herr KELLER vor allem stützt.
STATLAND hat Normalverteilungen als Voraussetzung angenommen,
die durchaus nicht immer gegeben sind. Zum anderen - und das ist
eigentlich das, wonach Sie gefragt haben - muß man ein Modell
für die möglichen Varianzkomponenten aufstellen und dann versuchen, mit den üblichen mathematischen Methoden zu klären, ob
dieses Modell anwendbar ist. Ein Modell, das nur aus der intra-
und interindividuellen Komponente besteht, ist sicher nicht ausreichend. Das Modell muß sicher wesentlich komplexer sein.

Ich habe noch eine andere, mehr praktische Frage an Herrn KELLER.
Sie haben ganz am Anfang in Ihrer Tabelle 1 unterschieden: Patient, Specimen und Sample, und haben dann die Variationen in
anderer Weise zusammengefaßt als biologische Variation, präinstrumentelle Variation und instrumentelle Variation. Unter praktischen und didaktischen Gesichtspunkten scheint mir wichtig zu
sein, daß man die Unterteilung so vornimmt, daß man die kontrol-
lierbaren und die nichtkontrollierbaren Komponenten separiert.
Es gibt biologische Komponenten, die sind nicht kontrollierbar,
wie Rasse und Geschlecht usw., und andere, die sind kontrollierbar, etwa durch eine standardisierte Prozedur der Blutentnahme.
Das ist praktisch viel wichtiger, würde aber bedeuten, daß die
Unterscheidung zwischen langfristig und kurzfristig, wie Sie es
in Ihrem Schema haben, so nicht zu halten ist. Die Grenze liegt
irgendwo dazwischen. So wie Sie es aufgeführt haben, ist es zwar
theoretisch richtig und interessant, aber praktisch nicht so gut
anwendbar.

GUDER:
Darf ich dazu noch etwas ergänzen? Ich würde auch für sehr wichtig halten, daß die Störfaktoren, die methodisch bedingt sind,
extra herausgestellt werden, weil diese durch methodische Ver-
besserungen eliminiert werden können.

KELLER:
Änderungen, die in kurzen Zeiträumen ablaufen, sind im allgemeinen kontrollierbar oder sogar standardisiert, langzeitige und permanente in der Regel dagegen nicht. So kann z.B. der aktuelle Alimentationszustand innerhalb einer Frist von einigen Stunden standardisiert werden, nicht aber ein etwa bestehendes Übergewicht. Im wesentlichen sind m.E. die präinstrumentellen Variationen kurzzeitige Einflußfaktoren.

BÜTTNER:
Ja, es fragt sich aber, ob nicht unter den langfristigen Änderungen auch solche sind, die man kontrollieren kann, z.B. durch Lebensgewohnheiten bedingte Einflußfaktoren.

KELLER:
Zweifellos kann die Unterscheidung zwischen kurz- und langzeitig schwierig sein: So ist das Rauchen einer Zigarette in diesem Sinne ein kurzzeitiger Einflußfaktor; zwanzig Jahre täglich 20 Zigaretten aber unstreitig ein langzeitiger (im Zweifelsfall permanenter) Einflußfaktor. Die Effekte der kurzzeitigen und der langzeitigen Noxe sind wenig, die einer etwa eingeschobenen Karenzperiode gar nicht bekannt.

DELBRÜCK:
Hinsichtlich der Einflußgrößen und Störfaktoren erscheint es mir wichtig, auf einen Gesichtspunkt hinzuweisen: die vorwiegend auf der linken Seite Ihrer Tabelle aufgeführten Daten beinhalten dann, wenn es sich um Einflußgrößen handelt, ein richtiges Meßergebnis und charakterisieren mit ihm den wirklichen, z.Zt. der Probenentnahme bestehenden Zustand des Organismus. Dies trifft sowohl für Stoffwechselgleichgewichte wie für die molekulare Zusammensetzung von Körpersubstanzen zu. Diese sind unter bestimmten Bedingungen intra- oder extracorporalen Faktoren unterworfen. Die Beurteilung dieser, unter der Einwirkung von Einflußgrößen gewonnenen Daten ist aber grundsätzlich anders, als derjenigen Daten, welche analytisch falsch sind, da Störfaktoren die Analyse selber gestört haben. Dies bedeutet, daß die Daten, welche durch den Einfluß von in vivo wirksamen Faktoren mitbestimmt sind, real abnorme Zustände anzeigen, was sowohl für die Diagnose wie insbesondere für die Therapie von wesentlicher Bedeutung ist.

KELLER:
Wir stimmen offenbar darin überein, daß die Kenntnis der Prädeterminatoren und die Möglichkeit, abzuschätzen, wie weit sie das "wahre" Ergebnis verzerren, Voraussetzung zur Beurteilung eines Analysenergebnisses ist. Denn die entscheidende Frage an das klinisch-chemische Laboratorium gilt der nosologischen Relevanz eines vorliegenden Resultats.

BÜRGI:
Ich möchte noch ein drittes Modell für die Einteilung hinzufügen. Aus praktischen Bedürfnissen heraus mache ich zwei Einteilungen: einmal die Einteilung in veränderliche und unveränderliche Einflüsse und dann eine Einteilung in beeinflußbare (z.B. durch die Therapie) und nicht beeinflußbare, wie z.B. das Lebensalter.

54

DYBKAER:
Dr. KELLER, you mentioned that the published values for the ratio of intraindividual and interindividual variation varied considerably, e.g. from 0.26 to 5.60 for albumin. Unfortunately, these values are not comparable. Using the equation of variances

$$\underline{s}^2{}_{total} = \underline{s}^2{}_{analytical} + \underline{s}^2{}_{intraindiv.} + \underline{s}^2{}_{interindiv.}$$

the different authors use different equations for the ratio, including or excluding analytical variance and using either variance ($\underline{s}^2$) or standard deviation ($\underline{s}$). Still, you are correct in saying that the reports present different figures, even after recalculation to comparable values.

KELLER:
Personally I am inclined to accept the theories of reference values of Eugene HARRIS. In a recent paper he has offered three statistical models of the intraindividual variations of blood constituents. However, the assumptions of the other groups, e.g. STATLAND and WINKEL, George WILLIAMS, GLICK, GRAMS and BENSON and others, do not seem to differ fundamentally. A generally applicable process of separating the components of variance is not yet available.

SIEGENTHALER:
Dieses Gespräch zeigt meiner Meinung nach, wo die Probleme liegen zwischen der Klinik und der Klinischen Chemie. Was Herr KELLER gesagt hat, ist zweifellos richtig. Ich verstehe diese Formeln nicht; ich kann Ihnen aber aus der praktischen Erfahrung einiges dazu sagen und ich nenne dazu auch ein Beispiel, mit dem wir uns seit Jahren beschäftigen: Wenn Sie Patienten ein Aminoglykosid geben, ganz konkret 80 mg Gentamycin, dann haben Sie bei jedem Patienten einen anderen Blutspiegel. Seit Jahren speichern wir in den Computer alle Variablen, z.B. Alter, Geschlecht, Creatinin, andere Nierenfunktionen und Leberfunktionen; aber es ist uns bis heute nicht gelungen zu erklären, warum die Blutspiegel unterschiedlich sind. Man darf sich nicht Illusionen hingeben, daß man mit Rechnungen unsere Diskrepanzen erklären kann. Ich möchte hier vor zu großem Optimismus warnen.

KRÜCK:
Ich möchte einen kleinen Schritt weitergehen, zum Phänomen der circadianen Rhythmik, das sowohl für die Diagnostik als auch für die Therapie - ich erinnere nur an die Chronopharmakologie - bestimmt interessante Gesichtspunkte eröffnen wird. Eine circadiane Rhythmik steht wohl bei den Hormonnen außer Zweifel, weil die Schwankungen eklatant sind; aber bei vielen Parametern, die in der Literatur und auch teilweise hier genannt wurden, scheint mir das Problem noch offen zu sein und ich möchte vor einem übertriebenen Optimismus warnen. Nehmen Sie als Beispiel eine so einfache Substanz wie das Kalium, das in seiner Serumkonzentration von vielen zusätzlichen Funktionsänderungen abhängig ist, vom Gesamtkörper-Kaliumbestand, von den Mineralocorticoiden, vom Vorliegen/Nichtvorliegen einer Acidose oder Alkalose, von der Durchströmungsgeschwindigkeit in der Niere. Hier könnten Fehlerquellen auftauchen, die dann später möglicherweise als Ausdruck einer circadianen Rhythmik gedeutet werden könnten.

GLADTKE:
Ich möchte zur circadianen Rhythmik eine Anmerkung machen: Wir
haben Phosphat und Eisen untersucht und fanden bei älteren Kindern eine deutliche circadiane Rhythmik, aber nicht bei Neugeborenen und bei jungen Säuglingen. Diese spielt sich innerhalb
des ersten halben Jahres ein, es gibt also auch noch eine Altersabhängigkeit solcher Phänomene.

SCHLEBUSCH:
Mir scheint die klinische Relevanz der circadianen Rhythmen für
die praktische Bewertung von Laborbefunden im Moment gering zu
sein. Herr KRÜCK hat gesagt, in der Hormonanalytik spielt es
eine Rolle. Ich erinnere daran, daß man eine zeitlang gedacht
hat, daß Östriol im Serum bei Schwangeren eine solche Rhythmik
aufweise. Es hat sich inzwischen herausgestellt, daß es Spikes
sind, d.h. sehr kurzzeitige Änderungen der Konzentration, von
denen man noch nicht weiß, woher sie kommen. Man wird also Untersuchungen unter Bezug auf circadiane Rhythmik erst dann validieren können, wenn sie durch kontinuierliche Analysen gesichert
sind.

Das Zweite knüpft an die Bemerkung über circadiane Rhythmik bei
Kindern an: Die Ernährung spielt dabei eine große Rolle, und es
ist die Frage, ob "circadiane Rhythmen", die während einer 24-
stündigen Nahrungskarenz gefunden worden sind, überhaupt physiologische Rhythmen oder Artefakte sind.

GREILING:
Noch eine kurze kritische Bemerkung zur Altersabhängigkeit von
Parametern. Sie hatten hier auch schon mehrere Fragezeichen ge-
setzt. Wir wissen eigentlich in den wenigsten Fällen, ob es
altersspezifische Veränderungen sind, oder durch chronische Ent-
zündungen bedingte Veränderungen. Ich möchte nur das Beispiel
Cholesterin nennen. Wir wissen von einer Würzburger Studie bei
100jährigen, daß deren Cholesterinspiegel dem der 40jährigen
entspricht, d.h. hier kann es auch Umkehrungen geben. Das bedeutet, daß man letztlich auch klinischen Fragestellungen angepaßte,
altersabhängige Normalwerte bestimmen muß.

RÓKA:
Danke für diese wichtigen Hinweise. Es ergibt sich daraus vielleicht die Frage, ob man diese Einflüsse nicht gerade mit zur
Diagnostik ausnutzen sollte, d.h. ob man nicht daraus diagnostische Schlüsse ziehen kann, wie stark die einzelnen Parameter
z.B. durch hämodynamische Veränderungen beeinflußt werden können.

F.W. SCHMIDT:
Eine Ergänzung zu den angesprochenen Circadianrhythmen: Bei der
enzymologischen Untersuchung ihrer Blutspenderkollektivs hat
Frau D. WAHLS, von der Blutbank in Mainz, auch jahreszeitliche
Rhythmen festgestellt. Die nähere Analyse dieses Befundes zeigte, daß die Phasen erhöhter Aktivitäten auf die Zeiten der Wein-
lese und des Karnevals fielen. Ein grobes Beispiel für die
Schwierigkeiten, physiologische und pathologische Prozesse, besonders an größeren anonymen "Kollektiven" zu differenzieren und
zugleich ein Beitrag zu dem "Normalwert"-Problem.

Noch ein weiteres Problem: Wir sind erneut darauf hingewiesen
worden, daß die Körperhaltung, aber auch die venöse Stauung bei
der Bewertung der Testergebnisse berücksichtigt werden müssen.
Das ist jedoch nicht praktikabel: Auch unsere hospitalisierten
Patienten liegen vor der Probenentnahme nicht konstant im Bett
und auch die Länge einer venösen Stauung ist in der Routine von
vielen Faktoren abhängig, nicht zuletzt auch von der Menge des
Blutes, das von den Laboratorien angefordert wird.

BÜRGI:
Zu den praktischen Aspekten der Arbeit möchte ich noch weiter
fragen: Herr SCHMIDT hat schon die Probleme bei hospitalisierten Patienten aufgezeigt; wie soll man erst den Problemen im
Ambulatorium beikommen, wo eine Standardisierung der Probenahme
schon zeitlich unmöglich ist. Gibt es hierfür schon Modelle?

HAECKEL:
Herr KELLER, Sie haben die Versuche von Per WINKEL mit den Langzeitoscillationen zitiert; ist es hier wirklich gerechtfertigt,
von Oscillation zu sprechen? Gehört nicht zum Begriff der Oscillation, daß eine sinusförmige Schwingung zugrunde liegt, die
nach bestimmten Regelmechanismen abläuft? Sind es oft nicht einfach Schwankungen, die wir bisher nicht erklären können?

KELLER:
Nach der Definition von STAMM, die ich übernommen habe, wird
unter Oscillation das regelmäßige, rhythmische Auftreten eines
Phänomens verstanden. Circadian bedeutet in diesem Zusammenhang,
daß dabei ein 24-Stunden-Rhythmus zu beobachten ist. In diesem
Fall ist es naheliegend, den Schlaf/Wach-Wechsel als Synchroni-
sator anzunehmen. Längere Frequenzen bedingen andere Steuermecha-
nismen, etwa jahreszeitlich veränderte Lebensweisen, Umweltsbe-
dingungen und anderes mehr.

EGGSTEIN:
Herr KELLER, je mehr wir reale Einflüsse bei den Bezugspersonen
mit einschließen, desto breiter sind dann die Laborwerte diagnostisch verwertbar. Durch solche Ausführungen, wie Sie sie gemacht haben, könnte man eigentlich auf das Gegenteil kommen und
alle bekannten Einflüße eliminieren. Dann kommen wir zur Ideal-
figur von Herrn SCHMIDT. Können wir aber eigentlich mit einer
solchen Bezugsfigur noch etwas anfangen? Ich glaube, hier ist
zu differenzieren, was ist real, was dient noch der Validität
und was nicht. Beispiel: eine Versuchsgruppe von Studenten, die
nach kurzfristiger Whisky- oder Wodka-Einnahme getestet wird,
zeigt keine Veränderungen außer dem Blutalkoholspiegel. Alles
andere ändert sich nicht bzw. ist irrelevant. Nur die Zahl der
Versuchspersonen liefert letztlich Unterschiede, die aber für
alkoholbedingte Einflüße nicht relevant sind.

WISSER:
Ich möchte das, was Herr EGGSTEIN und Herr SCHMIDT gesagt haben,
unterstützen. Hier sind wieder viele Einzelbeispiele gezeigt
worden, aber mir drängt sich die Frage auf: sind die Phänomene
wirklich klinisch relevant? Haben Sie die Möglichkeit, diesen
Begriff "klinisch relevant" zu quantifizieren?

Ich habe mir als Beispiel aus Herrn KELLER's Referat gemerkt,
daß zwischen Liegen und Stehen 8% Unterschied sind. Wenn ich
mir vorstelle, ich müßte das bei uns in der Routine realisieren,
muß ich sagen, das kriege ich nicht hin, wenn wir uns im Normalbereich bewegen.

BÜTTNER:
Eine kurze Antwort auf Herrn SIEGENTHALER's kritische Bemerkung:
Es ist richtig, daß die neuen Theorien im Augenblick für die
Klinik noch nicht verwendbar sind. Ich sehe gegenwärtig eigentlich nur zwei Anwendungsbereiche. Wir können unsere Methoden
prüfen, ob sie im Hinblick auf die diagnostische Aussage zu verbessern sind. Das ist aber eigentlich eine interne Laboratoriums-
angelegenheit. Zum anderen können wir die Kritik des Klinikers
schärfen durch den Hinweis, mit den Referenz- oder Normalwerten
vorsichtiger umzugehen.

Und wenn wir sagen, Alarm geben sozusagen, hier sind die Voraussetzungen von unserer Methodik nicht gegeben, den üblichen Normalwert oder Referenzwert so anzuwenden, wie man es in der Klinik gewohnt ist, dann heißt das eigentlich nichts anderes, als
daß der Kliniker übergehen muß auf eine longitudinale Beurteilung, d.h. er muß die Vorwerte des Patienten mit späteren Werten vergleichen. Mehr kann man im Augenblick nicht tun.

F.W. SCHMIDT:
Wie bekommt man diese Longitudinalwerte?

BÜTTNER:
Dafür sind Basisuntersuchungen bei den Gesunden erforderlich.
Dazu sind wir gegenwärtig noch nicht in der Lage, denn das würde
voraussetzen, daß wir über Jahre konstante Werte garantieren
können, ein methodisches Problem, das noch nicht vollständig gelöst ist. Aber ein kritischerer Umgang mit dem Normalwertbegriff
ist jetzt schon möglich.

EGGSTEIN:
Herr KELLER, ich möchte mit der provokativen Frage abschließen:
Wie stark machen sich in Ihrem Arbeitsgebiet diese Prädeterminanten auf klinisch-chemische Meßgrößen störend, u.U. auch zwischen Labor und Krankenstationen kontaktanregend, bemerkbar? In
meinem Arbeitsbereich muß jeder zweite Laborwert, der Anlaß gibt
für Rückfragen - "Kann das denn stimmen? Ist das denn so? Wie
ist das zu erklären?" - erklärt werden aus prädeterminanten Ein-
flüssen auf das Resultat. Jeder zweite, wenn nicht höher, ist
der Anteil der durch "Probenahme-Fehler" bedingten Störungen der
Laborresultate. Ich habe dafür konkrete Belege im Rahmen unserer
Klinik, denen nicht widersprochen wird.

FREI:
Dazu eine allgemeine Bemerkung: Wir sind uns hier alle bewußt,
daß Probleme existieren durch die verschiedenen Einflüße, die
die Laborresultate verändern. Aber es fehlt eigentlich die Be-
kanntmachung dieser Probleme in Labor und Klinik. Manche Kliniker
sind sich dieser Einflußgrößen gar nicht bewußt und auch im Labor
sind sie oft nicht genügend gegenwärtig. Die gemeinsame Diskussion dieser Fragen könnte den Dialog zwischen Klinik und Labor
verbessern.

Grundlagen der Bewertung klinisch-chemischer Befunde

H. Büttner

<u>Einleitung</u>

Die Frage nach dem Wert oder Nutzen klinisch-chemischer Untersuchungen ist in jüngster Zeit mit zunehmender Dringlichkeit gestellt worden. Hierfür gibt es verschiedene Gründe:

a) Die große Zahl der durchgeführten Untersuchungen hat zu einer Datenflut geführt, welche die korrekte Auswertung durch den Kliniker erschwert.
b) Es werden mögliche nachteilige Folgen für den Patienten diskutiert, wie sie etwa durch die Begriffe "Befundkranke" (1) oder "Odysseus-Syndrom" (15) beschrieben sind.
c) Die ökonomischen Grenzen der Gesundheitssysteme lassen eine unbegrenzte Ausweitung der Untersuchungen nicht mehr zu.

Eine Antwort auf die Frage nach dem Wert oder Nutzen klinisch-chemischer Untersuchungen sollte umfassend und verallgemeinerungsfähig sein und sich nicht nur - wie bisher meist - auf einzelne Untersuchungen und Fragestellungen beziehen.

Im folgenden möchte ich versuchen, Ihnen die Elemente einer allgemeinen Theorie zur Bewertung klinisch-chemischer Untersuchungen vorzustellen (vgl. dazu 2, 3, 5, 6, 10, 17). Zuvor ist es zweckmäßig, in einem kurzen Überblick die wichtigsten ärztlichen Anwendungen sowie Entstehung und Struktur klinisch-chemischer Befunde ins Gedächtnis zurückzurufen.

<u>Ärztliche Fragestellungen für klinisch-chemische Untersuchungen</u>

Fragestellungen für den gezielten Einsatz klinisch-chemischer Untersuchungen ergeben sich in nahezu allen Bereichen ärztlicher Tätigkeit (Tabelle 1). Im Vordergrund steht bisher noch der diagnostische Bereich. Hier können klinisch-chemische Befunde als Symptome für Krankheiten oder Funktionsstörungen gewertet werden, in seltenen Fällen geben sie einen direkten Hinweis auf die Ursache einer Störung. Daneben spielen klinisch-chemische Untersuchungen eine zunehmend wichtige Rolle bei der Verlaufskontrolle und Prognose von Krankheiten wie auch bei der Überwachung von Therapiemaßnahmen. Allgemein läßt sich ein klinisch-chemischer Befund beschreiben als ärztlich relevante Information, welche in einem geplanten, zweckgerichteten Prozeß gewonnen wird.

<u>Tabelle 1.</u> Ärztliche Fragestellungen für klinisch-chemische Untersuchungen

1. Erkennung von Krankheiten und Funktionsstörungen

   Befunde als Krankheitsprädiktoren u. Risikofaktoren
           Ursache einer Krankheit
           Symptome
           Zeichen für Funktionsstörungen der Zelle
           Zeichen für Funktionsstörungen von Organen u. Organsystemen
           zusätzliche Zeichen für die Differentialdiagnose

2. Verlaufskontrolle und Prognose von Krankheiten

3. Therapiemaßnahmen
           Auswahl, Wirkungskontrolle, Überwachung

Entstehung und Struktur klinisch-chemischer Befunde

Ein klinisch-chemischer Befund entsteht in einem komplexen Prozeß (Abb. 1), der 4 Abschnitte erkennen läßt, die jedoch nicht einfach nacheinander ablaufen sondern eng miteinander verflochten sind:

1. Vorbereitung der Analyse
2. Durchführung der Analyse
3. Analytische Beurteilung
4. Medizinische Beurteilung

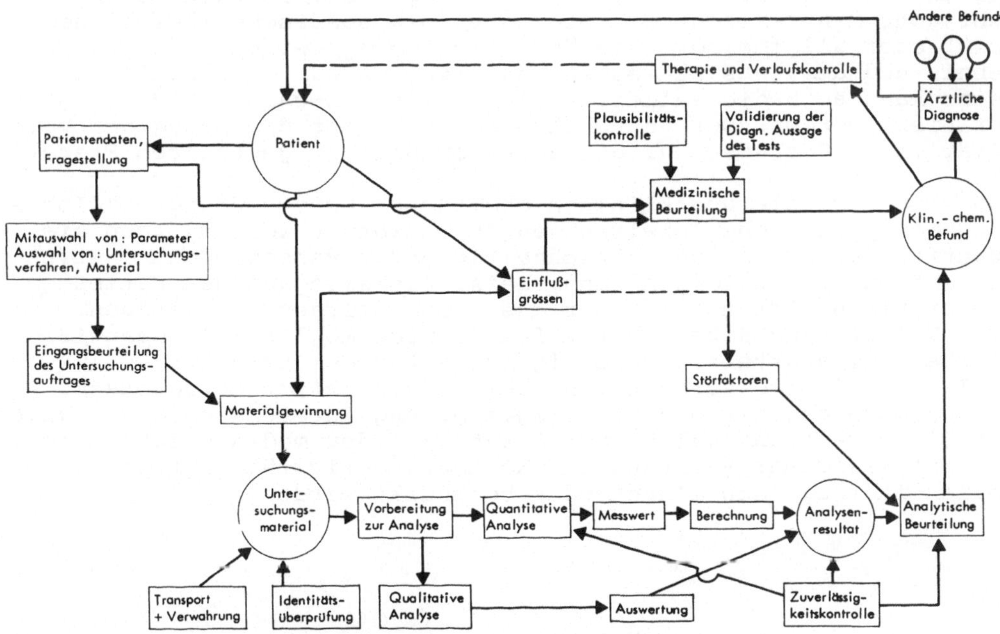

<u>Abb. 1.</u> Entstehung eines klinisch-chemischen Befundes
Nach einem Arbeitspapier der Deutschen Gesellschaft für Klinische Chemie (11)

Begrifflich muß sorgfältig unterschieden werden zwischen dem
Analysenresultat (z.B. "Kalium-Konzentration im Serum O.4 mmol/l")
und dem klinisch-chemischen Befund, der erst durch zwei aufeinander folgende Beurteilungsschritte aus dem Analysenresultat entsteht. Die "Analytische Beurteilung" verwertet Daten aus der
Qualitätskontrolle und Informationen über Störfaktoren. Die "Medizinische Beurteilung" zieht biologische Informationen (physiologische, pathologische Daten usw.) mit in die Beurteilung ein und
stellt den Zusammenhang mit der ärztlichen Fragestellung her.

Ein klinisch-chemischer Befund hat dementsprechend eine mehrschichtige Struktur. Er stellt einmal - auf der chemisch-analytischen Ebene - ein naturwissenschaftliches Faktum dar (etwa die
Konzentration eines definierten Stoffes), das mit einer bestimmten Zuverlässigkeit ermittelt worden ist. Andererseits enthält
der Befund - auf der medizinischen Ebene - relevante Informationen als Antwort auf eine gezielte ärztliche Fragestellung.

Grundsätzliches zur Validierung klinisch-chemischer Untersuchungen

Die mehrschichtige Struktur eines klinisch-chemischen Befundes
macht die begriffliche Trennung erforderlich zwischen der Zuverlässigkeit der analytisch-chemischen Untersuchung und der Zuverlässigkeit, mit der die ärztliche Fragestellung beantwortet wird.
Für letzteres ist in der Psychologie und den empirischen Sozial-
wissenschaften der Begriff "Validität eines Testergebnisses" in
Gebrauch. Man versteht darunter die "Diagnostische Treffsicherheit" oder allgemeiner "die Übereinstimmung zwischen dem Testergebnis und dem, was zu messen beabsichtigt war". In ähnlicher
Weise kann auch die Validität eines klinisch-chemischen Befundes
definiert werden. Der entscheidende Punkt ist der Bezug der Validität eines Befundes auf die Beantwortung der gestellten Frage.

Von einer Validierung klinisch-chemischer Untersuchungen ("Tests")
wird man praktische Auswirkungen nur erwarten können, wenn sie
quantifizierbar ist und gleichzeitig unter verschiedenen Nutzen-
gesichtspunkten erfolgen kann, beispielsweise auf den Patienten,
die ärztliche Erkenntnis oder das Gesundheitssystem bezogen.
Eine Validierung setzt überprüfbare, nach Möglichkeit quantifizierbare, charakteristische Eigenschaften des Befundes voraus.
In Tabelle 2 wird versucht, solche Eigenschaften abzugrenzen.
Im Zusammenhang mit unserer Fragestellung interessieren vor allem
die Eigenschaften, welche den Befund auf der medizinischen Ebene
charakterisieren: Relevanz und Kosteneffektivität, nur diese
sollen im folgenden eingehender behandelt werden.

Tabelle 2. Charakteristische Eigenschaften eines klinisch-chemischen Tests

analytisch-chemische Ebene	
Zuverlässigkeit	Richtigkeit, Präzision usw.
Verfügbarkeit	in der ärztlich erforderlichen Zeitspanne
Medizinische Ebene	
Relevanz	Zuverlässigkeit im Hinblick auf die ärztliche Fragestellung oder Handlung
Kosteneffektivität	Kosten-Nutzen-Relation

Quantifizierung und Messung der Relevanz eines Befundes

Die Bewertung klinisch-chemischer Befunde konzentriert sich damit auf das Problem, einen geeigneten Ansatz zur Quantifizierung und Messung der Relevanz zu finden.

Relevanz eines Einzelbefundes

Der Grundgedanke soll erläutert werden an dem einfachen Beispiel eines qualitativen Tests, der im Rahmen des diagnostischen Prozesses zur Aufstellung oder Bestätigung einer Vermutungsdiagnose eingesetzt wird. Man denke etwa an den Nachweis von Glucose im Urin oder an den Nachweis eines Paraproteins im Serum. Ein solcher Test hat zwei Testaussagen: "positiv" und "negativ". Diese Testaussagen werden benutzt, um über Annahme oder Ablehnung von alternativen Hypothesen (im einfachsten Falle etwa unsere Vermutungsdiagnose ("Nullhypothese") und eine Alternativ-Hypothese) zu entscheiden. Die zugehörige Entscheidungsmatrix ist in Tabelle 3 dargestellt. Ein idealer Test würde nun stets zu richtigen Entscheidungen führen. Praktisch existieren solche Tests nicht, es muß immer mit Fehlern, d.h. falschen Entscheidungen oder Zuordnungen gerechnet werden. Je größer diese Fehler, desto geringer die Relevanz des Befundes.

Um eine Information über die Zuordnungsfehler zu erhalten, muß der Test an Kollektiven geprüft werden, die durch geeignete Außenkriterien (im klassischen Fall etwa eine pathologisch-anatomische Diagnose) definiert sind. Die hierbei erhaltenen Ergebnisse können absolut als Häufigkeiten oder relativ als Wahrscheinlichkeiten in einer Ergebnismatrix ("Vierfeldertafel") dargestellt werden, die der Entscheidungsmatrix entspricht (Tabelle 4). Es ist üblich, die absoluten Häufigkeiten als "richtig positiv" bzw. "falsch positiv" und "richtig negativ" bzw. "falsch negativ" zu bezeichnen, eine Ausdrucksweise, die leider oft mißverstanden wird, indem sie auf die analytische Ebene des Befundes (d.h. auf Fehler des Laboratoriums) und nicht auf die medizinische Ebene bezogen wird.

Die mathematische Statistik hält eine Reihe von Methoden bereit, um solche Vierfeldertafeln zu untersuchen (X^2-Test, PEARSON'scher

Tabelle 3. Entscheidungsmatrix eines qualitativen Tests

Hypothesen

    H_O Vermutungsdiagnose, Krankheit liegt vor ("Nullhypothese")

    H_1 Krankheit liegt nicht vor ("Alternativhypothese")

Entscheidungen

    T = Test positiv, H_O angenommen

    $\bar{T}$ = Test negativ, H_O abgelehnt

	H_O richtig	H_1 richtig
T, H_O angenommen	korrekte Entscheidung	Fehler II. Art
$\bar{T}$, H_O abgelehnt	Fehler I. Art	korrekte Entscheidung

Tabelle 4. Ergebnismatrix der Überprüfung eines qualitativen Tests

		Krankheit vorhanden K	Krankheit nicht vorhanden $\bar{K}$
Test positiv	T	$P(T/K)$	$P(T/\bar{K})$
Test negativ	$\bar{T}$	$P(\bar{T}/K)$	$P(\bar{T}/\bar{K})$

$$P(T/K) = \frac{\text{Anzahl der "richtig positiven" Ergebnisse}}{\text{Anzahl der Kranken}}$$

Tabelle 5. Maßzahlen zur Charakterisierung der Relevanz eines Tests

Diagnostische Empfindlichkeit	Sicherheit, Kranke richtig zu erkennen	$P(T/K)$
Diagnostische Spezifität	Fähigkeit, Nicht-Kranke richtig auszuschließen	$P(\bar{T}/\bar{K})$
Diagnostische Effizienz	Anteil richtiger Entscheidungen	$P(TnK) + P(\bar{T}n\bar{K})$

Kontigenzkoeffizient, YOUDEN'scher Index u.a.). Für unsere Zwecke
sind Maßzahlen geeigneter, die getrennt die "richtig positiven"
wie die "richtig negativen" Ergebnisse verwenden. In Tabelle 5
werden als wichtigste Maßzahlen zur Beschreibung der Relevanz
eines Tests die "Diagnostische Empfindlichkeit" und die "Diagnostische Spezifität" vorgestellt. Zur Erläuterung ist in Tabelle 6
(aus (2)) ein einfaches praktisches Beispiel durchgerechnet. Die
abgeleiteten Maßzahlen sind nützlich zur Charakterisierung eines

Tabelle 6. Glucosenachweis im Urin (Clini-Test) bei klinisch gesichertem
Diabetes mellitus

Absolute Häufigkeiten

	K	$\bar{K}$
T	21	7
$\bar{T}$	49	503

Relative Häufigkeiten (bedingte Wahrscheinlichkeiten)

	K	$\bar{K}$
T	0.300[a]	0.700
$\bar{T}$	0.014	0.986

$$^a \quad \frac{21}{21 + 49} = 0.300$$

Diagnostische $\begin{cases} \text{Empfindlichkeit} = 0.300 \\ \text{Spezifität} \quad\quad = 0.986 \\ \text{Effizienz} \quad\quad\; = 0.900 \end{cases}$

Tests. Im konkreten Anwendungsfalle interessiert den Arzt allerdings mehr die Frage, mit welcher Wahrscheinlichkeit er auf das
Vorliegen der vermuteten Erkrankung oder Störung schließen kann,
wenn das Testergebnis positiv ist. Diese Fragestellung, die auf
die Relevanz eines konkreten Befundes abzielt, ist komplexer
und mit den bisher verwendeten Informationen nicht zu beantworten. Der wichtige Schritt liegt darin, die Entstehung über die
gebildete Hypothese, etwa die Vermutungsdiagnose, zu modifizie-
ren aufgrund der unabhängig von dem durchgeführten Test verfügbaren Informationen. Es können dies z.B. Angaben über die
Krankheitsprävalenz der vermuteten Erkrankung oder Hinweise auf
Krankheitswahrscheinlichkeiten aufgrund der beim Patienten beobachteten Symptomenkombination sein. Ein erhöhter Kreatinkinase-
Wert beispielsweise spricht bei einem Patienten auf einer kar-
diologischen Intensivstation eher für einen Infarkt als bei einem sportlich aktiven Studenten. Gesucht ist die Wahrscheinlichkeit für das Zutreffen der Vermutungsdiagnose unter den konkret
gegebenen Bedingungen. Diese Wahrscheinlichkeit kann unter Verwendung des BAYES-Theorems berechnet werden (Tabelle 7) und wird
als "Predictive Value" bezeichnet. Diese Maßzahl ist besser geeignet, um die Relevanz eines Befundes auszudrücken als Diagnostische Empfindlichkeit und Spezifität. In Tabelle 8 (aus (8))
wird als praktisches Beispiel ein qualitativer Test behandelt,
der als Screeningverfahren Anwendung findet.

Unsere bisherige Betrachtung bezog sich auf den einfachsten Fall
des qualitativen Tests mit binärer (Ja/Nein-)Aussage. Tatsächlich werden aber in der Klinischen Chemie überwiegend quantitative Verfahren eingesetzt, bei denen eine kontinuierliche Variable als Analysenresultat erhalten wird. In vereinfachter Form

__Tabelle 7.__ Maßzahlen zur Charakterisierung der Relevanz eines Befundes

Predictive Value (vorher-sagewert) des positiven Ergebnisses	Krankheitswahrscheinlich-keit bei positivem Befund	$P(K/T)$ [a]
predictive Value des negativen Ergebnisses	Wahrscheinlichkeit für Nicht-Krankheit bei nega-tivem Befund	$P(\bar{K}/\bar{T})$

$$^{a}P(K/T) = \frac{P(K) \cdot P(T/K)}{P(K) \cdot P(T/K) + P(\bar{K}) \cdot (1 - P(\bar{T}/\bar{K}))} \text{ (BAYES Theorem)}$$

__Tabelle 8.__ Okkultes Blut im Stuhl als Screening-Test für Colon-Carcinom Guaiac-Probe, nach Daten von GREEGOR (1969)

	K	$\bar{K}$
T	Diagn.Empf. 0.92	O,37
$\bar{T}$	0.08	Diagn.Spez. 0.63

$$\begin{bmatrix} \text{Angegeben: relative Häufigkeiten} \\ P(T_i/K_i) \end{bmatrix}$$

Prävalenz Colon-Ca : 0.0072
Predictive Value (pos.Test) : 0.018
Predictive Value (neg.Test) : 0.999

lassen sich auch diese Analysen mit dem Instrumentarium behandeln, welches bisher entwickelt wurde. Bei der Beurteilung eines quantitativen Analysenresultates wird als wichtigster Schritt ein Vergleich mit dem sogenannten Referenz- oder Normalwertbereich ("Transversalbeurteilung") vorgenommen mit dem Ziel einer binären Klassifikation als "normal"oder "nicht-normal". Hierfür setzt man ein Entscheidungskriterium ("Grenzwert") fest, üblicherweise die Grenze des 95%-Referenzbereiches. Da sich bei fast allen quantitativen klinisch-chemischen Untersuchungen die Häufigkeitsverteilungen der Werte für Gesunde und Kranke mehr oder weniger überlappen (Abb. 2), kommt es auch hier zu falschen Zuordnungen, d.h. falsch positiven und falsch negativen Entscheidungen. Ebenso wie bei einem qualitativen Test können zur Beurteilung der Relevanz Diagnostische Empfindlichkeit und Spezifität sowie der Predictive Value berechnet werden. Man sieht zugleich, daß eine Verschiebung des Entscheidungskriteriums die Diagnostische Empfindlichkeit und Diagnostische Spezifität gegensinnig verändert. Ein praktisches Beispiel eines quantitativen Tests ist in Tabelle 9 (aus (13)) dargestellt.

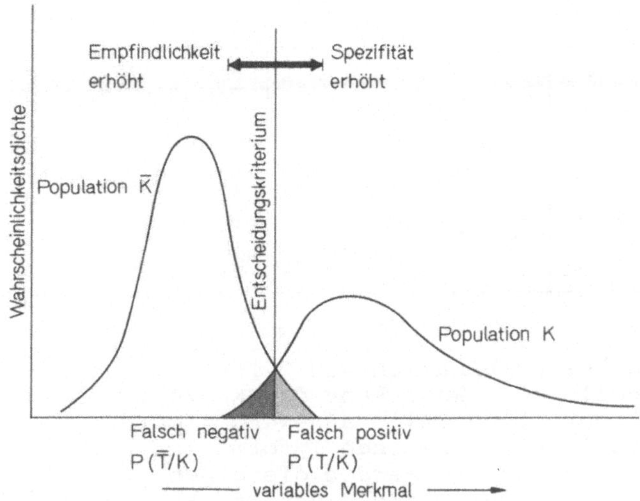

Abb. 2. Falsch positive und falsch negative Befunde in Abhängigkeit vom Entscheidungs-Kriterium

Tabelle 9. CEA bei Colon-Carcinom. Daten von McCARTNEY u. HOFFER (1974)

1. Beispiel für eine Ergebnismatrix

	Colon-CA	kein Colon-CA
T > 3 ng/ml	32	164
T̄ < 3 ng/ml	16	679

2. Testeigenschaften in Abhängigkeit vom Entscheidungskriterium
   (Prävalenz P(K) = 0.05)

Entscheidungs-kriterium	Diagnost. Empfindl.	Diagnost. Spezifität	Predictive Value pos.	neg.
>3 ng/ml CEA	0.67	0.81	0.16	0.98
>5 ng/ml CEA	0.54	0.94	0.32	0.97

Relevanz der Befunde einer Mehrfachanalyse

Klinisch-chemische Untersuchungen werden nur selten einzeln eingesetzt, etwa wenn es sich um die Untersuchung pathognomonischer Kenngrößen handelt (z.B. Nachweis eines Enzymdefektes). Die meisten klinischen Fragestellungen erfordern mehrere Untersuchungen. Diese können als Mehrfachanalyse ("Profil", "Testbatterie") parallel oder nacheinander (sequentiell) durchgeführt werden. Es stellt sich nun die wichtige Aufgabe, die Relevanz derartiger Testkombinationen zu ermitteln. Diese Aufgabe ist ungleich schwieriger und komplexer als die Untersuchung der Relevanz eines Einzeltests. Dies zeigt schon ein Blick auf die Entschei-

Tabelle 10. Entscheidungsmatrix, zwei parallel ausgeführte qualitative Tests

Entscheidungsmöglichkeit	Entscheidung K	$\bar{K}$	Mathematische Notation für K
1	$T_1\,T_2$	$T_1\,\bar{T}_2,\ \bar{T}_1\,T_2,\ \bar{T}_1\,\bar{T}_2$	$T_1 \cap T_2$
2	$T_1\,T_2,\ T_1\,\bar{T}_2$	$\bar{T}_1\,T_2,\ \bar{T}_1\,\bar{T}_2$	$T_1 \cap (T_2 \cup \bar{T}_2)$
3	$T_1\,T_2,\quad \bar{T}_1\,T_2$	$T_1\,\bar{T}_2,\quad \bar{T}_1\,\bar{T}_2$	$T_2 \cap (T_1 \cup \bar{T}_1)$
4	$T_1\,T_2,\ T_1\,\bar{T}_2,\ \bar{T}_1\,T_2$	$\bar{T}_1\,\bar{T}_2$	$T_1 \cup T_2$

dungsmatrix, wie sie etwa bei Kombination von 2 Tests mit binärer Aussage vorliegt (Tabelle 10). Wohl kann das Konzept des Predictive Value auch auf derartige Fälle angewendet werden, doch wird dabei die tatsächlich vorliegende Information nur unvollständig ausgewertet, insbesondere werden die gegenseitigen Abhängigkeiten der Testgrößen nicht berücksichtigt. Ebenso wie bei der klinischen Auswertung der Ergebnisse von Mehrfachanalysen - die gegenwärtig ganz unzulänglich für jede Testgröße getrennt erfolgt - ist der Einsatz von multivariaten statistischen Methoden unumgänglich, will man in der Beurteilung der Relevanz Fortschritte erzielen.

Ein spezielles Problem der Screening-Mehrfachanalyse soll in diesem Zusammenhang kurz aufgezeigt werden, da es derzeit eine gewisse Rolle in der Diskussion um den Nutzen von Screening-Untersuchungen spielt. Weil auch bei Mehrfachanalysen (etwa 12-fach-Profil) die Transversalbeurteilung üblicherweise unter Verwendung einzelner 95%-Referenzbereiche für jede Testgröße erfolgt, ergeben sich außerordentlich niedrige Erwartungswerte für vollständig "normalen" Testausfall bei Gesunden, d.h. hohe Anteile an falsch positiven Befunden mit ihren ärztlichen Konsequenzen. Tabelle 11 zeigt eine Abschätzung aufgrund eines mathematischen Modells (2). Inzwischen liegen genauere experimentelle Untersuchungen zu diesem Problem vor (9), die zeigen, daß die Anzahl der falsch positiven Befunde bei Gesunden zwar nicht ganz den theoretischen Werten entspricht aber für klinische Zwecke doch unvertretbar hoch ist. Auch in diesem Falle kann nur durch Einsatz multivariater statistischer Methoden zur Befundauswertung eine Verbesserung erreicht werden.

Tabelle 11. Erwartungswerte für das Auftreten vollständig negativer Resultate bei Gesunden bei Mehrfachanalyse

Bei Anwendung von 95%-Referenzbereichen	Anzahl der Tests N	P
	1	0.95
$\hat{P} = 0.95^N$	6	0.74
	12	0.54
	18	0.40
	24	0.29

Der vorgeschlagene Weg, Maßzahlen zur Beurteilung der Relevanz
klinisch-chemischer Befunde zu ermitteln, ist nur bedingt gang-
bar, da sich Probleme quantitativer und parallel ausgeführter
Analysen nur mit Einschränkungen behandeln lassen. Es sei deshalb an dieser Stelle auf mögliche andere Wege hingewiesen, etwa
auf die Anwendung von Methoden der Informationstheorie (4).

Quantifizierung und Messung der Kosteneffektivität eines Befundes

Die Validierung eines klinisch-chemischen Befundes bleibt unvollständig, wenn nur die Relevanz, d.h. der unmittelbare Zusammenhang mit der ärztlichen Fragestellung, untersucht wird. Die Ermittlung der Kosteneffektivität oder des Kosten-Nutzen-Verhält-
nisses einer ärztlichen oder medizinischen Maßnahme ist aus verschiedenen Gründen problematisch. Einerseits ist es schwierig,
den Begriff des Nutzens zu definieren, da in ihn objektive und
subjektive Wertungen eingehen. Man versucht, als quantifizierbare Größe für den Nutzen etwa die Verlängerung der Überlebenszeit, die Vergrößerung der Lebenserwartung, die Verminderung der
"Disability" oder ähnliches einzusetzen. Andererseits sind Laboratoriumsuntersuchungen von den ärztlichen Entscheidungen oder
Maßnahmen, die diese Größe beeinflussen, meist relativ weit entfernt, der direkte Zusammenhang ist schwer zu analysieren. So
ist es verständlich, daß Kosten-Nutzen-Analysen für klinisch-
chemische Tests bislang erst ansatzweise versucht worden sind
(vgl. dazu etwa (16)). Ein einfacherer Ansatzpunkt ergibt sich,
wenn man versucht, die Kosten falsch positiver und falsch negativer Tests zu ermitteln. Dabei müssen direkte und indirekte
Kosten (Tabelle 12 aus (2)) berücksichtigt werden. Auf diese
Weise ist es möglich, Kosten als Gewichtungsfaktoren bei der Optimierung klinisch-chemischer Tests einzusetzen, worauf später
noch kurz eingegangen wird.

__Tabelle 12.__ Kosten falsch positiver und falsch negativer Tests

	falsch positiv	falsch negativ
direkt	Kosten für Test (u. Wieder-holung), Folgediagnostik, unnötige Therapie	Kosten für Testwiederholung und weitere diagnostische Maßnahmen
indirekt	Risiken des Tests, Folgen falscher Diagnose und unnö-tiger Therapie, "Befund-kranke"	Folgen der Nichterkennung der Erkrankung (besonders Krankheitsfrüherkennung) und der nicht erfolgten Therapie, Kosten durch vorzeitiges Ein-treten von Tod, Invalidität

Einige praktische Anwendungen der Erkenntnisse über die Validität von Befunden

Das vorgetragene Konzept zur Bewertung klinisch-chemischer Untersuchungen ist noch lückenhaft, z.T. nur ansatzweise ausgearbeitet. Man mag es auf den ersten Blick für sehr abstrakt und von geringem praktischen Wert halten. Deshalb möchte ich im folgenden an einigen Beispielen unmittelbare praktisch-klinische Anwendungen aufzeigen.

Im Rahmen einer diagnostischen Fragestellung kann es nützlich sein, die diagnostischen Eigenschaften eines vorgesehenen Tests mit denen typischer klinischer Symptome zu vergleichen. So zeigt in Tabelle 13 beim Lactasemangel das Symptom Diarrhoe nach Lactosegabe eine höhere diagnostische Empfindlichkeit als der übliche Belastungstest (14).

Mitunter stehen für die gleiche Kenngröße mehrere analytische Methoden zur Verfügung. In solchen Fällen vermögen die diagnostischen Kriterien die Auswahl zu erleichtern. Als Beispiel werden in Tabelle 14 verschiedene Methoden zur Phäochromocytom-Diagnostik angeführt (7).

Tabelle 13. Diagnostische Empfindlichkeit und Spezifität; klinisches Symptom verglichen mit Laboratoriumstest

Beispiel: Lactase-Mangel
Daten nach NEWCOMER et al (1975)

	Diagn. Empfindlichkeit	Diagn. Spezifität
Diarrhoe nach Lactose-Gabe	1.00	0.88
Blutglucose nach Lactosebelastung	0.76	0.96

Tabelle 14. Diagnostische Empfindlichkeit und Spezifität, Auswahl einer Methode

Beispiel: Phäochromocytomdiagnostik
Daten nach GITLOW et al (1970)

Kenngröße	Methode	Diagn. Empf.	Diagn. Spezif.
VMA	Farbtest (Photom.)	0.967	0.991
	Elektrophorese/Chrom.(Qual.)	1.00	0.76
	Zweidimens. Papierchrom.	0.964	1.00
Katecholamine	Chromatographie	1.00	0.98

Der Einfluß der analytischen Zuverlässigkeit einer Methode auf
die diagnostischen Eigenschaften wird häufig unterschätzt. Auch
der Klinische Chemiker fragt sich oft, ob eine weitere Verbesserung einer analytischen Methode, die meist mit einer Zunahme
des Aufwandes verbunden ist, ärztlich sinnvoll und gerechtfertigt ist. Die Untersuchung der Abhängigkeit etwa des Predictive
Value von der Methoden-Präzision für die Anwendung einer Untersuchung bei einer bestimmten ärztlichen Fragestellung kann hier
als Entscheidungshilfe herangezogen werden. Ein Beispiel ist in
Abbildung 3 dargestellt.

Von großer praktischer Bedeutung wird in Zukunft die Anpassung
des Entscheidungskriteriums für die Beurteilung eines quantitativen Tests an die gegebene ärztliche Fragestellung sein. Je
nachdem ob ein Test als Suchtest in einer Population mit niedriger Krankheitsprävalenz oder zur Bestätigung einer Vermutungsdiagnose eingesetzt wird, kann eine unterschiedliche Lage des
Entscheidungskriteriums sinnvoll sein. Das derzeit übliche Verfahren, die Grenzen des 95%-Referenzbereiches als Entscheidungs-
kriterium zu verwenden, ist zu schematisch und liefert nicht
immer optimale Ergebnisse. In Abbildung 4 ist der Einfluß der
Prävalenz auf die optimale Lage des Entscheidungskriteriums dargestellt. Es gibt verschiedene Wege, die optimale Lage des Entscheidungskriteriums zu berechnen. Häufig verwendet wird die sogenannte Receiver Operating Characteristic Curve (ROC-Kurve),
deren Benutzung in Abbildung 5 beschrieben wird. Dieses Verfahren erlaubt auch, die verschiedenen Entscheidungen mit Gewich-
tungen (etwa aufgrund von Kosten-Nutzen-Überlegungen) zu versehen und dadurch falsch positive oder falsch negative Entscheidungen stärker zurückzudrängen.

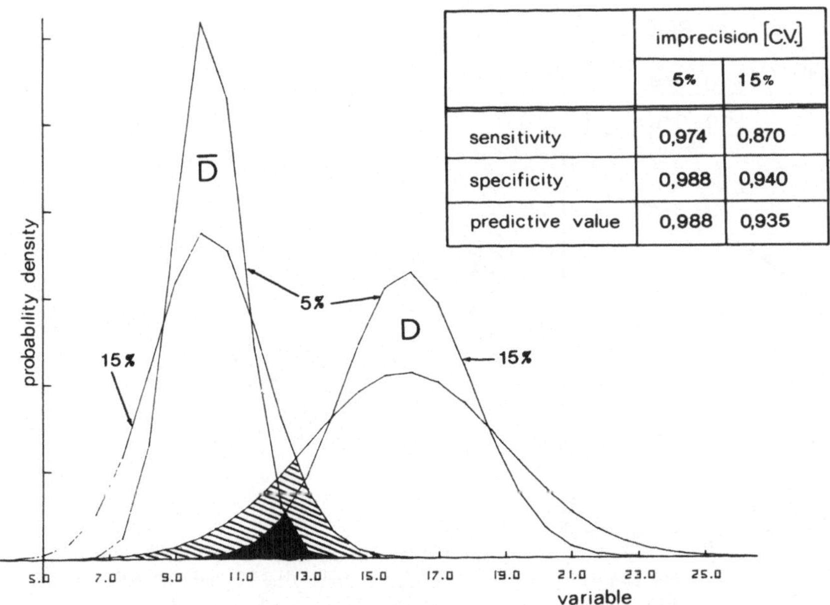

	imprecision [C.V.]	
	5%	15%
sensitivity	0,974	0,870
specificity	0,988	0,940
predictive value	0,988	0,935

Abb. 3. Einfluß der Methodenpräzision auf die diagnostische Relevanz eines
Tests (aus (3))

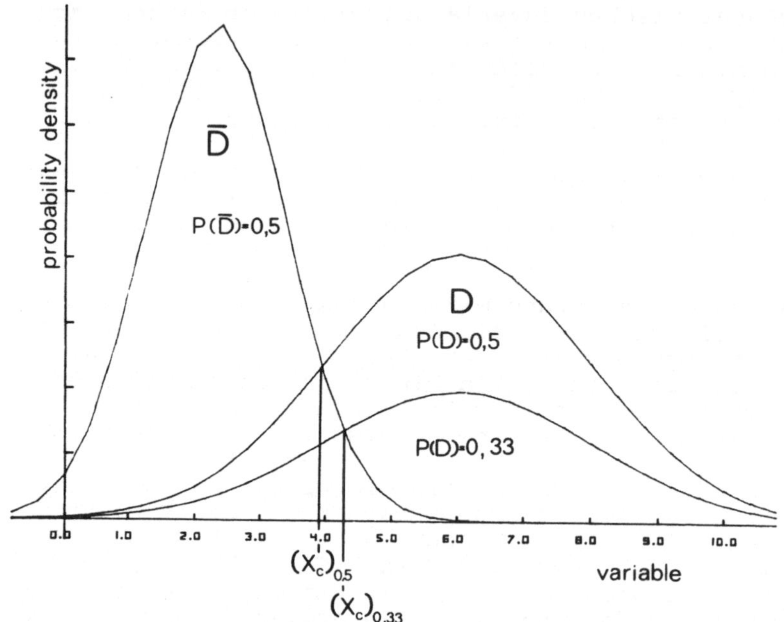

Abb. 4. Einfluß der Prävalenz auf die optimale Lage des Entscheidungskriteriums bei der Transversalbeurteilung (aus (3))

Minimizing of errors

$$P(\text{Error}) = \{P(\bar{D}) \cdot P(T|\bar{D}) + P(D) \cdot P(\bar{T}|D)\} \longrightarrow \min$$

Optimal operating point on ROC curve

$$\text{slope} = \frac{P(\bar{D})}{P(D)} : \frac{U_{\bar{T}\bar{D}} - U_{T\bar{D}}}{U_{TD} - U_{\bar{T}D}}$$

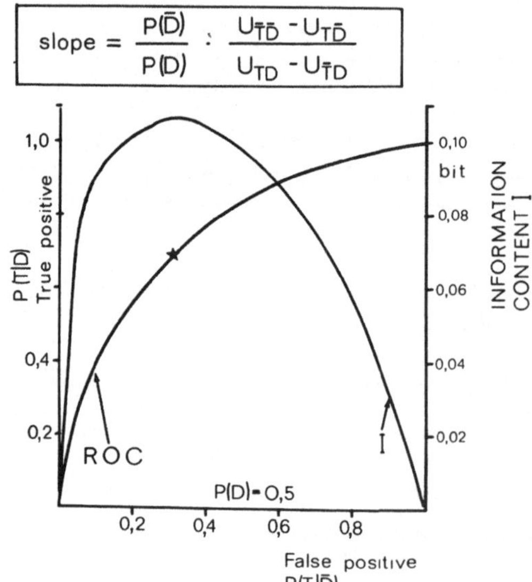

Abb. 5. Testoptimierung der Receiver Operating Characteristic (ROC) Kurve (aus (3))

Ausblick

Wir sind ausgegangen von der heute dringlicher als früher gestellten Frage nach der Validität klinisch-chemischer Befunde. Ich habe versucht, Ihnen ein Konzept zu entwickeln, das Bausteine einer allgemeinen Theorie klinisch-chemischer Tests enthält. Meine Ausführungen haben zugleich deutlich gemacht, daß vieles noch unfertig ist und weiterentwickelt werden muß. Besonders wichtig ist die Sammlung von experimentellen Daten, um das theoretische Gerüst auszufüllen. Ich hoffe aber auch deutlich gemacht zu haben, daß auf dem eingeschlagenen Wege Auswahl, Optimierung, Anwendung und Wertung klinisch-chemischer Untersuchungen objektivierbar werden.

Richard KOCH, einer der großen Theoretiker der Medizin, hat im Bezug auf die ärztliche Diagnose gesagt (12), daß bei einem Gebäude "in dem aus Bruchstücken Zusammenhänge erschlossen werden müssen", "die Sicherheit, Wahrscheinlichkeit, Möglichkeit jeder einzelnen Angabe von größter Wichtigkeit" ist. Die Klinische Chemie hat in den vergangenen Jahren der analytischen Zuverlässigkeit der verwendeten Methoden große Aufmerksamkeit geschenkt. Es ist an der Zeit, Sicherheit, Wahrscheinlichkeit und Möglichkeit in einem umfassenderen Sinne zu sehen.

Literatur

1. BOCK HE, EGGSTEIN M, KNODEL W (1969) Effektivität von Filteruntersuchungen. Öffentl Gesundheitswesen 31:203
2. BÜTTNER J (1977) Die Beurteilung des diagnostischen Wertes klinisch-chemischer Untersuchungen. J Clin Chem Clin Biochem 15:1
3. BÜTTNER H (1978) Optimization of laboratory testing. In: Logic and Economics of Clinical Laboratory Use. BENSON ES, RUBIN M (Eds). Elsevier, New York Oxford 91
4. BÜTTNER H (in preparation) Use of information theory in test evaluation. J Clin Chem Clin Biochem
5. GALEN RS (1978) Selection of appropriate laboratory tests. In: Clinician and chemist. The relationship of the laboratory to the physician. Proceedings of the first AO BECKMAN conference in clinical chemistry. YOUNG DS, NIPPER H, UDDING D, HICKS J, KING JS (Eds). Washington, Amer Assoc Clin Chem 69
6. GALEN RS, GAMBINO SR (1975) Beyond normality: The predictive value and efficiency of medical diagnoses. J Wiley a Sons, New York London Sydney Toronto
7. GITLOW SE, MENDLOWITZ M, BERTAIN L (1970) The biochemical techniques for detecting and establishing the presence of a pheochromocytoma. Amer J Cardiol 26:270
8. GREEGOR DH (1969) Detection of silent colon cancer in routine examination. Cancer 19:330
9. HARM K, REHPENNING W, DOMESLE A, VOIGT KD (1979) J Clin Chem Clin Biochem 17:517

10. KELLER H, GESSNER U (1978) Die Bedeutung von Wahrscheinlich-
    keit und Information für Indikation und Interpretation kli-
    nisch-chemischer Daten. Krankenhausarzt 51:801
11. Klinische Chemie. Eine Dokumentation (1979) Hrsg: Deutsche
    Gesellschaft für Klinische Chemie, Köln 26
12. KOCH R (1920) Die ärztliche Diagnose. 2. Aufl: Bergmann,
    Wiesbaden 104
13. McCARTNEY WH, HOFFER PB (1974) The value of carcinoembryonic
    antigen (CEA) as an adjunct to the radiological colon exam-
    ination in the diagnosis of malignancy. Radiology 110:325
14. NEWCOMER AD, McGILL DB, THOMAS PJ, HOFFMANN AF (1975) Pro-
    spective comparison of indirect methods for detecting lactase
    deficiency. New Engl J Med 293:1232
15. RANG M (1972) The ulysses syndrom. Cand Med Assoc J 106:122
16. WEINSTEIN MC, FINEBERG HV (1978) Cost-effectiveness analysis
    for medical practices: appropriate laboratory utilization.
    In: Logic and Economics of Clinical Laboratory Use. BENSON ES,
    RUBIN M (Eds). Elsevier, New York Oxford 3
17. WERNER M (1977) Ein dreischichtiges Modell zur Bewertung der
    Wirksamkeit von Analysen und Befunden. Med Welt 28:1254

Diskussion

RÓKA:
Herr BÜTTNER, vielen Dank für diese sehr klare Darstellung eines
Gebietes mit dem sich, meiner Meinung nach, die Klinische Chemie
wie auch die Klinik in der Zukunft intensiver beschäftigen muß.

TRAUTSCHOLD:
Durch die Einführung eines Entscheidungskriteriums bei der Beurteilung eines quantitativen Ergebnisses haben Sie letztlich ein
quantitatives Ergebnis zu einem qualitativen gemacht.

Ist das nicht ein Verlust an Information, den wir hier inkauf
nehmen müssen? Denn Sie haben ja ein quantitatives Ergebnis und
ich könnte mir vorstellen, daß der Kliniker auch aus der Höhe
oder aus dem Grad der Abweichung von der Norm, zusätzliche Aussagen, nicht nur über Krankheitsqualität, sondern eben auch
Krankheitsquantität machen will. Gibt es Möglichkeiten, außer
dieser einfachen Ja/Nein-Antwort noch zusätzliche Informationen
mit einzubeziehen, und damit auch die Wahrscheinlichkeit zu erhöhen?

BÜTTNER:
Das ist ein absolut berechtigter Einwand. Ich sehe das vorgetragene Konzept nur als einen ersten Schritt auf dem Wege, die
quantitativen Tests miteinzubeziehen. Der Verlust an Information,
der durch die vereinfachte Betrachtung entsteht, ist nicht gerechtfertigt. Wir müssen Mittel und Wege suchen, die vorhandene
Information besser zu nutzen. Ich selber habe kürzlich gezeigt
(Kleinkonferenz "Efficacy of Tests", Salzburg 1979), daß man
durch Anwendung der Informationstheorie weiterkommt. Herr VOIGT
hat sich mit dem Problem ebenfalls beschäftigt und die Anwendung
multivariater statistischer Methoden vorgeschlagen.

Nur sind diese Wege wegen ihrer Unanschaulichkeit zur ersten
Einführung des Konzeptes nicht geeignet. Deshalb habe ich mich
hier auf den einfachen Fall des Entscheidungskriteriums beschränkt.

TRAUTSCHOLD:
Im Zusammenhang mit der Kostenexplosion wird immer wieder diskutiert, ob man in der Diagnostik ein Raster- oder Siebverfahren
vorschaltet, um gezielter in einem bestimmten Bereich in die
Tiefe zu gehen. Glauben Sie, daß das Konzept noch zutrifft, wenn
Sie jetzt durch ein solches Siebvorlegen oder Rastervorschalten
die Krankheits-Prävalenz in der untersuchten Personengruppe erhöhen und damit letztlich auch die Wertigkeit einer speziellen
Diagnostik erhöhen, auch unter dem Kostengesichtspunkt?

BÜTTNER:
Wenn Sie mit einem vorgeschalteten Test Personen aus einem größeren Kollektiv aussortieren und bei diesen Personen dann einen anderen diagnostischen Test ausführen, können Sie durchaus die nunmehr höhere Krankheitsprävalenz in dem ausgewählten Kollektiv zu Grunde legen. Aber auch hier erhalten Sie die volle Information unter Umständen nur bei multivariater Auswertung. Ein schwieriges Problem, das noch experimenteller Abklärung bedarf, ist die Wiederholung des *gleichen* Tests bei der ausgewählten Personengruppe.

GROSS:
Einige kurze Bemerkungen, die wahrscheinlich keinen Widerspruch bedeuten. Bei Ihrer Bezugnahme auf das BAYES'sche Theorem habe ich ein kleines bißchen den Hinweis darauf vermißt, daß damit eine ganz subjektive Erwartung ausgesprochen wird. Denn Sie wissen, daß das BAYES'sche Theorem aus a priori- und aus a posteriori-Informationen besteht, und BAYES selbst stand vor der schwierigen Frage, wie er die a priori-Informationen einbringen sollte. Er hat es eigentlich gelöst durch das sogenannte Symmetrie-Postulat, indem er von vornherein die symmetrische Verteilung unterstellt hat. Das trifft in der Klinik aber in den allermeisten Fällen nicht zu, so daß also diese wichtige Voraussetzung für die Anwendung von BAYES-Verfahren schon fehlt. Die andere Möglichkeit ist die, daß man Erhebungen für das Einzugsgebiet anstellt. Und hier sehe ich die große Gefahr, daß wir Erwartungswerte bekommen, die für bestimmte Krankenhäuser, für bestimmte Populationen usw. zutreffen, aber nicht für *meine* Population, für *mein* Krankenhaus, für *mein* Einzugsgebiet. Ein Kardiologe z.B. würde eine völlig andere a priori-Erwartung haben, als beispielsweise ein Nephrologe, weil er nur Schwerpunkte hat in diesem Bereich. Und die Gefahr liegt darin, daß wir subjektive Kriterien, daß wir a priori-Kriterien zugrunde legen und sie scheinbar objektiv machen, obwohl sie eigentlich ganz subjektiv sind. Ich glaube, daß Sie mir da zustimmen.

BÜTTNER:
Ich bin sehr dankbar, daß Sie diesen Punkt anschneiden. In der Statistik wird die Anwendung der BAYES-Statistik seit Jahren hart diskutiert. Bei vielen Statistikern sind die von BAYES gemachten Voraussetzungen umstritten. Ich meine aber, daß wir in dem gedanklichem Prozess der zur ärztlichen Diagnose und zu ärztlichen Handlungen führt, in gleicher Weise eine Mischung von subjektiven und objektiven Wahrscheinlichkeiten haben. Das BAYES-Modell ist wohl von der mathematischen Formulierung her anfechtbar, aber möglicherweise doch relativ ähnlich dem tatsächlichen ärztlichen Erkenntnisprozeß.

GROSS:
Dasselbe gilt auch für die Voraussetzungen bezüglich der GAUSS-Verteilung, die keineswegs immer gegeben sind.

BÜTTNER:
Ich sehe das auch so, und stimme Ihrer grundsätzlichen Kritik voll zu.

GROSS:
Noch eine ganz kurze Bemerkung über die Minimierung der Über-
schneidungsbereiche zweier Populationen. Ihr Vorschlag, das Entscheidungskriterium in den Schnittpunkt beider Kurven zu legen,
ist völlig richtig, setzt aber voraus, daß beide Kollektive die
gleiche Größe haben. Wenn die Kollektive verschieden groß sind,
verschieben sich auch die Schnittpunkte.

BÜTTNER:
Genau das ist in Abbildung 4 dargestellt.

GIBITZ:
Sie haben neben der diagnostischen Empfindlichkeit und der diagnostischen Spezifität einmal auch die "Diagnostische Effizienz"
erwähnt. Ist dieser Begriff mit dem Predictive Value identisch
oder ist das eine unabhängige zusätzliche Größe?

BÜTTNER:
Die Diagnostische Effizienz ist einfach der Prozentsatz der richtigen Entscheidungen, d.h. die Summe der richtig positiven und
richtig negativen Entscheidungen. So hat beispielsweise ein Test,
dessen Diagnostische Empfindlichkeit 95% und dessen Diagnostische
Spezifität 80% beträgt, eine Diagnostische Effizienz von 175%.

Frau SCHMIDT:
Zur Frage der Lactoseintoleranz, des Lactase-Mangels: Ich halte
das nicht für ein gutes Beispiel. Im Grunde genommen führt ja
das Symptom Diarrhoe bei Milch überhaupt dazu, daß das Kind oder
irgendein Patient untersucht wird. Es handelt sich doch darum,
durch die Lactose-Belastung zu prüfen, ob tatsächlich eine verminderte Lactase-Aktivität zugrunde liegt, bei der dieses Symptom zu 100% vorhanden ist.

BÜTTNER:
Ich stimme Ihnen zu: das Beispiel ist vielleicht nicht ganz
glücklich gewählt; die Autoren der Originalarbeit (NEWCOMER (14))
finden aber nur in 76% der Fälle mit einem nachgewiesenen Lactase-Mangel pathologische Blutglucosewerte bei Belastung, während die Diarrhoe in 100% dieser Fälle eintrat.

GIBITZ:
In der Vierfeldertafel haben wir auf der einen Seite ein Symptom
bzw. einen klinisch-chemischen Befund, auf der anderen Seite
eine Diagnose. Kann der klinisch-chemische Befund zur Stellung
der Diagnose herangezogen werden, an der er gemessen werden soll?
Sollte es nicht so sein, daß dieser Parameter in die Diagnose,
an der wir die Effizienz unseres Tests messen, nicht eingehen
sollte? Nur dann sind wir unabhängig von diesem Befund, von diesem Symptom. Sicherlich ist das schwierig, weil ja häufig gerade
die interessanten Parameter sehr wesentlich zur Diagnosestellung
beitragen.

BÜTTNER:
Das ist eine ganz fundamentale Frage. Zunächst einmal: In der
Vierfeldertafel muß nicht eine Diagnose stehen. Es ist besser,
ganz allgemein von "klinischer Fragestellung" zu sprechen. Man

vermeidet so Schwierigkeiten mit der Definition des Krankheits-
begriffes. Wir bewegen uns hier weitgehend im Bereich der von
Herrn HARTMANN erwähnten Konjekturen.

Wichtig ist nun, daß die zu unterscheidenden Kollektive durch
Außenkriterien eindeutig bestimmt werden. Der zu prüfende Test
kann natürlich nicht gleichzeitig als Außenkriterium dienen, geeignet wären etwa pathologisch-anatomische Kriterien, diese sind
aber durchaus nicht immer verfügbar.

DEUS:
Sie haben in Ihrer grundsätzlichen Darstellung, wenn ich das
richtig verstanden habe, Bewertungskriterien für klinisch-chemische Tests angegeben, die unabhängig sind von dem Wert der Tests
für die klinische Fragestellung. So hat z.B. das Ergebnis einer
Glucosebestimmung bei der Fragestellung "liegt ein Diabetes mellitus vor?" eine ganz andere Wertigkeit für den behandelnden
Arzt als das Ergebnis einer Eisenbestimmung bei der Verlaufskontrolle einer Hepatitis. Ich würde mich dafür interessieren, ob
es Ansätze gibt, diese Wichtung der einzelnen Ergebnisse, die
klinische Wertigkeit, mit einzubeziehen.

BÜTTNER:
Grundsätzlich sollten diese Gesichtspunkte mit einbezogen sein,
da ich die Ergebnisse eines Tests auf eine klinische Fragestellung oder anders gesagt auf eine Hypothese beziehe, deren richtige Annahme oder Ablehnung beurteilt wird.

DEUS:
Das Ergebnis hängt aber z.B. von dem Wissen des einzelnen Arztes
ab, von seinem Temperament, seiner Risikofreudigkeit.

BÜTTNER:
Das ist schon richtig, aber ich meine, daß man doch in gewissem
Sinne normieren muß, ich wüßte sonst nicht, wie man das Problem
anpacken sollte.

KELLER:
Meine Bemerkung meint ungefähr das gleiche, was Herr GIBITZ und
Herr DEUS angesprochen haben: Es ist eben nicht so, daß Test
gleich Test ist. Die Verbindung zwischen klinisch-chemischem Befund und Diagnose kann sehr locker sein, aber auch sehr eng sein.
Extrem locker etwa bei einer Harnstofferhöhung, andererseits be-
weist eine Faktor VIII-Verminderung eine Hämophilie.

BÜTTNER:
Ich stimme Ihnen zu, nur läuft das wiederum darauf hinaus, für
welche Fragestellung Sie den Test heranziehen. Hier liegt der
Unterschied. Wenn Sie einen Test anwenden, von dem Sie wissen,
daß er ein pathognomonisches Symptom für eine bestimmte Erkrankung liefert, dann ist die Fragestellung meist die Bestätigung
einer Vermutungsdiagnose, etwa im Falle des Faktor VIII-Mangels.
Die Harnstoffbestimmung hingegen wird mit der Fragestellung ausgeführt, ob eine Einschränkung der Nierenfunktion vorliegt. Also
nicht zur Bestätigung einer Diagnose. Meines Erachtens kann man
jeden Test, wenn man das Ergebnis auf die Fragestellung bezieht,
in einem solchen Entscheidungsschema behandeln.

FRITSCH:
Ich sehe noch eine Schwierigkeit, und zwar bei Erkrankungen,
deren Diagnose primär klinisch definiert ist, wo man erst später
spezifische Testverfahren entwickelt hat. Ich denke z.B. an den
Lupus erythematodes, wo wir erst in neuerer Zeit den Anti-DNA-
Antikörpertest zur Verfügung haben. Der Kliniker wird vom positiven Befund dieses Tests sehr stark beeinflußt in seiner Diagnose, damit ergibt sich dann die Frage, inwieweit andere klinische, weniger harte Daten noch relevant sind.

BÜTTNER:
Hier spiegelt sich einfach die Entwicklung der Medizin wider.
Das klassische Schema sah vor, daß Laboruntersuchungen an pathologisch-anatomischen Diagnosen geprüft bzw. bestätigt wurden. In
bestimmten Teilbereichen hat dann später die histologische Untersuchung etwa von Biopsieproben eine ähnliche Funktion eingenom-
men. Ich habe den Eindruck, daß in der Hepatologie Enzymuntersu-
chungen die Stellung allmählich einnehmen, die früher die morpho-
logischen Untersuchungen gehabt haben.

SCHÖLMERICH:
Mich hat in dem Vortrag am meisten beeindruckt, daß man bei Normalpersonen mit größerer Zahl der Teste schließlich niemand mehr
als "normal" findet. Mit 24 Testen sind 29% noch normal, der
Rest ist pathologisch, was das auch immer sei. Wird damit das
Konzept illusorisch, für die Klinik prognostische Indices zu bekommen, die sich aus einem oder mehreren Tests zusammensetzen?

In einigen Bereichen gibt es derartige Indices, die man verwerten kann und die sich aus verschiedenen Größen zusammensetzen,
während es bei Normalen offenbar nicht funktioniert.

BÜTTNER:
Das Problem falsch positiver Befunde bei Normalpersonen hat seine Ursache in der üblichen - und willkürlich festgelegten - Wahr-
scheinlichkeits-Definition der Normalwert- (oder Referenz-) Bereiche. Wir bezeichnen als "normal" alle jene Werte, die 95% der
Gesunden entsprechen. Daraus folgt die mit der Anzahl der Tests
zunehmende Anzahl der falsch positiven Befunde, oder - wie MURPHY
(The Logic of Medicine, Johns Hopkins University Press, Baltimore and London, 1976) formuliert hat - "A normal person is any-
one who has not been sufficiently investigated". Um diese Schwierigkeiten zu umgehen und möglicherweise zu klinisch brauchbaren
Kenngrößen oder Indices zu kommen, muß man die Befunde aus verschiedenen Tests mittels multivariater statistischer Methoden
zusammenfassen. Ansätze hierzu existieren bereits.

Frau SCHMIDT:
Bei der überwiegenden, der diagnostischen Anwendung klinisch-
chemischer Tests befinden wir uns noch in dem Stadium der Konjekturen, wenn wir irgendeinen Test machen. Dabei ist ein sogenann-
ter falsch positiver Befund - einen denkenden Arzt vorausgesetzt -
ja nichts anderes als eine Aufforderung an ihn, nun nachzudenken:
"Was könnte es denn noch sein?" Insofern bringt eine Erhöhung
der Spezifität sehr häufig durchaus einen Informationsverlust,
denn wir haben ja fünf, zehn diagnostische Möglichkeiten zur

Auswahl und scheiden eine nach der anderen aus. Aus den Berechnungen nach BAYES geht dies überhaupt nicht hervor.

BÜTTNER:
Wir müssen unterscheiden zwischen einem "falsch positiven Befund" und einem "klinisch unerwarteten Befund". Ein falsch positiver Befund entsteht, wenn ich einen bestimmten Test an einer klinisch genau definierten Personengruppe anwende, nämlich an Personen, die gesund sind. Bei der Messung der Relevanz eines Tests wurden derartige Personengruppen von mir zu Grunde gelegt. Ein klinisch unerwarteter Befund entsteht, wenn ich bei einem Patienten während des diagnostischen Prozesses ein Ergebnis erhalte, das meinen Konjekturen, meiner Vermutungsdiagnose nicht entspricht. Hier kommt es selbstverständlich darauf an, diesen Befund nicht einfach zu übergehen, sondern schrittweise weitere Informationen zu sammeln.

Um das Konzept der Testtheorie auf diesen Prozeß anzuwenden, müssen wir es einbauen in ein umfassenderes Konzept, für das in der Mathematik und Statistik die Methoden der Entscheidungstheorie bereitstehen. Hier gibt es durchaus Ansätze. Es hat nur die Zeit gefehlt, um auch dieses noch auszuführen. (Vergleiche dazu etwa: ES BENSON, M. RUBIN (Ed) Logic and Economics of Clinical Laboratory Use. Elsevier, New York 1978).

Frau SCHMIDT:
Woher nehmen Sie die Begründung dafür, daß diese Dinge auf den individuellen Patienten anwendbar sind?

BÜTTNER:
Die in der geschilderten Weise abgeleiteten Größen sind Wahrscheinlichkeiten und als solche durchaus auch auf den individuellen Patienten anzuwenden. Ein Predictive Value eines positiven Tests von z.B. O,7 besagt, daß ein positives Ergebnis eben dieses Tests bei einem individuellen Patienten mit einer Wahrscheinlichkeit von O,7 oder 70% auf das Vorliegen der gesuchten Erkrankung schließen läßt. Das Arbeiten mit oder das Denken in Wahrscheinlichkeiten ist vom Kliniker lange Zeit nicht akzeptiert worden, wenngleich doch ein Teil der klinischen Erfahrung eines Arztes - etwa Häufigkeiten von Symptomen - immer die Qualität von Wahrscheinlichkeiten gehabt hat. Bei der Annahme oder Verwerfung von Konjekturen im diagnostischen Prozeß fließen ganz selbstverständlich Wahrscheinlichkeitsüberlegungen ein. Eine diagnostische Entscheidung ist nur im Ausnahmefall "praktisch sicher", meist ist die Wahrscheinlichkeit einer richtigen Entscheidung deutlich geringer. In dieser Weise ist die Anwendung auf den individuellen Patienten zu verstehen.

RÓKA:
Vielleicht kann Herr WERNER uns dazu noch etwas sagen?

WERNER:
Heute morgen haben wir zwei Antwortversuche auf die Frage, wie man Validität messen kann, gesehen. Es ist schwierig, die beiden Antworten zu einer Einheit zu bringen. Einerseits haben wir die mathematischen Modelle, auf der anderen Seite steht der Kliniker

und fragt, wie man das auf den individuellen Fall anwendet. Auch
der Kliniker ist nicht ganz von Tadel frei, denn seine Denkmodelle sind sehr komplex. Ich habe die komplizierte Analyse von
Herrn HARTMANN auf der Tafel gesehen, für mich ist das ebenso
schwer in die Realität umzusetzen wie das mathematische Modell.

In der Diskussion haben sich sehr viele Fragen ergeben, die darauf hinweisen, daß das Modell, aufgrund dessen wir die Medizin
betrachten, eigentlich nicht klar logisch definiert ist, weil es
historisch gewachsen ist. Ich möchte ein anderes, ganz einfaches
Modell vorschlagen, das obschon es mit beiden Gesichtspunkten
kompatibel ist, doch sehr viel Widerspruch erregen wird:

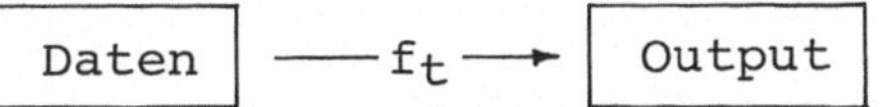

Auf der einen Seite haben wir Daten: anamnestische Daten, Labordaten, Röntgendaten, aber auch Handbücher, epidemiologische Informationen usw., alles meßbar, feststellbar. Durch ärztliche
Handlungen, durch eine Transferfunktion f_t, entstehen daraus:
Diagnose, Differentialdiagnose, Therapie, Fehler, Lehrmeinung,
doktrinäre Behauptungen, Erfahrungen. Dieser Output ist wieder
meßbar, und zwar immer nur statistisch. Es gibt keine Möglichkeit, hier etwas deterministisch zu erfassen. Mit diesem ganz
simplen Modell können wir jetzt Experimente machen, messen und
unsere Gedanken systematisch integrieren. Alle Meßmodelle, die
Herr BÜTTNER uns so klar und scharf vorgestellt hat, sind Versuche, hier etwas aufzugreifen. Die Wirksamkeit aller dieser
Methoden muß dann am klinischen Erfolg gemessen werden, denn das
ist das einzige, was die Kliniker letztlich benötigen.

ROBRA:
Ich möchte eingehen auf das Modell des Guajak-Tests, den Sie angesprochen hatten. Sie waren von einer bestimmten Empfindlichkeit und Spezifität ausgegangen, die offensichtlich in der Literatur angegeben sind. Jetzt wäre es natürlich interessant zu
wissen, wie diese Größen unter den Feldbedingungen der gesetzli-
chen Krankenversorgung aussehen. Das einzige, was wir da wirklich wissen oder annähernd wissen können, ist der Predictive
Value eines positiven Tests, da die Krankenversicherung nur Daten über die Bestätigung positiver Testergebnisse sammelt. Empfindlichkeit und Spezifität werden in der Krankenversicherung
überhaupt nicht zur Kenntnis genommen, weil das voraussetzen
würde, daß wenigstens an einer größeren Stichprobe auch Testne-
gative systematisch und vollständig durchuntersucht werden könnten. Näherungsweise könnte man das Problem vielleicht dadurch
angehen, daß man im Laufe der Zeit Daten sammelt, wie dieser
Test bei Wiederholung ausfällt. Vielleicht bekommen wir so An-
haltspunkte über Empfindlichkeit und Spezifität unter der Annahme, daß die Krankheit stationär bleibt. Eine andere Möglichkeit
wäre, Daten aus der Krankheitsfrüherkennung irgendwann einmal
in ein Register zusammenzubringen, so daß wir auf diese Weise
Information erhalten über negative Testausfälle. Auf keinen Fall
aber kann man die Empfindlichkeit und Spezifität, die man bei
irgendwelchen klinischen Versuchen an Klinik-Probanden gefunden
hat, einfach übertragen auf die Feldbedingungen der Krankheitsfrüherkennung, denn dort gehen sehr viele andere Faktoren und
Fehlermöglichkeiten ein.

BÜTTNER:
Die von mir zitierten Daten stammen aus einer Studie an ambulanten Patienten (DH GREEGOR, Cancer, 19:330 (1969)), in welcher die Versuchsbedingungen (Einhaltung der Diät, drei Parallelproben usw.) genau überwacht wurden. Interessant ist in diesem Zusammenhang eine epidemiologische Arbeit, die auf diesen Daten beruht und eine Kosten-Nutzen-Analyse unter dem herausfordernden Titel "What do we gain from the sixth stool guaiac?" (NEUHAUSER D, LEWICKI AM. New England. J Med 293:226 (1976)). Sie haben völlig recht mit Ihrem Hinweis, daß die Testdaten unter den praktischen Bedingungen der Präventivmedizin überprüft werden müssen.

KELLER:
Betreffend die Anwendung des Konzepts auf Mehrfach-Analysen hat die Hamburger Arbeitsgruppe von Herrn VOIGT mit Recht darauf hingewiesen, daß dieses ja nur dann gültig wäre, wenn die Parameter unabhängig sind. Das sind sie aber natürlich nicht. Das Natrium hängt z.B. eng mit dem Chlorid zusammen. Trotzdem, eines leuchtet mir nicht ein: Nehmen wir an, ich hätte einen 20-kanäligen Automaten und ich würde diese Werte nicht herausgeben, aber bei mir speichern, und zur Beschreibung des Patienten immer wieder weiterverwerten. Wäre das nicht ein Gewinn im Vergleich zu dem üblichen Vorgehen, bei dem man es dem Zufall überläßt, ob ein guter oder weniger guter Arzt irgendeine Kombination von Tests anfordert?

BÜTTNER:
Ich hatte bereits kurz angedeutet, daß die Arbeitsgruppe von Herrn VOIGT experimentelle Daten zum Problem der falsch-positiven Befunde bei der Mehrfachanalyse beigebracht hat (J Clin Chem Clin Biochem 17:517 (1979)). Die Ergebnisse zeigen, was zu vermuten war: wegen der gegenseitigen Abhängigkeit sind die Erwartungswerte für falsch positive Befunde bei Gesunden etwas geringer, aber nur für die ersten Parameter. Für die 8., 9., 10. usw. Parameter ist die Rate pathologischer Ergebnisse größer als erwartet, ein Befund, der noch genauer untersucht werden muß.

Zu Ihrer Frage: Das Problem der falsch positiven Befunde tritt immer dann auf, wenn ärztliche Handlungen beeinflußt werden. Dabei ist es gleich, ob diese vom behandelnden Arzt oder vom Labor ausgelöst werden. Das Problem läßt sich lösen durch multivariate statistische Behandlung der Daten. Dabei könnte man natürlich so vorgehen, daß das Labor die Auswertung vornimmt und dann weitere Schritte veranlaßt.

GROSS:
Sie haben von Kosten-Nutzen-Analyse gesprochen. Wir sollten vielleicht doch etwas schärfer definieren, was wir unter Kosten-Nutzen-Analyse verstehen. In Amerika geht in den Begriff der Kosten alles ein, einschließlich der Kosten durch den Todesfall des Probanden beispielsweise; während hier häufig lediglich die finanzielle Komponente gemeint ist.

BÜTTNER:
Ich benutze den Begriff "Kosten" in dem allgemeineren, in den
USA üblichen Sinne. In meinem Referat habe ich direkte und indirekte Kosten unterschieden. In der Entscheidungstheorie ist
es üblich, ganz neutral von "Utilities" zu sprechen, wobei diese
positiv oder negativ sein können. Das ist vernünftig, man kann
dann nämlich sowohl Nutzen als auch Kosten in der gleichen Maß-
einheit ausdrücken.

SCHÖLMERICH:
Noch eine Bemerkung zur Kosten-Nutzen-Analyse: Die Frage ist,
ob sie wirklich in die medizinische Beurteilung gehört. Ich
meine eigentlich, man müßte eine dritte Beurteilungsebene, die
gesundheitsökologische Ebene haben, auf welcher die Kosten-Nut-
zen-Betrachtung erfolgen sollte.

HARTMANN:
Meine Bemerkung bezieht sich auf das Odysseus-Syndrom. Wahrscheinlich ist ja gemeint "Odyssee-Syndrom", denn es geht wohl
weniger um die schillernde Persönlichkeit des Odysseus als um
seine Reise. Diese Reise ist aus zwei Gründen so lang geworden.
Erstens, weil Homer, oder die Berufsgruppen, für die er steht,
ein Interesse daran hatte, daß das Epos lang wurde, denn es
gab - in welcher Form auch immer - ein Zeilenhonorar in der An-
tike. Der zweite Grund ist, daß Odysseus an einigen Stellen so
gerne verweilt hat. Bei der Calypso, bei Circe und bei den Phä-
aken. Die Frage in unserem Zusammenhang ist nur, wer verweilt
denn so gerne bei pathologischen Laborwerten? Der Klinische
Chemiker natürlich, der ist in seine Werte verliebt; der Arzt,
wenn er sie gebrauchen kann, auch. Aber einen haben wir vergessen bisher, daß ist nämlich der Patient. Nach meiner Erfahrung
sind die Patienten diejenigen, die am längsten und am liebsten,
wie Odysseus bei der Circe, bei ihren Werten, Cholesterin, Harnsäure, usw., verweilen. In diesem Zusammenhang stellt sich die
Frage, wieweit informieren wir den Patienten überhaupt über
Werte, ohne den Zusammenhang erkennen zu lassen, und wer informiert in welchen Zusammenhang? Das ist noch eine Ebene, die ich
in meinem Referat nicht erwähnt habe, die ärztliche Hingabe,
die mir sehr wichtig erscheint, weil häufig Laborwerte vom Laboratorium direkt an Patienten, also nicht über den Arzt, an den
Patienten geliefert werden.

BÜTTNER:
Den Begriff des Odysseus-Syndroms hat RANG (Canad Med Assoc J
106:122 (1972)) für jenen Patienten geprägt, der wegen eines
falschen Befundes oder einer falschen Diagnose eine "Odyssee",
eine Irrfahrt von Arzt zu Arzt, von Therapieversuch zu Therapieversuch erleidet. BOCK und EGGSTEIN sprechen in diesem Zusammenhang von "Befundkranken" (Öffentl Gesundheitswesen 31:203 (1969)).

Ihre eigentliche Frage zielt auf die Interpretation und den Ein-
bau eines klinisch-chemischen Befundes in den klinischen Zusammenhang: wer soll das tun, wie soll es gemacht werden? Meines
Erachtens ist es ganz selbstverständlich, daß man allein aus
einem Laborbefund ohne die klinischen Informationen keine weit-
gehenden Schlüsse ziehen kann. Die Konsequenz wäre sonst, daß
der Patient mit klinisch-chemischen Befunden zu Ihnen käme, die
seine Beschwerden ersetzen.

Anwendung von Bewertungsverfahren

Moderator: W. Siegenthaler

Modell Leber-Erkrankungen

Klinische Chemie

W. G. Guder

Die Labordiagnostik von Lebererkrankungen ist durch die Entwicklung der Klinischen Enzymologie geprägt. Die Aussagen, welche aus klinisch-chemischen Befunden gewonnen werden, haben mit der Verbesserung und Standardisierung der Analytik und der Einführung der statistischen Qualitätskontrolle in der Hand des Erfahrenen einen Grad der Objektivität erreicht, der oft die Aussagen der leberhistologischen Befunde übertrifft. Die Grundlagen der Interpretation von Serumenzymmustern sind nach wie vor klinische Erfahrungen und pathobiochemische Grundkenntnisse. Diese Grundlagen wurden von den Eltern der Klinischen Chemie, der Biochemie und der Inneren Medizin, erarbeitet. Kann ihr nun volljähriges Kind, die Klinische Chemie, selbst zur Interpretation der Ergebnisse ihren Beitrag leisten? Sie kann es. Sie muß es, will sie sich als akademisch-wissenschaftliche Disziplin behaupten.

So hat die Standardisierung der Analytik zu einer höheren Zuverlässigkeit und Trennschärfe von Entscheidungskriterien geführt. Die Einbeziehung von Patientenvorbereitung, Probennahme, Transport und Probenaufbewahrung in die Standardisierungsbemühungen werden eine weitere Verbesserung der Aussagekraft bewirken. Will der Klinische Chemiker einen Beitrag zur Bewertung seiner Befunde leisten, so ist das nur durch ein optimales Verhältnis zur Klinik auf der einen Seite und durch Integration biochemischer Grundlagenforschung in die Klinische Chemie auf der anderen Seite möglich. Anhand von drei Beispielen, die aus unserem Arbeitsgebiet gewählt wurden, möchten wir zeigen, welche Rolle die Forschung bei der Validierung der Strategie der Enzymdiagnostik von Lebererkrankungen spielt.

<u>Ist die Bestimmung der Serum-Cholinesterase im Screening-Programm sinnvoll?</u>

Die Erstuntersuchung zum Ausschluß von Lebererkrankungen umfaßt nach den Empfehlungen von SCHMIDT (1) eine Transaminase, die γ-Glutamyltranspeptidase und die Cholinesterase. Während die ersten beiden Enzyme allgemein als Screening-Enzyme akzeptiert sind, bestehen nach wie vor Meinungsverschiedenheiten über die Wichtigkeit der Serum-Cholinesterase in der Leberdiagnostik. Wir haben daher anhand der Ergebnisse aus unserer Klinik untersucht, ob die Serum-Cholinesterase-Bestimmung als Screening geeignet ist, Lebercirrhosen mit geringer Symptomatik zu erkennen. Die Empfehlung wurde an die gesamte Klinik gegeben; nur etwa 5% der untersuchten Patienten kamen aus einer hepatologisch orientier-

Tabelle 1. Serum-Cholinesterase als Screening-Untersuchung
(nach (1))

n = 1212

	Normal	Vermindert	n	
Cirrhose bestätigt	3	22	25	Empfindlichkeit = 0,88
Cirrhose nicht bestätigt	1047	140	1187	Spezifität = 0,88
n	1050	162		

Voraussagewert ("Predictive Value") 0,997 0,13

ten Abteilung. Herr WILHELM JOOS hat sich in seiner Doktorarbeit
der Mühe unterzogen, etwa 1200 Krankengeschichten auszuwerten
(2). Dabei ergab sich (Tabelle 1), daß von 162 Seren mit verminderter Cholinesterase nur bei 22 Fällen eine Lebercirrhose histologisch und laparaskopisch bestätigt wurde. Unter den 1050 Patienten mit einer Cholinesteraseaktivität über 300 U/l waren nur
3 Patienten mit nachweisbarer Cirrhose. In Übereinstimmung mit
früheren Beobachtungen (1) ist demnach bei fast 90% der Cirrhosen eine verminderte Cholinesterase anzutreffen; ebenso schließt
eine normale Cholinesterase mit der gleich hohen Wahrscheinlichkeit eine Lebercirrhose aus. Wie Herr BÜTTNER jedoch in seinem
Referat bereits hervorhob, ist für eine Screening-Untersuchung
der Voraussagewert von größerer Bedeutung. Hier hat jedoch nur
der normale Wert eine Aussagekraft, während eine verminderte
Cholinesterase in nur 13% auf eine Lebercirrhose hindeutet. Als
Ursache der Verminderung wurden schwere Krankheitsbilder mit
kataboler Stoffwechsellage aller Art gefunden: Gastrointestinale
Erkrankungen, Leukämien, metastasierende Tumoren, postoperative
Zustände und schwere Infektionskrankheiten (2).

Mit der Aussage, daß nur der normale Wert von Bedeutung bei der
Screening-Untersuchung ist, könnte man sich zufriedengeben. Doch
erst die Auswertung der falsch negativen und falsch positiven
Ergebnisse führte zu einer Erweiterung unseres bisherigen Wissens. Unter den wenigen Patienten, welche trotz vorliegender
Lebercirrhose keine verminderte Cholinesterase aufwiesen, war
ein Fall mit erhöhter Enzymaktivität. Dieser hatte gleichzeitig
eine Hyperlipidämie vom Typ IV. Dies veranlaßte uns, 50 Patienten mit Hyperlipidämie vom gleichen Typ zu untersuchen, um eine
mögliche Beziehung zwischen der unerwartet hohen Cholinesterase
und diesem Begleitsymptom auszuschließen. Wie aus Abbildung 1
zu ersehen ist, lagen die Aktivitäten von Patienten mit Hyperlipidämie signifikant über denen von Normalpersonen. Auch eine
systematische Untersuchung aller Patienten mit erhöhter Serum-
Cholinesterase, die 4% aller Ergebnisse ausmachten, ergab einen
überdurchschnittlich hohen Anteil von Hyperlipidämie (58%), jedoch auch von Diabetes mellitus (45%). Oft waren beide Krankheiten gleichzeitig vorhanden. Eine Therapie der Hyperlipidämie und
des Diabetes führte regelmäßig zu einer Verminderung der Serum-

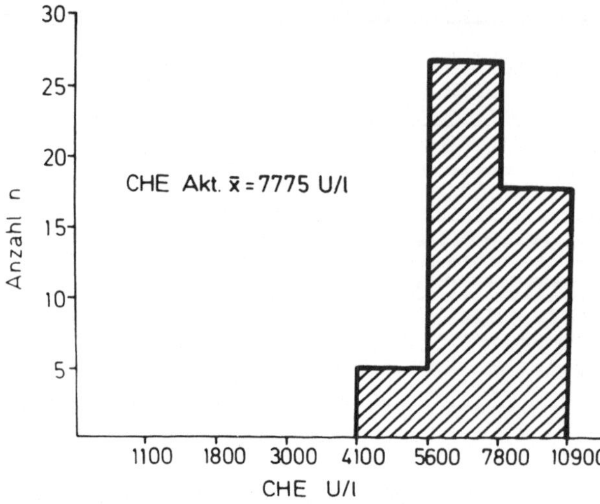

Abb. 1. Serum-Cholinesterase-Aktivitäten bei 50 Patienten mit Hyperlipoproteinämie Typ IV ohne Lebererkrankung

Cholinesterase in den Normalbereich (2). Die Interpretation von Serum-Cholinesterase zum Ausschluß einer Lebercirrhose scheint daher durch gleichzeitig vorhandene Hyperlipidämie und/oder Diabetes mellitus eingeschränkt. Die mögliche Bedeutung dieser Beobachtung für weitere pathobiochemische Untersuchungen über die Funktion der Serum-Cholinesterase möchte ich nur andeuten. Aus Beobachtungen an 3 Patienten mit diabetischem Koma konnte abgeleitet werden, daß Insulin selbst zu einer Verminderung der Serum-Cholinesterase führt. Die unter Insulintherapie beobachtete Abnahme innerhalb eines Tages steht im Widerspruch zur angenommenen Halbwertzeit der Cholinesterase von 7 Tagen (3).

Diagnostische Bedeutung der Heterogenität der Leberzellen

Im zweiten Beispiel möchte ich auf die Bedeutung von Serumenzymquotienten für die Differentialdiagnose von Lebererkrankungen eingehen. Diese wurden in den vergangenen 20 Jahren mit großem Erfolg angewandt, obwohl nur die relativ "weichen Daten" von Morphologie und klinischer Untersuchung als Kriterien für die Zuordnung zu bestimmten Krankheiten dienten. Eine Erklärung für die verschiedenen Enzymrelationen bei verschiedenen Krankheiten bot die unterschiedliche intracelluläre Lokalisation der Enzyme (4). Die GPT ist ausschließlich cytosolisch, die Glutamatdehydrogenase ausschließlich mitochondrial lokalisiert. Nach den bisherigen Vorstellungen erklärten sich die verschiedenen Enzymrelationen aus den verschiedenen Schweregraden der jeweiligen Erkrankung, welche den Mitochondrien der Zelle eine höhere Überlebensrate einräumten als den cytosolischen Enzymen. Schien dies bei verschiedenen Schweregraden der Hepatitis oder bei Vergiftungen zuzutreffen, so konnte es nicht ausreichen, die verschiedenen Enzymrelationen bei Cholestase, Metastasenleber und akuter Stauungsleber zu erklären. Als extremes Beispiel möge der Ver-

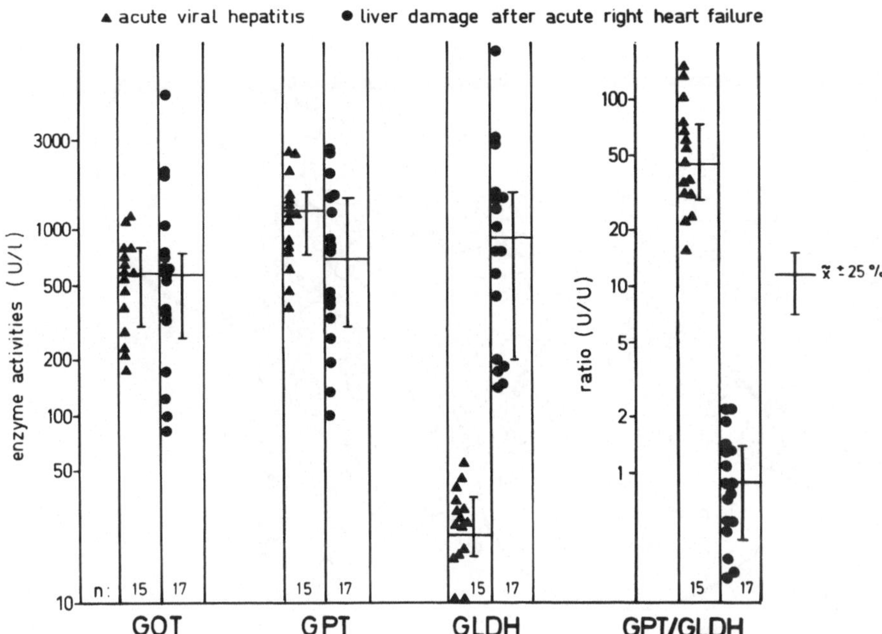

Abb. 2. Vergleich der Serum-Enzymaktivitäten bei Rechtsherzversagen mit akuter Stauungsleber und Virushepatitis. Nach (5)

gleich zwischen akuter Virushepatitis und Stauungsleber nach Lungenembolie dienen (Abb. 2). Bei gleich hohen Transaminasen unterschieden sich die Glutamatdehydrogenase-Aktivitäten um einen Faktor 20 und die Relation GPT/GLDH um den Faktor 40 (5).

In Zusammenarbeit mit UDO SCHMIDT konnten wir zeigen, daß dies zum Teil durch heterogene Verteilung der Glutamatdehydrogenase über das Leberläppchen bedingt ist (5). Untersucht man mit Hilfe der Mikrodissektion verschiedene Leberläppchen-Areale bei Patienten mit histologisch normaler Leber, so findet man in der perivenösen Zone 3 des RAPPOPORT'schen Läppchenmodells bis zu 3 x höhere Aktivitäten als im höchsten Meßwert der periportalen Zone 1. Ähnliche Untersuchungen wurden auch mit anderen Enzymen durchgeführt und führten zu der Vorstellung der Zonierung des Leberparenchyms (6). Abbildung 3 faßt die bisher erhobenen Befunde zusammen.

Demnach ist die periportale Zone mehr gluconeogenetisch (PEPCK), während die perivenösen Zellen höhere Aktivitäten der Glykolyseenzyme Pyruvatkinase und Glucokinase (6, 7) aufweisen. Diese Zonierung ist variabel und paßt sich den verschiedenen hormonellen Stimuli und physiologischen Bedürfnissen an. Von diagnostischer Bedeutung für die gegenwärtigen Betrachtungen scheint mir die zur Glutamatdehydrogenase inverse Verteilung der GPT, welche im periportalen Feld eine etwa 3 x höhere Aktivität aufweist als in perivenösen Zellen (8). Damit läßt sich ein Unterschied in der Enzymrelation von 6 ohne weiteres allein durch die verschiedene intrahepatische Lokalisation des Schadens erklären.

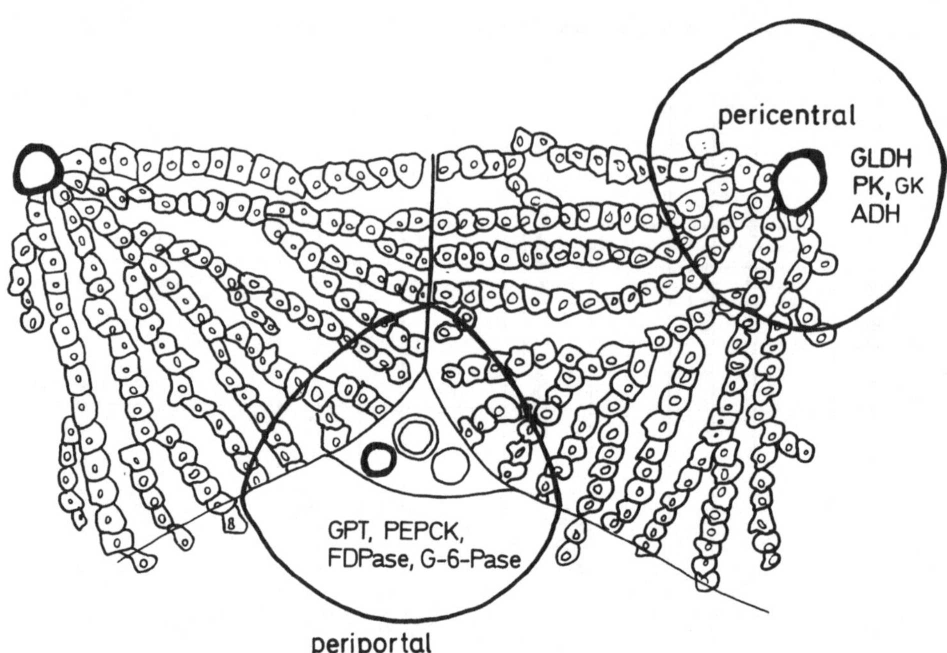

Abb. 3. Verteilung einiger Enzyme im Leberläppchen
Die eingezeichneten Enzyme sind in der entsprechenden Zone um einen Faktor
2-4 mal aktiver als in der anderen.
Abkürzungen: GLDH = Glutamat-Dehydrogenase, PK = Pyruvatkinase, ADH = Alkohol-
Dehydrogenase, GK = Glucokinase, GPT = Glutamat-Pyruvat-Transaminase, PEPCK
= Phosphoenolpyruvat-Carboxykinase, FDPase = Fructose-Diphosphatase, G-6-Pase
= Glucose-6-Phosphatase

Dieser Beitrag, der nur durch Zusammenarbeit mit morphologisch
orientierten Gruppen und Anwendung schwieriger Mikrotechniken
möglich war, möge belegen, daß die Klinische Chemie ohne die
Möglichkeit zur pathobiochemischen Grundlagenforschung kaum in
der Lage sein dürfte, die Ursachen von Veränderungen klinisch-
chemischer Parameter bei Erkrankungen aufzuklären.

Kann die Aussagekraft klinisch-chemischer Leberdiagnostik durch neue Enzymmessungen verbessert werden?

Das abschließende Beispiel kann dazu dienen, die Rolle der Klinischen Chemie bei der Prüfung neuer Parameter zu belegen. Durch
die Entwicklung von Mikrotechniken waren wir erstmals in der
Lage, die Phosphoenolpyruvat-Carboxykinase-Aktivität im Serum
von Patienten nachzuweisen. Sie beträgt normalerweise nur 1%
der Aktivität der Transaminasen. Da das Enzym nahezu ausschließlich aus der Leber ins Serum gelangt, schien es reizvoll, seine
Veränderungen bei verschiedenen Lebererkrankungen zu messen. Tatsächlich fanden wir weder bei Muskel-, Herz-, noch Nierenerkran-

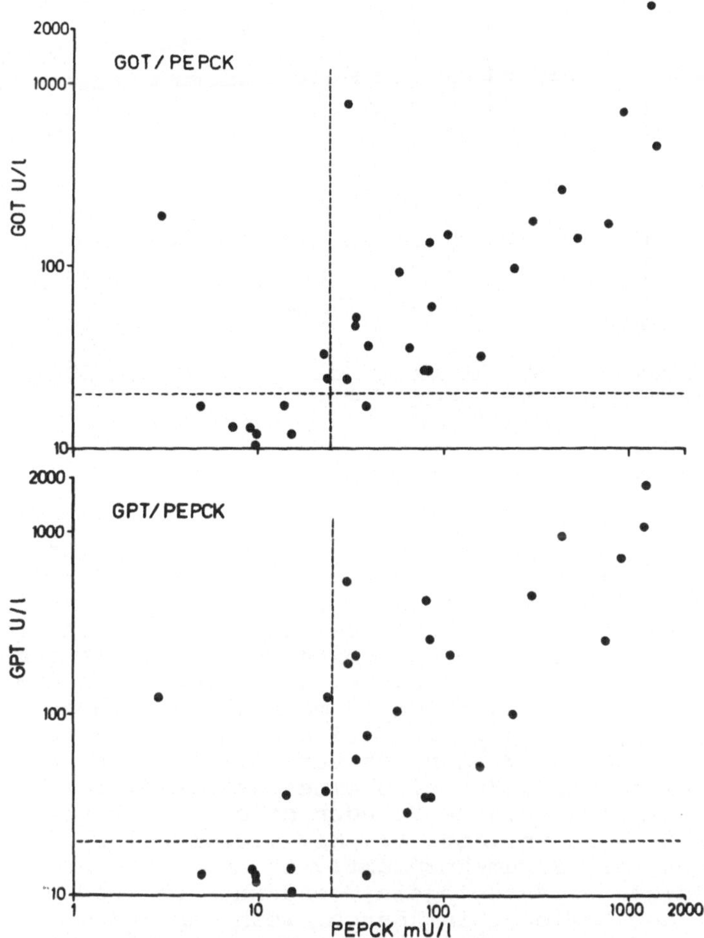

Abb. 4. Vergleich der Serum-PEPCK-Aktivitäten mit denen von GOT und GPT bei Patienten mit Lebererkrankungen
Die gestrichelten Linien geben die jeweiligen oberen Grenzen eines Normalkollektivs wieder

kungen Anstiege des Enzyms im Serum; bei Lebererkrankungen wurden jedoch bis 1000-fache Anstiege gemessen (Abb. 4). Ein Vergleich mit den Erhöhungen der Transaminasen zeigte bis auf wenige Ausnahmen eine gute Korrelation zur GOT, die ebenfalls wie die PEPCK beim Menschen biloculär lokalisiert ist, d.h. sich aus einem cytosolischen und einem mitochondrialen Isoenzym zusammensetzt. Die Korrelation zur GPT war nicht so deutlich (Abb. 4). Aus diesen Untersuchungen leiteten wir ab, daß trotz der höheren Leberspezifität keine zusätzlichen Aussagen aus der Bestimmung der PEPCK im Serum zu gewinnen sind. Doch ergab sich auch bei dieser Studie ein neuer Aspekt, der möglicherweise für die Enzymdiagnostik der Leber relevant ist.

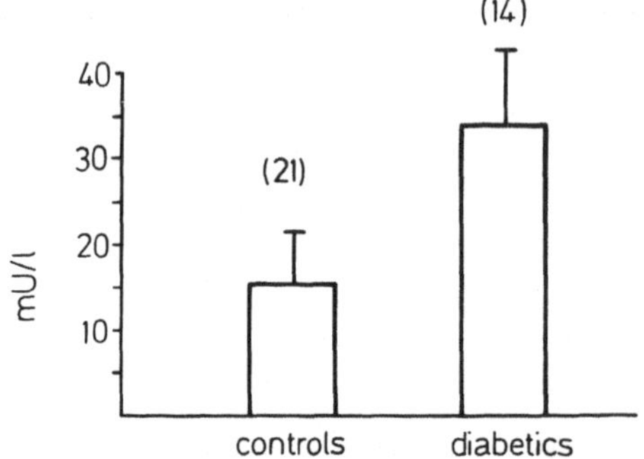

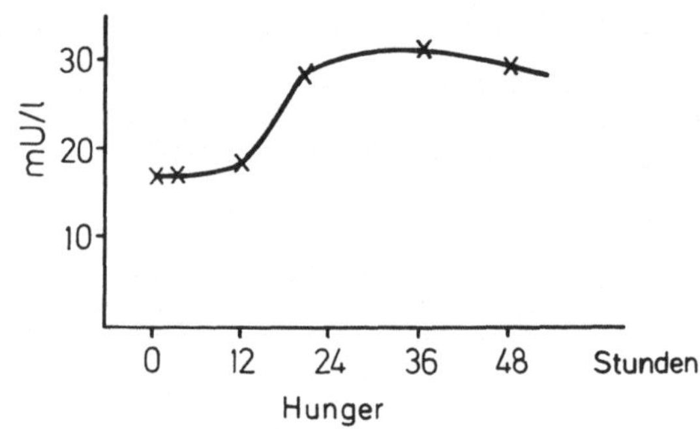

Abb. 5. Serum-PEPCK-Aktivitäten
bei Normalpersonen und insulinab-
hängigen Diabetikern
Links: Normalpersonen, Rechts:
Diabetiker, Mittelwerte + s.e.m.

Abb. 6. Serum-PEPCK-Aktivität während
48-stündigen Fastens
Mittelwerte von 3 gesunden Probanden

In der Arbeitsgruppe von PETTE war schon vor Jahren nachgewiesen
worden, daß einige auch diagnostisch wichtige Leberenzyme durch
Hormone induziert werden (9). Dies veranlaßte Herrn NOLTE, unsere Methode zur Messung der PEPCK bei Diabetikern anzuwenden,
bei denen bekanntlich die Gluconeogenese gesteigert ist. Wie aus
Abbildung 5 zu entnehmen ist, war die Aktivität im Serum von in-
sulinpflichtigen Diabetikern tatsächlich um mehr als das Doppel-
te gegenüber Normalpersonen erhöht. Die Patienten hatten keine
Anzeichen von Leberzellschädigung. Ähnlich verhielt es sich bei
3 freiwilligen Versuchspersonen, die sich einer mehrtägigen
Fastenkur unterzogen. Bereits nach 24 Stunden stieg im Mittel
die Aktivität auf das 2-fache an (Abb. 6). Mit diesem Beispiel
möge illustriert werden, daß Serum-Enzymaktivitäten nicht nur
den Grad der Zellschädigung widerspiegeln, sondern auch Ausdruck
wechselnder Aktivität der Zellen sein können, wenn das Enzym
hormoneller Steuerung unterliegt. Dies könnte Enzymaktivitätsver-
änderungen bei Funktionsstörungen der Schilddrüse und Nebenniere
erklären. Beide Hormone sind als Induktoren hepatischer Enzyme
bekannt.

Dieser Ausblick in die Zukunft hat uns aus dem Rahmen dieses
Symposiums herausgeführt, möge aber belegen, daß die Auswertung
vorliegender Ergebnisse nicht genügen kann, um die Validität
klinischer Befunde in der Leberdiagnostik zu untermauern. Die
besondere Problematik der fehlenden objektiven Bezugsgrößen
machen gerade in der Hepatologie eine innige Kooperation mit der
Morphologie, Klinik und Grundlagenforschung unabdingbar.

Danksagung. Die vorgetragenen Ergebnisse wurden aus Projekten, welche durch die Deutsche Forschungsgemeinschaft großzügig gefördert
werden, gewonnen. Besonderer Dank der Autoren gilt den Leitern
der beteiligten Institute und Kliniken, O.H. WIELAND, München, W.
GEROK, Freiburg und U.C. DUBACH, Basel, welche durch kontinuierliche Förderung unserer Bemühungen diese Arbeiten ermöglicht haben.

Literatur

1. SCHMIDT FW et al. dieses Symposium S. 92
2. JOOS W (1978) Zur Interpretation der Cholinesterase-Aktivi-
   tät im Serum. Dissertationsarbeit, Ludwig-Maximilians-Uni-
   versität, München
3. GUDER WG, JOOS W, WIELAND OH (1979) Serum cholinesterase
   activity in diabetes mellitus. J Clin Chem Clin Biochem
   17:157 (abstr.)
4. SCHMIDT E, SCHMIDT FW (1969) Enzym-Fibel, Boehringer GmbH,
   Mannheim
   SCHMIDT E, SCHMIDT FW (1977) Enzymdiagnostik von Lebererkrankungen in der Praxis. Diagnostik 10:348
5. GUDER WG, HABICHT A, KLEISSL J, SCHMIDT U. WIELAND OH (1976)
   The diagnostic significance of liver cell inhomogeneity:
   Serum enzymes in patients with central liver necrosis and
   the distribution of glutamate dehydrogenase in normal human
   liver. J Clin Chem Clin Biochem 13:311
6. JUNGERMANN K, SASSE D (1978) Heterogeneity of liver paren-
   chymal cells. Trends in Biochem Sci 3:198
7. GUDER WG, SCHMIDT U (1976) Liver cell heterogeneity. The
   distribution of pyruvate kinase and phosphoenolpyruvatcar-
   boxykinase in the liver lobule of fed and starved rats.
   Hoppe Seyler's Z Physiol Chem 357:1793
8. MATTENHEIMER H (1979) persönl. Mitteilung
9. NOLTE J, PETTE D, BACHMAIER B, KIEFHABER P, SCHNEIDER H,
   SCRIBA PC (1972) Enzyme response to thyrotoxicosis and hypo-
   thyroidism in human liver and muscle: comparative aspects.
   Europ J Clin Invest 2:141
10. GUDER WG, NOLTE J, WIELAND OH (1977) Die Bestimmung der
    Phosphoenolpyruvatcarboxykinase im Serum. J Clin Chem Clin
    Biochem 15:157

Klinik

E. Schmidt und F. W. Schmidt

Herr GUDER hat in seinem Referat auf die Notwendigkeit hingewiesen, die Bewertungsverfahren klinisch-chemischer Befunde durch Verbesserung unserer Kenntnisse über ihre pathologischen Grundlagen abzusichern.

Wir wollen darstellen, welche Fragen sich aus klinischer Sicht ergeben und wie wir versuchen, mit unseren jetzigen Kenntnissen zu einer praktisch verwertbaren Interpretation der klinisch-chemischen Daten zu kommen.

Vorbemerkungen

Gestatten Sie zunächst einige grundsätzliche Überlegungen - sie sind zwar schon angesprochen worden, ich möchte sie jedoch gern aus der Sicht des Praktikers noch einmal vertiefen: In manchen, besser in den meisten Publikationen über Bewertungsverfahren klinisch-chemischer Befunde wird das Zielobjekt "Diagnose" als eine weitgehend stabile Größe betrachtet, gekennzeichnet durch eine mehr oder minder große Häufigkeit von hier im Regelfall anzutreffenden Symptomen.

Wenn eine Wichtung der Symptome erfolgt und wenn, wie im Idealfall, schon *ein* beweisendes Symptom - z.B. der Nachweis typischer morphologischer Veränderungen bei einer Lebercirrhose - eine Klassifikation der Erkrankung erlaubt, werden andere Symptome je nachdem als "falsch positiv" oder "falsch negativ" beurteilt und fallen damit aus dem Prozeß der Diagnosefindung heraus.

Da die Diagnostik aber nicht wertfrei, sondern zweckgebunden ist - ja nur allein in Richtung auf Prävention, Therapie und Prognose erfolgt - kann in unserem Beispiel der Nachweis des Vorliegens einer Cirrhose keine Enddiagnose sein. Mindestens ebenso wichtig sind z.B. die Aktivität und die Art der Erkrankung wie ihre Komplikationen, und zu ihrer Beurteilung gewinnen wiederum die vorher als "falsch positiv" oder "falsch negativ" beurteilten Größen neues Gewicht.

In dem algorithmischen Prozeß der Diagnosefindung wechseln somit die einzelnen Symptome ihre Wichtung. Einstufige Bewertungsverfahren reichen daher nicht, zumindest nicht zur Beurteilung von Lebererkrankungen.

Verzeichnis der verwendeten Abkürzungen siehe am Ende des Beitrages.

Zur Praxis:
Die Anwendung klinisch-chemischer Methoden bei der Diagnostik
von Lebererkrankungen hat zwei Ziele:

1. Zu erkennen, ob eine Leberschädigung vorliegt und
2. wenn ja, sie zu differenzieren, also Informationen über Ätiologie, Akuität, Progredienz, Stadium und Komplikationen und
   damit auch über die Prognose zu erhalten.

Suchtests

Besonders in den Frühstadien von Lebererkrankungen und Leberschäden ist die klinische Symptomatik meist dürftig: Nach wie
vor kommt die überwiegende Mehrzahl von Patienten, z.B. mit
einer Hepatitis-A, erst zum Arzt, wenn ein Ikterus aufgetreten
ist, d.h. aber, wenn die Elimination des Virus schon nahezu abgeschlossen ist und die Heilungsphase begonnen hat. Auch die
Patienten mit Frühformen alkohol-toxischer Leberschäden suchen
uns nicht auf, weil sie Beschwerden, sondern weil sie ein
schlechtes Gewissen haben.

Wollen wir diese Schäden erfassen, - und daß dies präventiv, aber
auch therapeutisch und prognostisch wichtig und damit auch loh-
nend ist, kann kaum bezweifelt werden - sind wir auf Suchtests
angewiesen (s. Tabelle 1).

Besonders unter dem Aspekt der Kosten-Nutzen-Relation ist der
praktische Wert von Suchtests in den letzten Jahren sehr kritisch, meist negativ beurteilt worden. So wurde auch darauf hingewiesen, daß letztlich sogar der Nachweis des Vorliegens einer
alkohol-toxischen Lebercirrhose ineffektiv sei, da die Erfolge

Tabelle 1. Klinisch-chemische Untersuchungen bei Lebererkrankungen

---

Fragestellung:

Liegt eine Erkrankung oder Mitreaktion der Leber vor?

Kriterien für die Wahl des Untersuchungs-Spektrums:

Diagnostische Sensitivität	- hoch in Bezug auf das untersuchte Merkmal: Leberschädigung oder -erkrankung
Diagnostische Spezifität	- hoch in Bezug auf das Organ Leber in allen möglichen verschiedenen Krankheitszuständen

---

(Neben den üblichen Anforderungen an das Vorhandensein von geeigneten, zu-
verlässigen Methoden, an die Zumutbarkeit und an Ökonomie bezüglich Geld-
und Zeitaufwand)

von Entziehungskuren, wie bekannt, sehr schlecht seien. Letzteres ist zwar richtig, geht aber am Problem vorbei, da die Hauptmenge der 179 Liter alkoholischer Getränke pro Kopf und Jahr in West-Deutschland nicht von Alkoholsüchtigen, sondern von uns allen getrunken wird und der Nachweis einer alkohol-toxischen Leberschädigung bei den Wohlstandstrinkern in der Regel recht gute therapeutische Erfolge zeigt, denn hier liegt ja noch kein Abbau der Persönlichkeitsstruktur vor, und wenn frühzeitig erfaßt, hat auch die Strukturveränderung der Leber noch nicht den "Point of no return" überschritten.

Eine Eigenschaft von Suchtests ist, daß sie, wenn man sie zum Nachweis von geringen Leberschäden verwenden will, eine hohe Sensitivität haben müssen und damit automatisch ihre Spezifität - gerichtet auf die Erkennung einer manifesten Erkrankung - geringer wird. Das heißt, wir erfassen auch schon sehr flüchtige Mitreaktionen der Leber und erhalten damit unter der Fragestellung: "Liegt eine manifeste, eigenständige Lebererkrankung vor?" sogenannte "falsch positive" Befunde, z.B. eine isolierte Verminderung der CHE wie bei Anorexie oder bei entzündlichen Darmerkrankungen. Die Bewertung als "falsch positiv" ist unter der Fragestellung "eigenständige Lebererkrankung: ja oder nein" richtig. Sie wird jedoch sofort ins Gegenteil gekehrt, wenn die Frage lautet: Hat z.B. diese Colitis ulcerosa bereits zu einer Mitreaktion der Leber geführt? Dann ist sie "richtig positiv" und sollte therapeutische Überlegungen auslösen.

Zur Diagnostik einer Lebererkrankung oder -schädigung sind bisher mehr als 600 klinisch-chemische Parameter oder Funktionstests empfohlen worden.

Tabelle 2 zeigt eine Auswahl nicht-enzymatischer Untersuchungen in Urin und Blut. Ihnen ist gemeinsam, daß häufig ihre Sensitivität gering ist, bei wechselnder, auch hoher Spezifität. Aber auch dann, wenn, wie bei den Gallensäuren, eine hohe Sensitivität und Spezifität zusammentreffen, eignen sie sich aus methodischen Gründen schlecht als Screening-Tests.

Alle Autoren empfehlen daher heute zur Erkennung einer Leberschädigung oder -erkrankung Enzymbestimmungen, häufig in Kombination mit einer wechselnden Zahl anderer Parameter, s. Tabelle 3.

Den meisten klinischen Publikationen ist nichts zur Diagnosestrategie zu entnehmen, also in welcher, auch ökonomischen Reihenfolge die Tests eingesetzt werden und speziell: Welche aus der Vielzahl von Parametern von ihnen als Suchtests in der Basisdiagnostik genutzt werden (1-4).

Zumindest für uns besonders interessant ist die Auswahl der Enzyme: Ganz allgemein wird die Bestimmung *beider* Transaminasen empfohlen, wie aus Tabelle 4 hervorgeht. Das zeigt auch die letzte Umfrage der Medical Tribune von 1977 unter deutschsprachigen Klinikern (5).

Will man nicht unterstellen, daß mit der Anforderung beider Transaminasen nur die Richtigkeit der Messung kontrolliert wer-

Tabelle 2. Klinisch-chemische Untersuchungen bei Lebererkrankungen

---

Fragestellung:

Liegt eine Erkrankung oder Mitreaktion der Leber vor?

Beurteilung nicht-enzymatischer Untersuchungen:

A. Untersuchungen im Urin (nicht-invasive Materialgewinnung):

   1. Urobilinogen-Bestimmung (semiquantitativ):
      Sensitivität - mäßig
      Spezifität   - mäßig

   2. Bilirubin-Bestimmung (semiquantitativ):
      Sensitivität - gering
      Spezifität   - hoch

B. Untersuchungen im Blut/Plasma/Serum (invasive Materialgewinnung):

   1. BSG:
      Sensitivität - gering
      Spezifität   - gering

   2. Plasma-Proteine (quantitativ und Muster):
      Sensitivität - gering
      Spezifität   - mäßig

   3. Bilirubin:
      Sensitivität - gering
      Spezifität   - mäßig

   4. Eisen:
      Sensitivität - gering
      Spezifität   - gering

   5. Gallensäuren:
      Sensitivität - hoch
      Spezifität   - hoch

   6. Hepatitis-Antigene und -Antikörper:
      Sensitivität - gering
      Spezifität   - hoch

C. Belastungsproben (von Zumutbarkeit und Ökonomie her keine Basisuntersu-
                chungen):

   1. BSP:
      Sensitivität - mäßig
      Spezifität   - hoch

   2. ICG:
      Sensitivität - gering
      Spezifität   - hoch

   3. Galaktose-Belastung:
      Sensitivität - mäßig
      Spezifität   - hoch

Tabelle 3. Auf Grund von Erfahrungen empfohlene klinisch-chemische Basisuntersuchungen bei Lebererkrankungn

Autor	Jahr	Empfehlung
DEMEULENAERE et al.	1968	GOT, GPT, (DRQ), AP, LAP, LDH-Iso
AMELUNG	1969	GOT, GPT, AP, LAP, Thymol, Elektrophorese, BSP
COODLEY	1969	GOT, GPT, (DRQ), Guanase, AP
KONTTINEN et al.	1971	GOT, GPT, AP, Guanase, LAP, 5'-Nuc., γ-GT
SHOBASSY et al.	1972	GOT, GPT, Bilirubin, Elektrophorese, Ig, HB_S-Ag (Guanase, ANF, MAK)
FRITSCH et al.	1972	GOT, GPT, AP, Quick, Albumin, Globuline, Cholesterin, Bilirubin, BSP
SIEDE	1972	GOT, GPT, GLDH, γ-GT, LDH, AP, Elektrophorese, BSP
KÜHN	1973	GOT, GPT, γ-GT, Thymol, Elektrophorese, Bilirubin, direkt und indirekt
GROS	1975	GOT, GPT, (DRQ), GLDH, (TGQ), γ-GT, (γ-GT/GOT), AP, Thymol, Elektrophorese, KOLLER-Test, Cholesterin, Fe, Cu
WILDHIRT	1976	GOT, GPT, (DRQ), γ-GT, Elektrophorese, Ig
STROHMEYER et al.	1976	GOT, GPT, AP, Quick, BSG, Elektrophorese, Ges.-Eiweiß, Bilirubin, BSP

den soll - was natürlich völlig unsinnig ist -, kann man aus der Empfehlung der Untersuchung *beider* Transaminasen nur den Schluß ziehen, daß sich die Beurteilung ihrer Relation - der De RITIS-Quotient (6) - als anerkannter Bewertungsmaßstab durchgesetzt hat.

Eine bessere Differenzierung zwischen Suchtests und Tests zur Differentialdiagnose ist in den Publikationen zu finden, die ihre Empfehlungen auf statistische Berechnungen stützen (7-15) (s. Tabelle 5).

In den neueren Arbeiten über Basis- und Differentialdiagnostik oder "Stufendiagnostik" von z.B. NILIUS (7) und NEEF (8) werden zur Basisdiagnostik neben klinischen Daten nur noch Enzymbestimmungen empfohlen, vor allem GOT und Alanin-Aminopeptidase (AAP) oder GPT und γ-GT.

Bemerkenswert ist die hohe Erfassungsquote mit diesem Basismuster, z.B. nach NEEF (8) von 85-100%. Diese Erfolgsrate wurde natürlich weitgehend von der Zusammensetzung des Krankenkollektivs und damit auch vom Stellenwert der klinischen Symptome bestimmt.

<u>Tabelle 4.</u> Umfrage der Medical Tribune bei deutschsprachigen Kliniken über klinisch-chemische Diagnostik bei Lebererkrankungen 1977

FISCHER/MÜTING, Kissingen	1. Transaminasen, γ-GT, CHE oder Quick, 2. Elektrophorese, GLDH
GHEORGHIU, Köln	Transaminasen, GLDH, CHE, γ-GT, Bilirubin, AP, LAP, BSP, Gesamt-Eiweiß, Elektrophorese, evtl. LDH, Ig, Quick, Fe, Lipide, Cu
GROS, Saarbrücken	Transaminasen, γ-GT, AP, Elektrophorese, Bilirubin
RICHTER/KELLER, Würzburg	Transaminasen, Bilirubin, AP, Gerinnung (?), Thrombocyten, γ-GT, Gesamt-Eiweiß, Elektrophorese
SIEDE, Frankfurt	Transaminasen, γ-GT, AP, GLDH, LDH, Elektrophorese, Fe, Cu, Thrombinzeit, evtl. BSP oder Prontosil-Test
THAMER, Heidelberg	Transaminasen, HB_S-Ag, Quick, γ-GT, Bilirubin, Gesamt-Eiweiß, Elektrophorese, Blutbild mit Thrombocyten
SCHMID, Zürich	Transaminasen, AP, Elektrophorese, BSP
THALER, Wien	Transaminasen, Bilirubin, Thymol, γ-GT, AP, Elektrophorese, HB_S-AG
ZEICHEN, Graz	Transaminasen, AP, γ-GT, Quick, HB_S-AG, und im Urin: Bilirubin und Urobilinogen

Wie Sie wissen, empfehlen wir zur Beantwortung der Frage, ob eine Erkrankung oder Mitreaktion der Leber vorliegt, die Trias: GPT, γ-GT und CHE (16). Die Indikatorqualitäten dieser Enzyme sind in Tabelle 6 zusammengefaßt:

1. Die GPT als Indikator einer Permeabilitätsstörung der Leberzellen. Ihre Sensitivität und Spezifität ist größer als die von GOT und ICDH. Die Ausnahmen sind Cirrhosen und Lebertumoren. Beide Krankheitsbilder demaskieren sich in der Regel aber schon durch den klinischen Befund einer großen harten Leber.

2. Die γ-GT als Indikator einer Cholestase im weitesten Sinn. Ihre Sensitivität ist größer als die von AP, LAP, 5'-Nucleotidase und wahrscheinlich auch von AAP. Sie hat auch eine größere Spezifität als die AP. Ausnahmen sind hier Leberschäden in der Schwangerschaft und durch Contraceptiva sowie durch Halothan oder bei der benignen, familiären, recurrierenden Cholestase (bei der möglicherweise ein Receptor-Defekt vorliegt).

3. Die CHE als Indikator der Einschränkung der funktionellen Lebermasse. Sie ist dabei sensibler als die Bestimmung von Albumin oder von globalen Gerinnungstests. Mehr oder minder isolierte Verminderungen ihrer Synthese und Sekretion finden sich auch bei Anorexie, bei Tumoren ohne Lebermetastasen und den teilweise sehr diskreten Mitreaktionen der Leber bei entzündlichen Darmerkrankungen.

Tabelle 5. Auf Grund von Berechnungen empfohlene klinisch-chemische Untersuchungen zur Basis- und Stufendiagnostik bei Lebererkrankungen

Autor	Jahr	Empfehlung
JUHL et al. (Cirrhosen)	1971	Bilirubin, GOT, CHE, AP, BSP, Alb., γ-Glob.
LANGE et al. (chron. Leberkr.)	1973	I) BSG, GOT, Quick II) γ-GT, Elektrophorese III)GPT, AP
VAN HUSEN et al. (chron. Leberkr.)	1974	GOT, GPT, BSP, γ-Glob. β-NAG, Collagen-like-Protein
WINKEL (chron. Leberkr.)	1974/75	AP, GPT, Bilirubin, Prothrombin, BSG, BSP, Thymol, γ-Glob , Alb. Cholesterin, ANF, Antiglob.
CORFA et al. (ikt. Leberkr.)	1974	I) AP/Bilirubin II) AP, β-Glob., α_2-Glob. LAP oder γ-GT III)LDH und LDH-2, OCT, GOT/GPT IV) γ-Globulin/Thymol V) Esterasen
SOLBERG et al. (7 Leberkr.)	1976	GOT, GOT/GPT, AP, Elektrophorese, Ig, Cholesterin, Triglyceride, Thrombo- und Normotest, Fe, Bilirubin
NILIUS et al. (17 Leber- u. Gallenwegs-Kr.)	1977	I) GOT, AAP und klin. Dat. od. GPT, γ-GT u. klin.D. II) AP, Thymol, AAP, GPT, Alb., GOT od. AP, Thymol, GPT, AAP, LAP, GLDH od. AP, Thymol, GPT, AAP, Alb. III)AP, GPT, Thymol, Bilirubin, Cholesterin, β-Gluc., IgA, Alb. GOT, LAP IV) abhängig von der untersuchten Gruppe
NEEF et al. (Basis-Diagnostik)	1979	GOT, AAP und klin. Daten führt zu über 85% Erkennung, oft 100%

Zum Aussagewert dieses Basis-Programms s. Tabelle 7: Die Prävalenz von Patienten mit einer eigenständigen Leber- oder Gallenwegserkrankung in dem durch die EDV erfaßten Krankengut der MHH[1] lag 1977 bei 8%.

Bei einer Sensitivität der GPT von 83% und einer Spezifität (7) von 84% gegenüber Nicht-Leberkranken (und von 97,8% gegenüber Gesunden) beträgt in diesem Fall der Predictive Value des pathologischen Befundes 31%, des normalen Befundes 98%. Die entsprechenden Werte für die γ-GT sind 24%, bzw. 99%, die für die CHE 21% bzw. 97%.

---

[1]MHH: Medizinische Hochschule Hannover

Tabelle 6. Klinisch-chemische Untersuchungen bei Lebererkrankungen

---

Fragestellung:

Liegt eine Erkrankung oder Mitreaktion der Leber vor?

Untersuchungs-Spektrum:

GPT = Indikator der Permeabilitäts-Störung der Leberzellen; Sensitivität
       und Spezifität größer als von GOT oder ICDH mit Ausnahme zur Diagnose
       von Cirrhosen und Lebertumoren.

γ-GT = Indikator einer Cholestase (im weitesten Sinne); Sensitivität größer
       als von AP, LAP, 5'-Nucleotidase (auch AAP?), Spezifität größer als
       von AP, mit Ausnahme zur Diagnose von Leberschäden in der Schwanger-
       schaft, durch Halothan, Contraceptiva und der benignen, familiären,
       recurrierenden Cholestase.

CHE = Indikator einer Einschränkung der funktionellen Lebermasse; Sensiti-
       vität größer als von Albumin, globalen Gerinnungstesten, LCAT, Spezi-
       fität scheinbar dadurch eingeschränkt, daß auch bei Tumoren, Anorexie
       und entzündlichen Darmerkrankungen Leberschäden (durch Katabolismus?
       endogene Toxine? Endotoxine?) zu verminderter Synthese führen.

Tabelle 7. Klinisch-chemische Untersuchungen bei Lebererkrankungen

---

*Aussagewert (Predictive Value) der einzelnen Enzyme des Untersuchungsspek-
trums GPT - γ-GT - CHE:*

Bei einer Prävalenz von 8% Leber- und Gallenwegs-Kranken im EDV-erfaßten
Krankengut der MHH 1977 unter der Annahme, daß alle Patienten, die aufgenommen wurden, krank waren, aufgrund der Diagnosen in den Krankenblättern:

GPT: Sensitivität = 83%, Spezifität[a] = 84% gegenüber Nicht-Leberkranken
                                        (97,8% gegenüber Gesunden)
     Aussagewert des pathologischen Befundes: 31%
                  des normalen Befundes: 98%

γ-GT: Sensitivität = 95%, Spezifität[a] = 74% gegenüber Nicht-Leberkranken
                                        (95,6% gegenüber Gesunden)
     Aussagewert des pathologischen Befundes: 24%
                  des normalen Befundes: 99%

CHE: Sensitivität = 75%, Spezifität[b] = 75% gegenüber Nicht-Leberkranken

     Aussagewert des pathologischen Befundes: 21%
                  des normalen Befundes 97%

---

[a]nach NILIUS et al. 1977, [b]geschätzt (wahrscheinlich zu niedrig)

Diese Werte lassen zweierlei erkennen:
Einmal, daß normale Werte dieser Screening-Enzyme mit einer großen Wahrscheinlichkeit das Vorliegen einer Lebererkrankung ausschließen. Da eine Veränderung der Aktivitäten der 3 Enzyme
durch mehr oder minder verschiedene pathophysiologische Mechanismen verursacht wird und sie daher divergent reagieren können,
liegt der Aussagewert des gesamten Musters noch näher an 100%

als der Aussagewert der Einzelenzyme. Dies zeigen jedenfalls
Untersuchungen anderer Autoren über ähnliche Triaden (7, 8).

Zum zweiten demonstrieren die zwar immer noch beachtlichen, aber
deutlich niedrigeren Werte des Predictive Value für den pathologischen Befund, daß bei 69-79% der Patienten, bei denen keine
eigenständige Lebererkrankung diagnostiziert wurde, pathologische Werte dieser Enzyme zumindestens zeitweilig nachweisbar gewesen sein müssen.

Bei der hohen Spezifität dieser Enzyme wie auch der Häufigkeit
einer Mitbeteiligung der Leber bei anderen Erkrankungen ist
kaum daran zu zweifeln, daß die nachgewiesenen Veränderungen der
Enzymaktivitäten solche Mitreaktionen anzeigen. Der praktisch-
diagnostische Wert solcher in Richtung auf die Fragestellung:
Eigenständige Lebererkrankung oder nicht? "falsch positiven" Befunde ist natürlich nur für den Einzelfall zu beurteilen. Zweifellos verändern aber solche "falsch positiven" Befunde nicht
selten die diagnostische Strategie, z.B. bei einem Morbus HODGKIN,
oder auch die Therapie, z.B. durch Absetzen bestimmter Medikamente.

So wissen wir z.B., daß flüchtige Anstiege der Enzymaktivitäten
nach der ersten Narkose besonders häufig bei Halothan-sensitiven
Personen, also solchen Patienten getroffen werden, bei denen
sich dann bei der zweiten oder dritten Halothan-Narkose eine
häufig tödliche Lebernekrose entwickelt (17).

Wir wollen damit erneut darauf hinweisen, wie fragwürdig der Begriff "falsch positiv" ist: Er hat nur Sinn unter einer streng
definierten Fragestellung. Weiterhin sollte auch deutlich werden,
daß für die Aufstellung oder Verbesserung von Bewertungsgrundla-
gen klinisch-chemischer Befunde die klinischen Enddiagnosen, wie
sie in unsere Computer eingehen, kaum oder nur mit sehr großen
Einschränkungen zu verwerten sind. Es bleibt uns nicht erspart,
wenn man die Bewertungsverfahren verbessern will, die Krankengeschichten erneut durchzuarbeiten, und das kann leider nicht von
Hilfskräften erledigt werden.

Differentialdiagnose mit klinisch-chemischen Untersuchungen

In den bisher vorliegenden kompetenten Studien zur Validierung
klinisch-chemischer Befunde - z.B. denen der Arbeitsgruppe aus
Halle (7, 8) - wurde zwar schon berücksichtigt, daß die Diagnostik stufenweise mit fortschreitender Differenzierung verläuft.
Meist wurde jedoch auch bei den multivariaten Analyseverfahren
nicht berücksichtigt, daß jeder neu hinzukommende Befund das
Spektrum der zur Entscheidung stehenden Fragen verändert, einmal im Sinne von Ja/Nein-Entscheidungen - dabei ist der Ausschluß bestimmter Diagnosen häufiger - oder im Sinne von Zu-
oder Abnahmen relativer Wahrscheinlichkeiten.

Tabelle 8. Algorithmische Diskriminierung von Lebererkrankungen durch Enzym-Aktivitäts-Bestimmungen

Beispiel: Normale bzw. stark erhöhte Aktivität der GPT im Serum

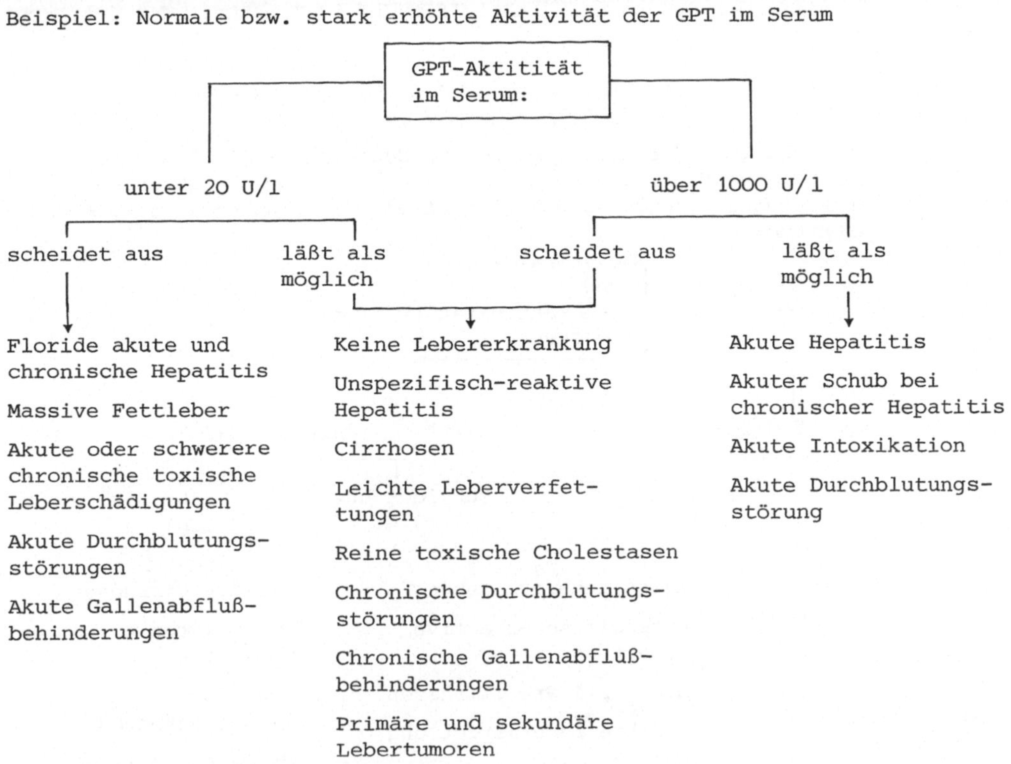

Hierzu ein einfaches Beispiel (s. Tabelle 8): Ist die Aktivität der GPT stark erhöht, z.B. über 1.000 U/l, sind nur noch wenige Lebererkrankungen möglich, eine große Anzahl kann schon aufgrund dieses einen Befundes ausgeschlossen werden. Normale Aktivitäten der GPT haben zwar eine geringere, aber immer noch deutliche Diskriminierungspotenz. Verständlicherweise ist diese noch geringer, wenn die Werte zwar deutlich pathologisch, aber nur mäßig verändert sind, denn die verschiedenen Stadien der einzelnen Lebererkrankungen passieren alle irgendwann einmal diesen Bereich.

Mit der Hinzunahme eines weiteren Tests, z.B. der γ-GT, können die Erkrankungsformen mit normaler Aktivität der GPT im Serum weiter differenziert werden, wie Tabelle 9 zeigt. Erwartungsgemäß - die γ-GT gehört ja zu den sogenannten Cholestase-Enzymen - verändert sich bei normaler wie bei erhöhter Aktivität der γ-GT der Kreis der differentialdiagnostisch zur Entscheidung anstehenden Erkrankungen und damit natürlich auch die Auswahl der für die weitere Diskriminierung benötigten Parameter.

Tabelle 9. Algorithmische Diskriminierung von Lebererkrankungen durch Enzym-Aktivitäts-Bestimmungen

---

Beispiel: Aktivität der GPT normal - Aktivität der γ-GT normal oder deutlich erhöht

Wenn GPT-Aktivität im Serum unter 20 U/l und damit nicht-ausgeschiedene Diagnosen:

Keine Lebererkrankung - unspezifisch-reaktive Hepatitis - Cirrhosen - leichte-mäßige Leberverfettung - reine toxische Cholestasen - chronische Durchblutungsstörungen - chronische Gallenabflußbehinderungen - primäre und sekundäre Lebertumoren

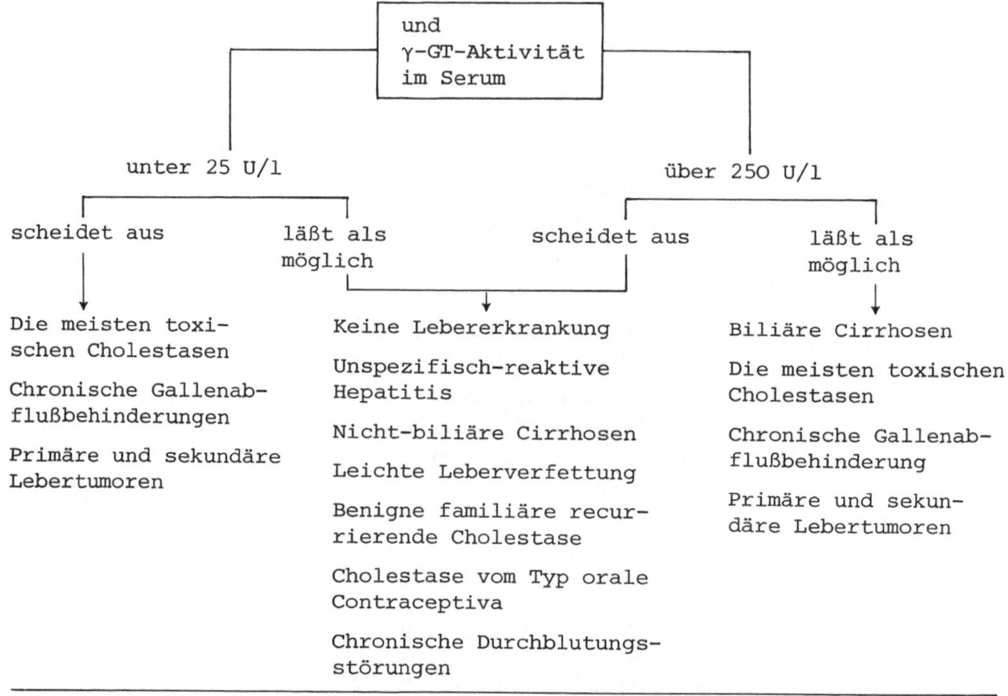

Liegen z.B. bei einer ikterischen Patientin, die Contraceptiva nimmt, die Aktivitäten der GPT und γ-GT im Normbereich, sichert schon eine deutliche Erhöhung der alkalischen Phosphatase weitgehend die Diagnose.

Wie Sie wissen, haben wir, um den diagnostischen Wert von Enzymrelationen zu verdeutlichen und Hilfen zur Diagnostik zu geben, erstmals 1975 solche "Entscheidungsbäume" publiziert (18). Tabelle 10 zeigt Ihnen als einfaches Beispiel die Differenzierung einer Aktivität der GPT über 1.000 U/l zwischen Virushepatitis, Intoxikationen und Durchblutungsstörungen - oder in Tabelle 11 die Analyse eines Musters mit nur mäßig erhöhten Aktivitäten der Transaminasen zur Differentialdiagnose von verschiedenen Formen der Hepatitis, toxischen Schäden und Verschlußikterus.

Tabelle 10. Algorithmische Differenzierung von Lebererkrankungen durch konsekutive Interpretation von Enzym-Aktivitäts-Bestimmungen

1. Beispiel: Ausgangspunkt = GOT über 1000 U/l

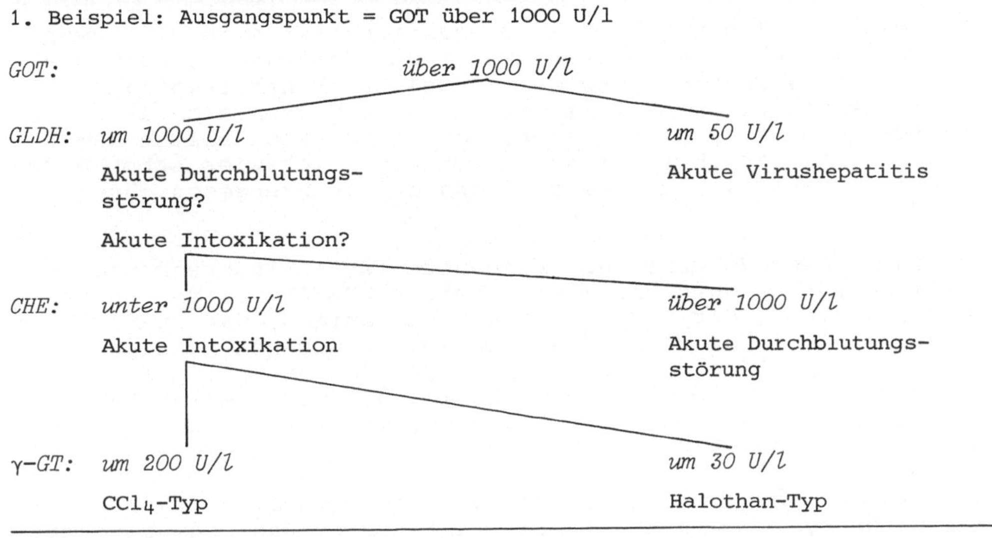

Tabelle 11. Algorithmische Differenzierung von Lebererkrankungen durch konsekutive Interpretation von Enzym-Aktivitäts-Bestimmungen

2. Beispiel: GOT mäßig erhöht (um 50 U/l), GPT-Aktivität deutlich höher
   (De RITIS-Quotient um 0,3)

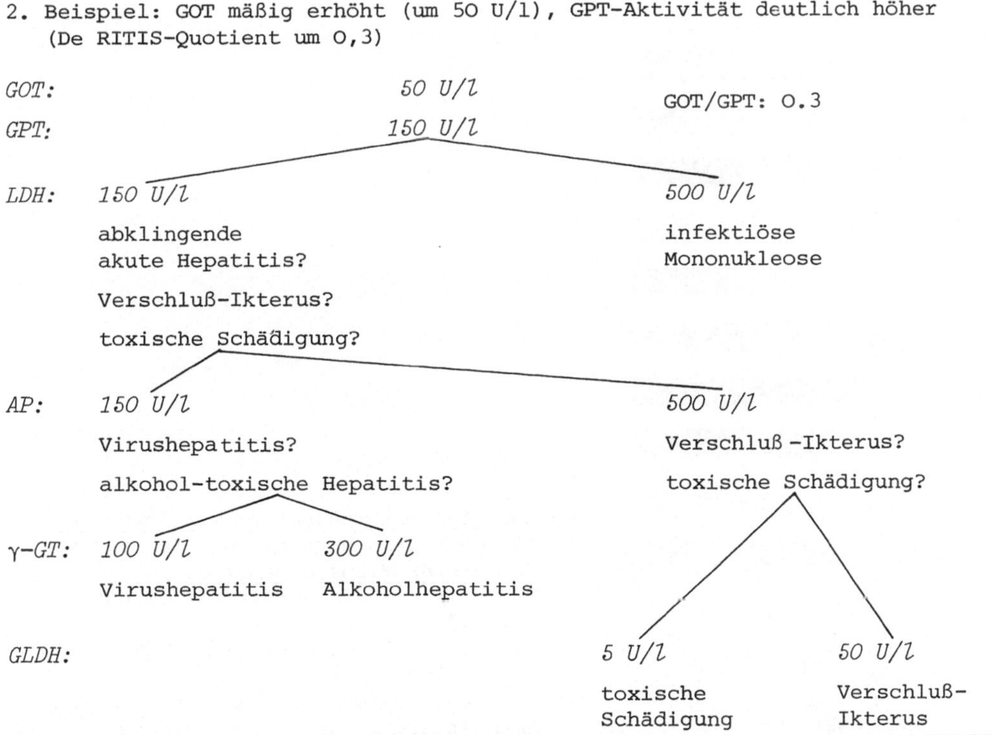

Frühere, allerdings sehr einfache Auswertungen der Trefferrate
allein mit diesen Enzymmustern zur Differentialdiagnose von
Lebererkrankungen ergaben eine sichere Zuordnung von etwa 85%.

Bisher sind wir Ihnen jedoch eine exaktere statistische Auswertung schuldig geblieben. Unsere laufenden Bemühungen, auch die
verschiedenen Verlaufsformen der einzelnen Krankheitsbilder in
die Differentialdiagnose zu integrieren, erweisen sich als eine
außerordentlich mühevolle Arbeit. Es ist ja nicht allein damit
getan, Meßdaten zusammenzutragen, sondern - ich wies schon darauf
hin - häufig ist eine Nachbeurteilung der Krankengeschichten
notwendig.

Aber schon diese Vorarbeiten ergaben teilweise interessante Informationen: So konnte unser Mitarbeiter KUBALE bei der Bearbeitung des Verlaufs der Virushepatitis bestätigen, daß in der Faktoranalyse die Ladungen der Hauptparameter unseren pathophysiologischen Vorstellungen entsprechen (20) (s. Abb. 1). So verei-
nigen sich z.B. im Faktor 1 die Enzyme, die wir als Indikator
eines Parenchymzellschadens betrachten, im Faktor 2 die Chole-
stase-Enzyme, usw. (19-20)

Interessanter noch, nicht so sehr unter diagnostischem, als
unter pathophysiologischem Aspekt, ist der Befund, daß sich mit
der schrittweisen Diskriminanz-Analyse Unterschiede auch in den
Mustern zwischen akuten B- und nicht-B-Hepatitiden zeigten. Die
Reklassifikationsrate lag bei 75%, wie Abbildung 2 zeigt.

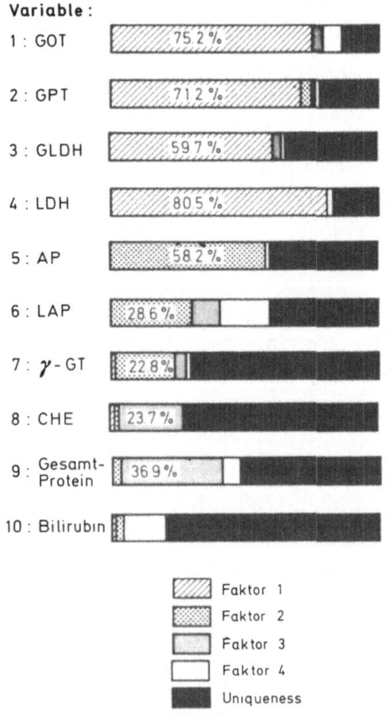

Abb. 1. Faktorenanalyse zur Interpretation klinisch-chemischer Befunde bei
der akuten Virus-Hepatitis.
Faktor 1 = "Permeabilitäts-Störungs-
faktor",
Faktor 2 = "Cholestase-Faktor",
Faktor 3 = "Proteinsynthese-Faktor",
Faktor 4 = unbekannt und ohne wesentlichen Anteil an der Gesamtvarianz

```
       Standardisierte Diskriminanz-Funktions-Koeffizienten
       ===================================================

            GPT_max          0.38728

            GOT+GPT
            ------          -0.48160
             GLDH

            GOT_1            0.62985

            CHE_1            0.32491

--.-----------.----------.----------.----------.----------.----------.----------.----------.-

    2    222    22  122* 2212212111122*1 1 1 1111 11 1   11        1

--.-----------.----------.----------.----------.----------.----------.----------.----------.-

-3.0              -1.5              0.0              1.5              3.0
```

GPT-Aktivität (GPT_{max}) und Transaminasen-GLDH-Quotient ($GOT+GPT/GLDH_{max}$) im Serum
zum Tag des maximalen Parenchymzellschadens sowie GOT-Aktivität (GOT_1) und CHE-
Aktivität (CHE_1) im Serum in der 1.Woche danach erweisen sich als trennfähigste
Kombination zur Berechnung der Diskriminanzfunktion.

* = Gruppenmittelwerte

<u>Reklassifizierung</u>

Tatsächliche Gruppe	N	Vorhergesagte Gruppen-zugehörigkeit Hepatitis	
		Typ B	Typ Non B
Hepatitis Typ B		35 (74.5%)	12 (25.5%)
Hepatitis Typ Non B		6 (23.1%)	20 (76.0%)
Insgesamt 55 Patienten (75%) richtig klassifiziert			

<u>Abb. 2. Diskriminanzanalyse zur Differenzierung zwischen akuter Virushepatitis B und Non-B</u>

Bei der Bearbeitung der chronischen Lebererkrankungen sind auch
Therapieeffekte zu berücksichtigen: Sie sind nicht ausschließlich störend, sondern können eine Diskriminierung auch wesentlich erleichtern. So wird die Unterscheidung der häufig histologisch nicht lösbaren Differentialdiagnosen zwischen Frühformen
der primären biliären Cirrhose und den cholestatischen Formen
der chronisch progredienten Hepatitis relativ einfach durch die
unterschiedlichen Veränderungen des Musters nach Therapie. Wie
Sie in Abbildung 3 sehen, erreichen wir hier eine Reklassifikationsrate von 95% (20).

In den letzten Jahren sind eine ganze Reihe von Arbeiten über
den Aussagewert klinisch-chemischer Parameter bei Lebererkrankungen veröffentlicht worden. Die wahrscheinlich umfassendste
Studie kommt aus der Hallenser Klinik (7, 8).

NILIUS, NEEF und Mitarb. überprüften ein an die Praxis angepaß-
tes Stufenprogramm zur Diagnostik von Leber- und Gallenerkran-
kungen. Auf der ersten Stufe sollte entschieden werden, ob eine
Leber- oder Gallenerkrankung vorliegt oder nicht. Die zweite
Stufe diente sowohl der Überprüfung dieser Aussage wie einer
Grob-Klassifizierung in vorwiegend hepatocelluläre Schädigungen,

```
      Standardisierte Diskriminanz-Funktions-Koeffizienten
      ===================================================
              GOT_V          2.22567

          D GOT_VN          -2.79148

          D Glob_VN         -0.39895


--.----------.----------.----------.----------.----------.----------.----------.----------.-

      1       1   1      1    *11 111 1  22 22 2 *2    2                     2

--.----------.----------.----------.----------.----------.----------.----------.----------.-

-3.0              -1.5                0.0                1.5                3.0
```

Zur Berechnung der Diskriminanzfunktion wurden verwandt: die Höhe der GOT-Aktivität im Serum vor Therapiebeginn (GOT_V) und die Differenz von GOT-Aktivität und γ-Globulin -Konzentration im Serum vor und nach Therapie (D GOT_{VN}, D $Glob_{VN}$).

* = Gruppenmittelwerte

Reklassifizierung

Tatsächliche Gruppe	N	Frühform	Sonderform
Frühform der prim. bil. Cirrhose	14	13 (92.9%)	1 (71.0%)
cholest. Sonderform der chron. aktiven Hepatitis	10	0 (0 %)	10 (100 %)

Insgesamt 23 Patienten (96%) richtig klassifiziert

Abb. 3. Diskriminanzanalyse zur Differenzierung zwischen Frühformen der primär biliären Cirrhose und cholestatischen Verlaufsformen der chronisch aktiven Hepatitis anhand des Therapieeffektes auf klinisch-chemische Befunde.

Cholestase- und Hämolysesyndrome, und in den Stufen 3 und 4 wurde eine weitere Differenzierung der Lebererkrankungen angestrebt.

Abbildung 4 zeigt Ihnen die wichtigsten, von NEEF verwandten Laborparameter, ihren Stellenwert in der Diskriminierung und das Ergebnis der Trennung von Nicht-Leberkranken, chronischen Lebererkrankungen, Virushepatitiden, anikterischen Gallengangserkrankungen und primär-cholestatischen Syndromen. Beurteilt nach der Reklassifikation liegt die Wahrscheinlichkeit der richtigen Einordnung zwischen 91% für die chronischen Lebererkrankungen und 30% für die anikterischen Gallengangserkrankungen, eine allerdings schlecht zu erfassende und uneinheitlich zu definierende Gruppe.

Das Ergebnis verbessert sich deutlich, wenn die Gruppen der Nicht-Lebererkrankungen und anikterischen Gallenwegserkrankungen aus der Beurteilung herausgenommen werden. Die Wahrscheinlichkeit der richtigen Einordnung liegt dann zwischen 70 und 74%.

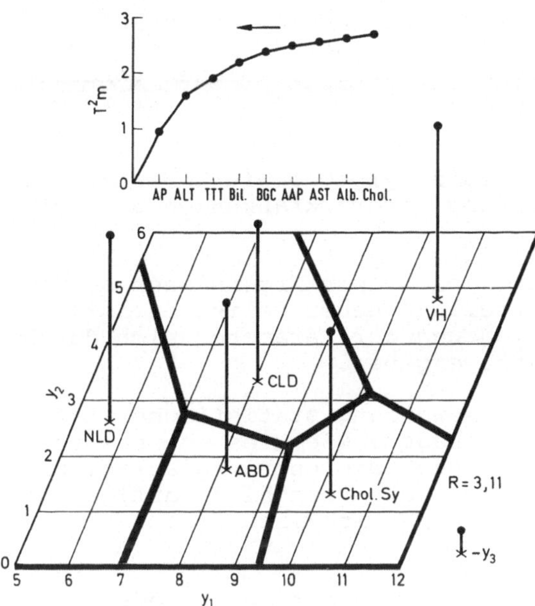

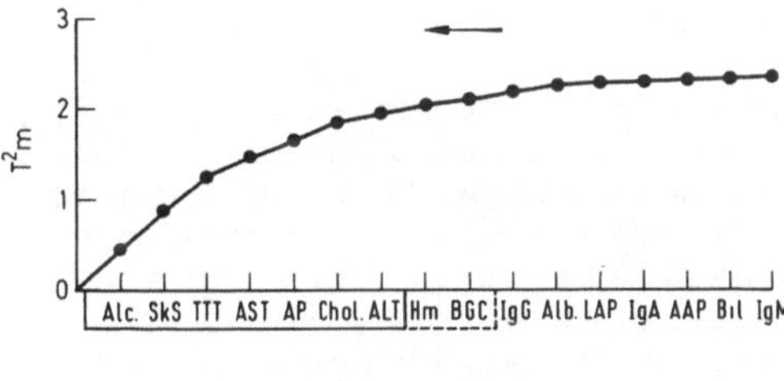

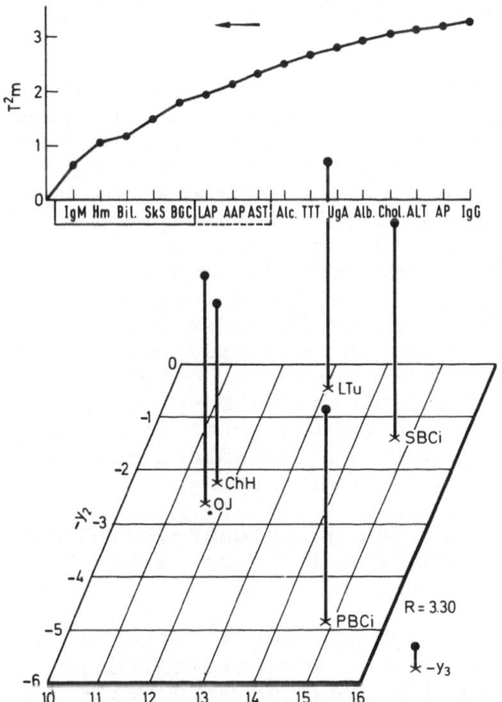

Abb. 4. Diskriminanzanalyse zur Auftrennung der Leber- und Gallenwegserkrankungen in 5 große Krankheitsgruppen (8)

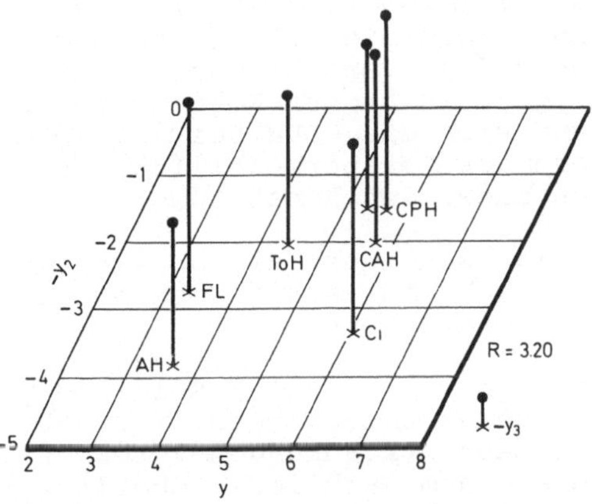

Abb. 5. Diskriminanzanalyse zur Auftrennung der cholestatischen Syndrome (8)

Abb. 6. Diskriminanzanalyse zur Auftrennung der chronischen Lebererkrankungen (8)

Auch bei der weiteren Differenzierung der cholestatischen Syndrome (s. Abb. 5) sind bei allerdings kleinen Gruppen die Re-
klassifikationen recht gut. Bemerkenswert ist, welchen vorderen
Rang klinische Symptome einnehmen, wie z.B. die Lebervergröße-
rung und die Leberhautzeichen.

Anamnestische Parameter und klinische Symptome wie Leberhautzeichen stehen auch bei den chronischen Lebererkrankungen an erster
Stelle (s. Abb. 6).

Es bleibt abzuwarten, wie sicher nach diesen Ergebnissen die
Klassifikationsrate bei der Beurteilung neuer Patienten ist,
und welche Verschiebungen der Wichtung der Parameter sich durch
eine Vergrößerung des Krankengutes ergeben.

Noch ein letztes Beispiel für die Anwendung statistischer Methoden zur Differenzierung von Leberschäden, wie dies von uns versucht wurde: 39 Patienten, die wir nach Nierentransplantation
zwei Jahre lang überwachten, zeigten sehr verschiedenartige, oft
nur gering ausgeprägte, diagnostisch nur in Einzelfällen klar
zuzuordnende Leberschädigungen.

Durch die Aufarbeitung der Enzymmuster und der verschiedenen
Verlaufsformen mit multivariater Diskriminanz-Analyse und anderen Verfahren, z.B. der Cluster-Analyse, ließ sich das Krankengut in 6 Krankheitsgruppen auftrennen. Die Reklassifikationsrate
betrug 93% (21).

Abbildung 7 zeigt eines der Ergebnisse der multivariaten Diskriminanz-Analyse. Die so getrennten Gruppen konnten jetzt aufgrund
von Gemeinsamkeiten in Anamnese, Enzymmuster und zeitlichem Verlauf, die sie mit ausgeprägten und dadurch eindeutig bestimmten
Einzelfällen teilten, verschiedenen Formen von Lebererkrankungen
zugeordnet werden, wobei die Ergebnisse der Faktoranalyse mit
unseren Vorstellungen über die Pathomechanismen der verschiedenen Krankheitsformen gut übereinstimmende Befunde ergaben. Interessant war - nach unseren Vorstellungen über die unterschiedliche Bedeutung des Anstiegs der GLDH im Serum allerdings zu erwarten -, daß die GLDH in der Faktoranalyse in verschiedenen Gruppen und zu verschiedenen Zeitpunkten unterschiedliche Ladungen
zeigte: In grober Korrelation zum Transaminasen-GLDH-Quotienten
fand sich die GLDH bei den hepatitischen Formen unter den Glie-
dern des Zellpermeabilitäts-Faktors, bei den Cholestase-Syndro-
men unter den Konstituenten des Cholestase-Faktors.

Es mag scheinen, als ob wir uns mit diesen Bewertungs-Verfahren
klinisch-chemischer Methoden immer mehr von der praktischen Medizin entfernten.

Auch in renommierten Kliniken werden nach wie vor klinisch-chemische Parameter zwar als Suchtests und zur Verlaufskontrolle
von Lebererkrankungen verwandt, aber die Diagnose wird weitgehend dem Pathologen überlassen, der das Ergebnis einer Leberpunktion beurteilt.

Ganz abgesehen davon, daß wir damit unserem Pathologen eine Verantwortung aufbürden, die er häufig gar nicht tragen kann, zeigt

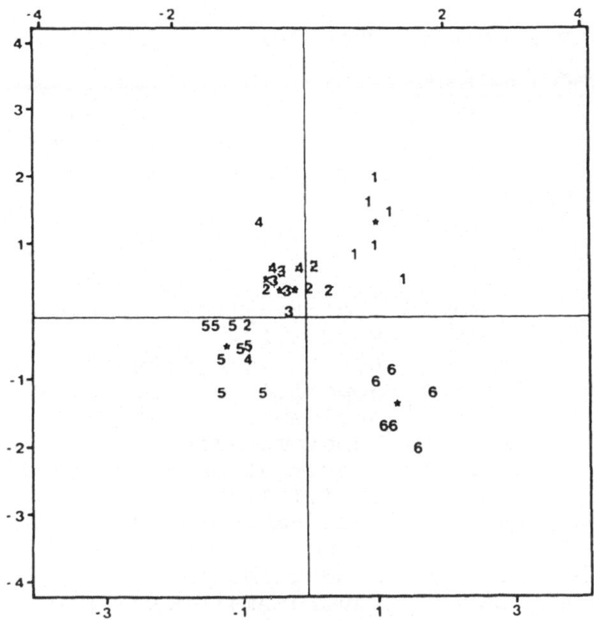

	Funkt.1	Funkt.2	Funkt.3	Funkt.4
GPT	-0.11443	0.12477	1.55529	0.33492
GOT	-0.46886	-0.48358	-1.86906	-1.01611
GLDH	0.91572	0.24994	-0.07329	0.16381
AP	0.14901	0.22017	0.75918	0.73290
γ-GT	-1.33367	0.13801	1.33502	0.82708
LAP	0.50954	0.32505	-1.08151	-1.26909
CHE	0.13011	-0.45617	0.16033	-0.03829
BILI	0.27850	0.06087	0.53026	-0.51294
GEEI	0.32268	0.67941	-0.12175	-0.03767
ALB	-0.80129	0.56200	0.08348	0.01760
α 1	-1.00345	0.44951	0.18416	0.06182
IGG	-0.76873	-0.18013	0.02810	-0.48762
IGM	0.30744	-0.41222	-0.00919	0.30499
HBSAG	0.48690	-0.07201	0.38089	0.47845
TGQM	0.44994	-0.14149	0.14474	0.75754

Reklassifizierung

Gruppe	Fallzahl	Zugehörigkeit			
1	6	Gruppe 1	6	≙	100 %
2	5	Gruppe 2	5	≙	100 %
3	4	Gruppe 3	2	≙	50 %
		Gruppe 4	2	≙	50 %
4	4	Gruppe 4	4	≙	100 %
5	8	Gruppe 5	8	≙	100 %
6	6	Gruppe 6	6	≙	100 %

93.9% der Fälle sind richtig klassifiziert

1,2,3,4,5,6 = Gruppenglieder mit Nummer der Gruppe
* = rechnerischer Mittelpunkt der Gruppe

Abb. 7. Diskriminanzanalyse zur Differenzierung von Leberschäden bei Patienten nach Nierentransplantation. Klinisch-chemische Befunde zur Zeit des Maximums der GPT-Aktivität im Serum

die Entwicklung in den Vereinigten Staaten, daß die Häufigkeit der Anwendung invasiver diagnostischer Methoden wohl ihren Höhepunkt überschritten hat und jedes Jahr weiter abnimmt, sicher auch durch die ständig steigende Zahl von Kunstfehler-Prozessen.

Mit mangelnder Übung steigt aber auch die Zahl der Zwischenfälle, und es sinkt auch die Sicherheit der histologischen Beurteilung, die ja weitgehend auf Erfahrung beruht.

Da es wahrscheinlich ist, daß wir - mit der üblichen zeitlichen
Verzögerung - auch hierbei dem amerikanischen Beispiel folgen
werden, erscheint es uns dringend geboten, einerseits die Möglichkeit der klinisch-chemischen Diagnostik weiter zu verbessern, andererseits aber auch nach Formen zu suchen, die es gestatten, die Ergebnisse der pathophysiologischen Forschung und
die Schätze der Erfahrung gleichermaßen unmittelbar übertragbar
und praktisch nutzbar zu machen.

Abkürzungen:

AAP	Alanin-Aminopeptidase, EC 3.4.11.2	γ-GT	γ-Glutamyl Transferase, EC 2.3.2.2
ABD	Anicteric biliary diseases	H	Healthy subjects
AH	Alcoholic hepatitis	HB$_S$-Ag	Hepatitis B surface Antigen
Alb	Albumin	Hm	Hepatomegalie
Alc	Alcohol (g pro Tag x Jahre)	ICDH	Isocitrat-Dehydrogenase, EC 1.1.1.42
ALT	Alanin-Aminotransferase, EC 2.6.1.2.	ICG	Indocyaningrün-Bela-stung
ANF	Antinukleäre Faktoren	Ig	Immunglobulin
AP	Alkalische Phosphatase, EC 3.1.3.1.	LAP	Leucin-Aminopeptidase, EC 3.4.1.-
AST	Aspartat-Aminotrans-ferase, EC 2.6.1.1	LDH-Iso	Isoenzyme der Lactat-Dehydrogenase, EC 1.1.1.27
BGC	β-Glucuronidase, EC 3.2.1.31	MAK	Antimitochondriale Antikörper
Bil	Bilirubin		
BSG	Blutkörperchen-Sen-kungsgeschwindigkeit	NLD	No liver disease
		5'-Nuc	5'-Nucleotidase, EC 3.1.3.5
BSP	Bromsulphalein-Probe		
CAH	Chronic active hepati-tis	OJ	Obstructive jaundice
		PBCi	Primary biliary cir-rhosis
CHE	Cholinesterase, EC 3.1.1.8	SBCi	Secondary biliary cirrhosis
ChH	Intrahepatic Cholesta-sis	SH	Subacute hepatitis
Chol	Cholesterin	SkS	Skin signs (Leberhaut-zeichen)
CholSy	Cholestatic syndrome		
Ci	Cirrhose	TGQ	Transaminasen-GLDH-Quotient
CLD	Chronic liver diseases		
CPH	Chronic persistent hepatitis	ToH	Toxic hepatitis
		TTT	Thymol-Trübungstest
CRH	Chronic reactive hepa-titis	VH	Acute viral hepatitis (1. week)
DRQ	DE RITIS-Quotient		
FL	Fettleber		
GOT	Glutamat-Oxalacetat Transaminase, EC 2.6.1.1		
GPT	Glutamat-Pyruvat Trans-aminase, EC 2.6.1.2		

Literatur

1. SIEDE W, KRÖHL R (1972) Zeitgemäße Diagnostik von Leberkrank-
   heiten. Dtsch Ärzteblatt 34:2189-2193 u. 2239-2244
2. KÜHN HA (1973) Rationelle Leberfunktionsprüfung. Med Klinik
   68:539-544
3. WILDHIRT E (1976) Diagnostik der Lebererkrankungen in der
   Praxis und ihre Grenzen. Z f Allg Med 52:1577-1583
4. DEMERS LM, SHAW LM (Eds) (1978) Evaluation of liver function:
   A multifaceted approach to clinical diagnosis. Urban
   & Schwarzenberg Inc., Baltimore München
5. MT-Umfrage (1977) Wann Transaminasen bestimmen? Medical
   Tribune 12:32-39
6. DeRITIS F, COLTORTI M, GIUSTI G (1955) Attivitá transamin-
   asica del siero umano nell' epatitie virale. Min Med
   46:i,120-121
7. NILIUS R, PETERS JE, NEEF L, SPECK HJ (1977) Auswahl klinisch-chemischer Parameter für ein Stufenprogramm zur Erkennung und Abgrenzung hepato-biliärer Erkrankungen. Z med
   Labor-Diagn 18:219-252
8. NEEF L, NILIUS R, HASCHEN RJ (1979) Applications of elec-
   tronic data processing in diagnosis of hepato-biliary dis-
   eases. In: Advances in clinical enzymology. FRIEDEL R (Ed)
   SCHMIDT E, SCHMIDT FW, TRAUTSCHOLD I. Karger, Basel New York.
   p 299-323 (im Druck)
9. LANGE HJ, KNICK B, HEMPEL KJ, PRELLWITZ W (1968) Diskriminanzanalyse zur Differentialdiagnose von Lebererkrankungen
   aufgrund von 16 Variablen. Meth Inform Med Suppl 3:201-211
10. CORFA A, TOULET J (1974) Essai d'analyse discriminante multi-
    factorielle dans le diagnostic des ictéres médicaux, chirur-
    gigaux ou néoplasiques. Sem Hôp Paris 50:1935-1945
11. SOLBERG HE, SKREDE S, BLOMHOFF JP (1975) Diagnosis of liver
    diseases by laboratory results and discriminant analysis.
    Scand J clin Lab Invest 35:713-721
12. WINKEL P (1974) Numerical taxonomic analysis of cirrhosis.
    I. The effect of varying the number and type of variables
    used. Computers and biomedical research 7:100-110
    II. Clinical significance of classifications. Computers and
    biomedical research 7:117-126
13. DeRITIS F, GIUSTI G, PICCININO F, GALANTI B, RUGGIERO G
    (1973) Statistical analysis of clinical and laboratory data
    recorded in a sample of 893 patients hospitalized with acute
    viral hepatitis. Acta Hepato-gastroent. 20:371-386
14. HUSEN N van, EBERHARDT G, GERLACH U, INTORP HW, OBERWITTLER
    W (1974) Untersuchungen zur serochemischen Differentialdia-
    gnose chronischer Lebererkrankungen mit Hilfe der Diskrimi-
    nanzanalyse unter besonderer Berücksichtigung des Mesenchyms.
    Z Gastroenterologie 12:327-334
15. HAMILTON M (1977) A simple discriminant function for hepatic
    disease. J clin Path 30:454-459
16. SCHMIDT E, SCHMIDT FW (1977) Enzym-Diagnostik von Leber-Er-
    krankungen in der Praxis. Diagnostik 10:348-351
17. LITTLE DM (1968) Effects of halothan on liver function. In:
    Clinical anesthesia: halothane. GREEN NM (Ed), Davis, Phil-
    adelphia. p 85-137

18. SCHMIDT E, SCHMIDT FW (1975) Enzym-Muster. Diagnostik
    8:427-432
19. BRANDES J, ENGELI A, HERKEN H (1974) Faktoranalytische Un-
    tersuchungen bei Hepatitis infectiosa. Internist Praxis
    14:217-226
20. KUBALE R, FELDMANN U, MÖHR J, SCHMIDT E, SCHMIDT FW (1977)
    Faktoranalyse: Ein Mittel zur Bewertung von Laborbefunden
    bei Lebererkrankungen. Verh Dtsch Ges inn Med 83:566-568
21. LUTTER A, SCHMIDT E, SCHMIDT FW, SCHNEIDER B Unveröffent-
    licht

Diskussion

KELLER:
Eine kurze Frage an Herrn GUDER: Sie haben gesagt, daß die PEPCK
gut mit der GOT korreliert. Beim unbehandelten Diabetes und beim
Hunger ist die PEPCK erhöht; gilt dies auch für die GOT?

GUDER:
Nein, für die Transaminasen liegen solche Beobachtungen nicht
vor.

TRAUTSCHOLD:
Wir haben im Experiment gesehen, daß bei Schädigungen von Mitochondrien sehr wenig Matrixenzyme herauskommen. Nach Über-
schlagsrechnungen aus klinischen Beobachtungen erscheinen weniger als 1% der GLDH der Leber im Blut. Nun fragt sich, ob ein
Aktivitätsquotient von zwei zwischen zentral und portal bei
einer so niederen Austrittsrate noch eine Relevanz hat. Wir
konnten sehen, daß der eigentliche Grund für den Austritt der
GLDH der Zustand für Mitochondrienmembran ist. Wenn die Mitochondrienmembran energetisiert wurde, dann tritt die GLDH schon
bei minimalen Schädigungen aus. In der intakten Leberzelle ist
die Mitochondrienmembran nicht energetisiert, so daß wir glauben, daß nicht so sehr die Topik eine Rolle spielt, sondern der
Pathomechanismus der Zellschädigung mehr im Vordergrund steht.

KATTERMANN:
Wie würden Sie den Befund der sehr raschen Eliminierung der
Cholinesterase aus dem Plasma nach Insulintherapie des Coma dia-
beticum erklären?

GUDER:
Wir haben noch keine Erklärung für dieses Phänomen. Es ist je-
doch anzunehmen, daß ein kompletter Stop der Synthese nicht zu
einem so raschen Abfall führt, sondern daß eine beschleunigte
Inaktivierung oder eine Elimination des Enzyms nach Insulin die
Ursache ist.

KATTERMANN:
Es ist ja bekannt, daß die CHE zu den Enzymen mit hohem Kohlen-
hydratgehalt gehört. Es wäre vorstellbar, daß bei Diabetes mellitus vermehrt Kohlenhydratkomponenten in die Synthese der CHE
eingehen und dadurch dieses Protein vermehrt ins Plasma abgege-
ben wird. Es gibt ähnliche Untersuchungen aus der Arbeitsgruppe
von KÖTTGEN, die nachgewiesen haben, daß unterschiedlich sialy-
lierte γ-GT produziert wird, die sich in ihrer Halbwertszeit
unterscheidet. Nach Untersuchungen von ASHWELL bestimmt der Ge-
halt eines Proteins an N-Acetylneuraminsäure seine biologische

Halbwertszeit. Es wäre also denkbar, daß solch ein Mechanismus
auch hier eine Rolle spielt.

Frau SCHMIDT:
Das rasche Verschwinden der CHE-Aktivität im Plasma bei Insulin-
behandlung stört auch mich. Höchstwahrscheinlich gilt aber die
von JENKINS am CHE-losen Bantu ermittelte Halbwertszeit von 7-12
Tagen nicht für Personen mit der normalen (usual) Form der CHE.
Es gibt Angaben von ALTLAND und GOEDDE über eine Halbwertszeit
von 3-4 Tagen und genügend klinische Beobachtungen, die darauf
hinweisen, daß die CHE mindestens so schnell aus dem Plasma eliminiert werden kann.

SIEGENTHALER:
Eine klinische Frage: Was verstehen Sie unter Suchtests? Eine
Suche bei vorhandener klinischer Symptomatologie oder ein gene-
relles Screening?

F.W. SCHMIDT:
Ich meine beides: Wir empfehlen die Bestimmung der Aktivitäten
von GPT, γ-GT und CHE als notwendige Parameter eines Untersu-
chungsprogrammes für Patienten, die wegen unbestimmter Beschwerden den Arzt aufsuchen. Da andererseits die Häufigkeit von Leberschäden, besonders solche alkolischer Genese, steil ansteigt,
wäre - wenn finanziell möglich - ein generelles Screening in
vereinfachter Form sicher wünschenswert.

SIEGENTHALER:
Sie haben den Alkoholismus angesprochen. Nationale Forschungs-
programme in der Bundesrepublik wie in der Schweiz zeigen, daß
mit der Erfassung dieser Patienten wenig erreicht wird, da ihre
Motivation für therapeutische Maßnahmen gering ist.

F.W. SCHMIDT:
Natürlich kann man über den Nutzen einer Diagnostik, der noch
keine adäquate Therapie gegenübersteht, durchaus diskutieren.
Andererseits entfällt jedoch ein erheblicher Anteil des Gesamt-
verbrauchs an alkoholischen Getränken auf Wohlstandstrinker,
und diese Gruppe mit einer noch uneingeschränkten Urteilsbildung
ist durch den Nachweis beginnender alkoholtoxischer Schäden
durchaus noch zu einer Einschränkung ihres Konsums zu bewegen.

SIEGENTHALER:
Wir bestimmen in Zürich die Aktivität der CHE nicht. Unterlassen wir etwas?

F.W. SCHMIDT:
Ich meine, ja. Sie haben vorhin die finanzielle Belastung angesprochen. Lassen Sie uns grob kalkulieren: Eine Assistenten-
stunde kostet zwischen 35 und 50 DM, Herr KNEDEL wird uns sicher
gern Auskunft geben, wie teuer die Bestimmung der drei zur Diskussion stehenden Enzyme in einem gut organisierten Kliniklabor
ist?

KNEDEL:
Das hängt von der Organisation des Labors, von der Durchsatz-
menge, von den Seriengrößen und von anderen Umständen ab. Da-

durch können die Gestehungskosten für Analysen um ein Mehrfaches
variieren. Die Assistentinnen-Minute kostet rund 38 Pfennige.
Aber das ist nur ein Teil des ganzen Problems. Auch jede Minute
einer Assistentin ist viel zu teuer, wenn der Wert, der auf die
Station kommt, nicht berücksichtigt oder falsch interpretiert
wird.

F.W. SCHMIDT:
Das ist ein anderes Problem. Aber unter der Annahme, daß die gemessenen Werte sinnvoll interpretiert werden, ist es dann nicht
wesentlich sparsamer, Enzymaktivitäten zu bestimmen, als den
Assistenten suchen zu lassen, oder gar aufwendige Untersuchungen,
wie z.B. eine Laparoskopie auf Verdacht durchzuführen?

SIEGENTHALER:
Ich lasse den Assistenten nicht "suchen"! Untersuchen muß er ja
ohnehin und ich bin auch nicht der Meinung, daß er sich damit
begnügen sollte. Aber wenn er bei einer Verdachtsdiagnose die
Aktivitäten der GPT und der γ-GT untersuchen läßt, verpaßt er
etwas, wenn er die Aktivität der CHE nicht bestimmen läßt?

Vor 20 Jahren haben wir die CHE stets gemessen. Aber dann wurde
gefunden, daß die Aktivität der CHE - wie es jetzt ja auch Herr
GUDER bestätigt hat - bei den verschiedensten Krankheiten vermindert ist, daraufhin haben wir es aufgegeben. Und jetzt sollen
wir dazu zurückkehren?

F.W. SCHMIDT:
Die Sensitivität der "Trias" einschließlich der CHE wird z.Zt.
in der Diagnostik von Lebererkrankungen - unter Berücksichtigung von Aufwand und Ausmaß der Belästigung des Patienten - von
keiner anderen Untersuchungsmethode übertroffen.

Und daß es an einer solchen Methode bisher mangelte, zeigen die
erschreckenden Häufigkeitsverteilungen der verschiedenen Leber-
krankheitsstadien.in klinischen Publikationen. Es ist doch ab-
surd - oder auch beschämend -, daß die Endstadien, wie z.B. die
Lebercirrhosen mit ihrer kürzeren Lebenserwartung hier häufiger
sind, als ihre Vorstadien, die chronischen Hepatitiden. Dies
zeigt doch, daß die Symptomatik auch schon chronischer Lebererkrankungen häufig sehr diskret sein kann und muß und wir uns
keinesfalls allein auf die klinischen Befunde verlassen können.

GUDER:
Ein Kommentar zu Herrn SIEGENTHALER's Frage: Wir haben die
Cholinesterase als Screening empfohlen. Daraufhin gab es eine
Fülle von Anrufen wegen verminderter Werte: "Sollen wir jetzt
eine Leberstanze machen oder nicht?!" Oder: "Ist bei verminderter Cholinesterase eine Leberbeteiligung, z.B. bei Morbus
HODGKIN, anzunehmen?" Aber das können wir nicht entscheiden. Solange die pathobiochemischen Zusammenhänge nicht verstanden werden, müssen wir die Kliniker auffordern, mit uns die pathobiochemischen Ursachen an der Verminderung der Cholinesterase aufzuklären. Dann erst können wir verlangen, daß sie auch die richtigen Schlüsse ziehen.

SIEGENTHALER: Dazu ist zu sagen, daß es an der Aufklärung allein
natürlich auch nicht liegt. Man sollte nur vermeiden, daß in der
Praxis eine ganze Batterie von Folgeuntersuchungen losgelassen
wird bei einem Befund, der im Grunde genommen nichts zu sagen
hat.

LAUE:
Ich möchte unsere Aufmerksamkeit wieder auf unser eigentliches
Problem, die Validität klinisch-chemischer Befunde lenken. Wir
bewerten die Enzymaktivitäten aufgrund klinischer, aber vorzugs-
weise histo-pathologischer Befunde. Wie groß ist deren Validität? Wie hoch ist der Stellenwert des pathologisch-anatomischen
Befundes? In gewissen Grenzen kann ich bei Vorlage ein und desselben Präparates von verschiedenen Pathologen durchaus verschiedene Ergebnisse erhalten.

F.W. SCHMIDT:
Auch die histologische Diagnostik ist ein Muster-Erkennungspro-
zeß mit den gleichen Fehlermöglichkeiten wie bei der klinisch-
chemischen Diagnostik: Fehler bei der Probeentnahme, bei der Auf-
bereitung und letztlich bei der Beurteilung. Hier wie da ist die
Beurteilung umso einfacher und umso sicherer, je schwerer oder
besser, je klassischer die Veränderungen sind. Auch bekannte
Leberpathologen lassen jedoch keinen Zweifel daran, daß die Beurteilung mancher Veränderungen des histologischen Bildes nur
differentialdiagnostische Erwägungen zuläßt, die nach dem klinischen Bild, einschließlich klinisch-chemischer Parameter, entschieden werden müssen. Daß der histologische Befund trotzdem
generell als Bezugspunkt bevorzugt wird, liegt sicher z.T. daran,
daß er im Gegensatz zur Interpretation klinisch-chemischer Befunde nur von eingearbeiteten Fachleuten erstellt wird.

DENGLER:
Welche Validität haben erniedrigte Aktivitäten der CHE bei akuten Krankheitsbildern? Uns ist aufgefallen, daß bei den schwer-
sten Formen der Hepatitis und im Leberkoma die CHE den aktuellen
Zustand der Leber nicht widerspiegelt.

F.W. SCHMIDT:
Beim foudroyanten Verlauf der Hepatitis mit sehr hohen Aktivitäten der Transaminasen kann der Tod vor dem Abfall der CHE eintreten. Hier sind die Gerinnungsenzyme mit ihren kürzeren Halbwerts-
zeiten bessere Marker.

DENGLER:
Nach unserer Erfahrung blieb die CHE vom akuten Stadium - in dem
die Patienten z.T. Pavianleber-perfundiert wurden - bis zur Wie-
derherstellung konstant. Diese Beobachtung ist nicht mit der Annahme zu erklären, daß die Aktivität der CHE die Syntheserate
anzeigt. M.E. spiegelt die Abnahme der Aktivität der CHE beim
Coma hepaticum die Veränderungen der Verteilungsräume wider, bei
einer konstanten Produktionsrate dieses Enzyms.

RICK:
Eine Frage, die sich an die von Herrn DENGLER anschließt: Ein
wesentlicher Punkt beim diabetischen Coma ist die Hämokonzentration.

GUDER:
Sie ist korrigiert worden.

RICK:
Ist auch auf die Flüssigkeitszufuhr korrigiert worden?

GUDER:
Parallel zur Aktivität der Cholinesterase wurde auch das Albumin
im Serum gemessen. Es zeigte keine gleichartigen Veränderungen.

GROSS:
Haben Sie Fälle beobachtet, bei denen das Vorliegen einer Lebererkrankung nur histologisch erfaßt werden konnte und die drei
von Ihnen vorgeschlagenen Enzyme normale Aktivitäten zeigten?

Frau SCHMIDT:
Normale Enzymaktivitäten bei histologisch nachgewiesenen Erkrankungen fanden wir bei weniger als 1% der Patienten. Natürlich
lassen sich mit Enzymaktivitätsbestimmungen Narbenstadien, z.B.
Fibrosen, nicht erfassen.

GROSS:
Bringt in Zweifelsfällen die Leberbiopsie zusätzlichen Aufschluß?

Frau SCHMIDT:
Generell kann man auf eine Leberpunktion oder Laparoskopie in
der Leberdiagnostik noch nicht verzichten. Noch haben wir keine
klinisch-chemischen Methoden, die z.B. über die Menge des Binde-
gewebes und die Progredienz der Faserbildung oder den Grad des
Gewebeumbaus direkt etwas aussagen.

Wir wissen jedoch aus Erfahrung, daß bei entzündlichen Lebererkrankungen die Veränderungen der Zellschädigungsparameter mit
dem Grad der entzündlichen Aktivität parallel gehen und wir somit von der Höhe der Enzymaktivitäten im Serum auf die Progredienz der Lebererkrankung schließen können. Die Korrelation ist
aber nicht absolut, sondern hängt von der Art und dem Stadium
der Erkrankung und darüber hinaus von der Immunitätslage des Patienten und deren therapeutischer Beeinflussung ab. Die Beziehung ist also indirekt und relativ, im Einzelfall aber recht
konstant. Damit eignen sich Enzymaktivitätsbestimmungen als Er-
satz für häufige Biopsien zur Verlaufskontrolle. Hier stören
auch die wenigen unerklärlich diskrepanten Fälle nicht.

GIBITZ:
Zur alkohol-toxischen Fettleber: Wir haben gehört, daß die γ-GT
ein empfindlicher Suchparameter ist, und daß auch die Cholines-
terase-Aktivität hier signifikant erhöht sein kann. Gibt es Kor-
relationen zwischen erhöhter γ-GT und einer erhöhten CHE? Wie
hoch ist die diagnostische Empfindlichkeit der Cholinesterase
bei der alkohol-toxischen Fettleber? Hat diese Untersuchung eine
spezielle diagnostische Bedeutung, oder ist sie nur ein Nebenbe-
fund, den man nur kennen muß?

Frau SCHMIDT:
Diese Frage kann man nicht mit einem Satz beantworten. CHE und
γ-GT folgen unterschiedlichen Pathomechanismen, und die Verän-

118

derungen ihrer Aktivitäten im Plasma zeigen verschiedene Störungen des Leberzell-Stoffwechsels an. Der Mechanismus des CHE-Anstiegs bei der Fettleber ist unklar - darauf wurde heute schon mehrfach hingewiesen. Offenbar hängt jedoch die Höhe der CHE - solange keine entzündliche Reaktion der Leber eingetreten ist - vom Grad der Leberzell-Verfettung ab, unabhängig von der Ätiologie.

Die Höhe der γ-GT dagegen spiegelt neben der chronischen toxischen Zellschädigung, die zur Entzündung führt, die aktuelle Belastung der Leber, z.B. mit Alkohol, wider. Praktisch gehen also CHE und γ-GT bei der alkoholbedingten Fettleber solange parallel, als diese rein vorliegt: Je mehr Leberzellen Fett eingelagert haben, umso höher sind die Aktivitäten beider Enzyme.

Kommt es zur Entzündung, weichen CHE- und γ-GT-Verlauf auseinander: Bei der akuten Alkoholhepatitis steigt die γ-GT rasch an und die CHE fällt steil und tief ab.

Bei der alkoholbedingten chronischen Fettleberhepatitis geht es langsamer: Während die γ-GT auf das 15fache der Norm steigt, durchläuft die CHE zunächst allmählich den Norm-Bereich und erreicht manchmal erst im Stadium der kompletten Cirrhose deutlich verminderte Werte.

BÜTTNER:
Zurück zu unserem grundsätzlichen Problem: Wie kommt man zu einer optimalen Parameter-Kombination? Wie sind Sie zu der "Trias" gekommen?

F.W. SCHMIDT:
Auf zwei Wegen: Einmal haben wir geprüft, welche klinisch-chemischen Parameter in einem großen Leberkrankengut am häufigsten pathologisch verändert waren, zum andern zeigte z.B. auch die Faktoranalyse, daß diese drei Enzyme Indikatoren verschiedener und diagnostisch wesentlicher pathophysiologischer Prozesse sind.

KNEDEL:
Wenn man sich nicht mit der Trias begnügen will: Mit der Kombination von GPT, CHE, γ-GT, HB$_S$-Ag, Elektrophorese und Globaltests (Prothrombin und Quick) läßt sich eine 95,5%ige Sicherheit erreichen. Darüber hinaus kommt man auch nicht durch die Hinzunahme weiterer Untersuchungen, wie z.B. des Bilirubins.

LANG:
Wieder zur Frage der Validität: Früher haben wir unter Spezifität immer nur die biochemische oder die technische Spezifität verstanden - wie man es auch nennen will. Jetzt kommt die diagnostische Spezifität hinzu. Es ist für mich unbefriedigend, daß ein technisch so schlechter Parameter wie die Thymoltrübungsprobe in der Validität, z.B. in den Ergebnissen der Arbeitsgruppe aus Halle, wieder einen so hohen Stellenwert gewinnt.

EGGSTEIN:
Im Hinblick auf das heutige Thema ist es doch recht interessant, daß auch eine so grobe Probe, wie der Thymol-Test, aussagekräftig ist. Das gleiche gilt ja auch für die Senkung. Wer von uns

möchte wohl auf die BSG verzichten? Und das, obwohl jeder von
uns weiß, daß offenbar das Fibrinogen mit einer Halbwertszeit
von 1 1/2 Tagen am Mechanismus der Senkungsreaktion beteiligt
ist, aber ebenso noch andere Ursachen. Obwohl diese Tests so
"unscharf" sind - so widerwärtig aus analytischer Sicht - zeigen sie doch in der Praxis eine gute Korrelation zu bestimmten
klinischen Bildern. Trotzdem sollte man von Pauschaltests abkom-
men und quantitative Daten für die Diagnosefindung einsetzen.

Der Röntgenologe und der Pathologe stellen die Diagnose durch
den Blick. Wir Klinischen Chemiker bringen tausend kleine Pünkt-
chen, die der Kliniker erst zu einem Bild zusammensetzen muß.

MATTENHEIMER:
Herr GUDER, wie beurteilen Sie Arbeiten zur Heterogenität des
Leberläppchens im Hinblick auf die Verbesserung der Validität
der im Serum gemessenen Enzymaktivitäten?

GUDER:
Wir waren zunächst erfreut, daß die Verteilung der Enzyme dem
entsprach, was wir aus klinisch-enzymologischen Beobachtungen
erwarteten. Bei quantitativer Betrachtung jedoch muß ich Herrn
TRAUTSCHOLD recht geben: Ein entscheidender Faktor ist natürlich
der pathobiochemische Mechanismus, z.B. die Anoxie, der die Mitochondrienmembran durchlässiger macht. Es gibt sicher noch mehrere Faktoren, die im Spiele sind.

F.W. SCHMIDT:
Ein Problem der topographischen Diagnostik ist, daß einzelne
diagnostisch gebräuchliche Enzyme zwar bevorzugt, aber nicht
ausschließlich in den verschiedenen Arealen des Leberläppchens
lokalisiert sind. So findet sich z.B. ein Anstieg der GLDH sowohl bei den disseminierten Einzelzellnekrosen, wie bei einer
zentralen hypoxischen Schädigung. Beide Prozesse lassen sich jedoch an den unterschiedlichen Enzymrelationen unterscheiden. Der
Anstieg ein und desselben Enzyms kann also, wie z.B. die Faktor-
Analyse zeigt, sehr unterschiedliche Bedeutungen haben.

LAUE:
Wird eigentlich die Validität klinisch-chemischer Befunde durch
die Bildung von Quotienten oder Faktoren verbessert? Ich bekomme
ja nicht mehr Informationen, wenn ich die Werte durcheinander-
dividiere.

Frau SCHMIDT:
Die Bildung von Quotienten ist nicht unser spezielles Hobby, sondern sie dient zwei Zwecken: Einmal läßt sich durch die Reduk-
tion von 2 oder 3 Variablen auf eine die Fülle der Daten, die
gleichzeitig - im Kopf - verarbeitet werden muß, besser bewältigen. Zum andern werden damit Relationen von Enzymen zueinander
sichtbar gemacht, die eine Aussage ermöglichen, die eine andere
Qualität hat und über die Aussage von Einzelwerten hinausgeht.

BÜTTNER:
Ich stimme dem zu, darf aber hinzufügen, daß sich bei der Quotientenbildung Fehler fortpflanzen können.

FRITSCH:
Der Begriff der Validität wird besonders bei der Begutachtung
von Patienten deutlich. Ein differenziertes Enzymmuster gibt
Hinweise, welche Art der Lebererkrankung vorliegen kann. Die
Diagnose der Lebererkrankungen wird jedoch überwiegend durch
mikroskopische und makroskopische Veränderungen definiert, so
daß wir trotz der mannigfachen Enzymmuster-Möglichkeiten heute
noch nicht auf den anatomisch-pathologischen Befund verzichten
können.

SIEGENTHALER:
Dazu darf ich Ihnen sagen, daß der Trend in der Medizin ganz
allgemein von den invasiven Methoden weggeht. Dies gilt nicht
nur für die Hepatologie, ebenso für die Cardiologie und andere
Disziplinen. Und das ist es - muß ich Ihnen sagen - was mir die
ganze Geschichte so sympathisch macht.

Modell Schilddrüsen-Erkrankungen

Klinische Chemie

W. Vogt

<u>Einleitung</u>

Die Erkrankungen der Schilddrüse waren und sind Gegenstand außerordentlich vieler wissenschaftlicher Arbeiten. Das findet seine Erklärung unter anderem darin, daß Veränderungen der Größe dieses Organs endemisch in vielen Teilen der Welt vorkommen und Veränderungen der Funktion die zweithäufigsten endokrinologischen Erkrankungen darstellen.

Für uns stand nun weniger die nosologische Bedeutung der Schilddrüse im Vordergrund des Interesses. Die Erkrankungen der Schilddrüse schienen uns vielmehr ein besonders geeignetes Modell für eine objektivierte, rechnerunterstützte Diagnostik unter Verwendung biochemischer, klinisch-chemischer Kenngrößen zu sein. Die Gründe hierfür sind, daß der Stellenwert dieser Untersuchungen in der Funktionsdiagnostik der Schilddrüse unbestritten hoch ist und eine Interpretation wegen der detailliert abgeklärten, pathobiochemischen Zusammenhänge vergleichsweise einfach möglich ist.

Wenn wir uns die bisher übliche Form der Bewertung der einzelnen Laborparameter vergegenwärtigen, so erfolgte diese weitgehend subjektiv. Die Entscheidungsgrenzen wurden weder mathematisch abgeleitet, noch so begründet. Hauptziel unserer Untersuchungen war es deshalb, unter Einsatz leistungsfähiger Rechner, die mehr empirische und intuitive Vorgehensweise durch ein analytisches Verfahren zu ersetzen. Das Hauptaugenmerk galt dabei denjenigen mathematischen Verfahren, die die Erkennung von Mustern erlauben. Nach der Festlegung dieser Muster wurden Trennfunktionen errechnet, die dann die Zuordnung individueller Meßwerte zu solchen Befundkonstellationen oder Mustern gestatten.

In Erweiterung der eben angesprochenen Thematik ist es Ziel dieses Vortrags, stufenweise fortschreitend verschiedene Möglich-

---

<u>Tabelle 1.</u> Beurteilungsmöglichkeiten klinisch-chemischer Befunde

Univariate Betrachtungsweise

Normalbereich als Entscheidungsgrenze
"Modell des Predictive Value"

Multivariate Betrachtungsweise

Diagnoseorientierte Diskriminanzanalyse
Clusterorientierte Diskriminanzanalyse

122

keiten der Bewertung der üblichen, klinisch-chemischen Schilddrüsenparameter hinsichtlich ihrer diagnostischen Leistungsfähigkeit vorzustellen (s. Tabelle 1) und kritisch miteinander
zu vergleichen.

Charakterisierung des untersuchten Kollektivs und Gewinnung
der Daten.

Wir beschäftigten uns in den letzten drei Jahren in zwei unabhän-
gigen Studien mit der vorgestellten Thematik. Studie I erfolgte
in Zusammenarbeit mit der Schilddrüsenambulanz der Medizinischen
Klinik II unseres Klinikums. Diese Studie war bereits Gegenstand
mehrerer Veröffentlichungen und Vorträge (1-8) und soll hier
nicht weiter erwähnt werden.

Studie II entstand in Zusammenarbeit mit der Schilddrüsenambulanz des Stiftsklinikums Augustinum in München. Wegen der Bedeutung für die Auswertung ist es nötig, ausführlicher auf die Bedingungen und die Charakterisierung des untersuchten Kollektivs
einzugehen. Es handelte sich um eine prospektive Studie mit klar
definiertem Untersuchungsschema. Alle 592 Patienten, die von
April bis November 1978 zur Abklärung einer Schilddrüsenerkrankung dorthin überwiesen worden waren, wurden erfaßt. Eine Auswahl erfolgte nicht. Alle Patienten wurden von demselben Kollegen ärztlich untersucht. Die Patienten füllten den, in dieser
Klinik üblichen, an dem der DKD[1] in Wiesbaden orientierten Fra-
gebogen selbst aus, wurden nachbefragt und der klinische Status
nach einheitlichem Schema erhoben. Danach legte sich der Kollege
in einer Erstdiagnose fest. Anschließend erfolgten die Durchführung des TRH-Tests, die Blutabnahmen und das Tc-Szintigramm.

Die Szintigramme wurden für die Studie erst nach Abschluß der
Datenerhebung ohne Kenntnis der anderen Befunde der Patienten
beurteilt, ebenso die Laborwerte. In einer abschließenden Syn-
opse wurde dann unter Einbeziehung aller Befunde die Enddiagnose
gestellt und mit der aktuell festgelegten Diagnose aus dem jeweiligen Arztbrief verglichen. Sämtliche anamnestischen Angaben
und klinischen Befunde sowie nuklearmedizinischen und labormedi-
zinischen Ergebnisse wurden in einem sechsseitigen Datenerhe-
bungsbogen festgehalten.

Durch die mehrjährige Erfahrung des Kollegen war während des
Versuchzeitraums kein Trend in der Bevorzugung bestimmter Diagnosen festzustellen. Die Diagnosebezeichnungen orientierten sich
an den durch die Sektion Schilddrüse der Gesellschaft für Endo-
krinologie herausgegebenen Richtlinien aus dem Jahr 1973 (9).
Die Zusammensetzung des Kollektivs ist in Tabelle 2 wiedergege-
ben.

---

[1]DKD = Deutsche Klinik für Diagnostik

Tabelle 2. Zusammensetzung des untersuchten Kollektivs

Hyperthyreosen		36
Strumen, blande, euthyreot		323
Diffuse Strumen	155	
Knotenstrumen	168	
Normal große SD, euthyreot		187
Zustand nach SD-OP, euthyreot		36
Hypothyreosen		5
Thyreoiditiden		2
Suffizient behandelte Hypo- und Hyperthyreosen		3
Gesamtzahl		592

Gesamt-T4 wurde mit dem homogenen Enzymimmunoassay, T3, TBG und
TSH mit Radioimmunoassays sowie TBI als Radio-T3-uptake in unserem Institut bestimmt. Den TRH-Test führten wir mit 200 µg TRH
i.v. mit zwei Blutabnahmen, basal und nach 30 Minuten, durch.
In fast allen Fällen erfolgte eine parallele Bestimmung dieser
Parameter im Labor des Stiftsklinikums. Diskrepante Werte wurden nur vereinzelt beobachtet. Diese Seren wurden von uns nach-
bestimmt. Sämtliche Analysen erfolgten unter Routinebedingungen
in den üblichen Untersuchungsserien.

Univariante Betrachtungsweise

Orientierung am "Normalbereich"

Die Verwendung des sogenannten Normalbereichs als Entscheidungsgrenze wird von mehreren Autoren in der gezielten Diagnostik ab-
gelehnt (10, 11, 12). Da jedoch diese Entscheidungshilfe auch
heute noch in nicht geringem Umfang Anwendung findet, sollte man
hier trotzdem, allerdings nur kurz, darauf eingehen. Die Normal-
bereichsgrenzen werden in gewohnter Weise als Mittelwert plus/
minus zwei Standardabweichungen angegeben. Grundvoraussetzung
hierfür wäre, daß die Parameter normal verteilt sind. Das ist
aber nur bei ganz wenigen klinisch-chemischen Kenngrößen der
Fall (12), mit Sicherheit jedoch nicht bei den Schilddrüsenparametern. Deshalb ist für die Festlegung von Normalbereichsgren-
zen, oder wie es richtiger heißt, Referenzbereichsgrenzen (14)
eine Angabe in Perzentilen (13, 15) vorzuziehen.

Kritik an der Verwendung des Normalbereichs

Gegen die Orientierung am sogenannten Normalbereich ist einzu-
wenden, daß die hiermit beantwortete Frage am Krankenbett nicht
relevant ist. Es interessiert in diesem Zusammenhang nicht, wie

hoch die Wahrscheinlichkeit ist, daß es sich bei dem eben untersuchten Patienten um einen gesunden Probanden handelt, einen Angehörigen der Gruppe also, die üblicherweise für die Erstellung solcher Normalkollektive herangezogen wird, sondern darum, ob der ganz offensichtlich Kranke mit dieser oder jener Wahrscheinlichkeit diese oder jene differentialdiagnostisch ebenfalls infrage kommende Erkrankung hat.

Die weitere Kritik gilt in gleichem Maß für die nun folgende Betrachtungsweise und soll dort abgehandelt werden.

Orientierung am "Predictive Value"

Seit den frühen siebziger Jahren findet zunehmend das Modell des Predictive Value Eingang in die diagnostische Beurteilung klinisch-chemischer Meßwerte (12, 16, 17, 18, 19). Dieser Entscheidungshilfe liegt das BAYES'sche Theorem zugrunde. Da es bei dieser Tagung bereits mehrfach angesprochen wurde, kann eine Darstellung des Verfahrens entfallen.

Klinische Daten

Am Beispiel der Hyperthyreose-Diagnostik läßt sich unter Verwendung klinischer Größen demonstrieren, daß die Anwendung dieser Technik nicht nur auf unser Fachgebiet beschränkt ist, und wie zum anderen die vier diagnostischen Kriterien zueinander in Beziehung stehen. Besonders wird dabei das inverse Verhalten von Empfindlichkeit und Spezifität deutlich. Hierzu wurden die diagnostischen Kriterien fünf klinischer Größen mit hohem diagnostischem Stellenwert, nämlich

- psychische und motorische Unruhe,
- Tachykardie,
- Wärmeintoleranz und Schwitzen,
- akute Gewichtsabnahme und
- feucht-warme Hände,

einzeln und in allen Kombinationen mit diesem Modell berechnet.

Als empfindlichste Größe erwies sich *ein* Symptom positiv von Unruhe, Gewichtsverlust, feucht-warmer Haut oder Wärmeintoleranz (s. Abb. 1). Die Empfindlichkeit hierfür betrug 82%. Das bedeutet, etwa jeder 5. Hyperthyreote wurde nicht erfaßt. Die Spezifität dabei betrug nur 58%, das heißt 175 Nicht-Hyperthyreote wären fälschlich als hyperthyreot eingestuft worden. Der Predictive Value der Positiven beträgt bei der vorliegenden Prävalenz von 6% nur 12%

Wird höchste Spezifität gewünscht, läßt sich bei der *und*-verknüpften Kombination Tachykardie und Unruhe und Gewichtsverlust und feucht-warme Haut ein Wert von 100% erreichen. Das bedeutet, kein Nicht-Hyperthyreoter wäre fälschlich als hyperthyreot eingestuft worden. Allerdings beträgt dann die Empfindlichkeit nur 7%; von 28 Hyperthyreoten wären nur zwei richtig erkannt worden. Der Predictive Value der Positiven ist hoch, er liegt bei 100% (s. Abb. 2).

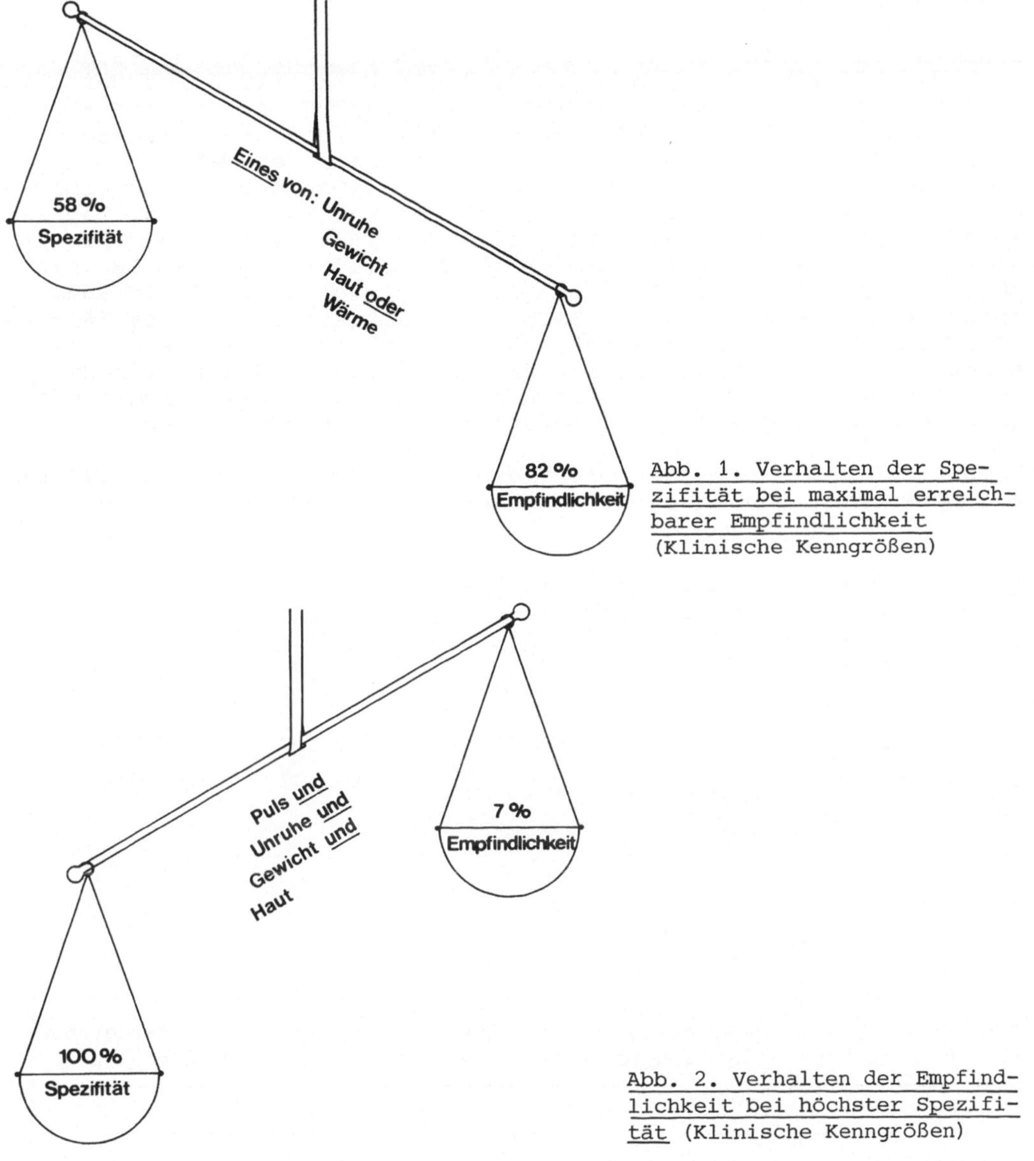

Abb. 1. Verhalten der Spezifität bei maximal erreichbarer Empfindlichkeit (Klinische Kenngrößen)

Abb. 2. Verhalten der Empfindlichkeit bei höchster Spezifität (Klinische Kenngrößen)

Diese Ergebnisse lassen sich wie folgt werten: Bei der klinischen Untersuchung ist es das Ziel, möglichst alle hyperthyreoten Patienten zu erfassen. Das geht nur auf Kosten (im wörtlisten Sinne) einer sehr großen Zahl Nichtkranker, die ebenfalls einer weiteren diagnostischen Abklärung zugeführt werden müssen. Entscheidend hierbei ist, daß im vorliegenden Fall selbst bei der Auswahl hinsichtlich größter Empfindlichkeit nicht alle hyperthyreoten Patienten erfaßt worden wären.

Klinisch-chemische Daten

Dasselbe läßt sich nun auch mit den klinisch-chemischen Parametern durchführen. Wir haben die Zahl der Parameter durch Berechnung üblicher Quotienten [T4/TBI, 10mal T4/TBG und den Free-Thyroid-Hormone-Index (FTI)] erhöht. Als Entscheidungsgrenzen setzten wir die üblicherweise verwendeten ein (s. Tabelle 3). Die diagnostische Leistungsfähigkeit der einzelnen und kombinierten Parameter zeigt teilweise erhebliche Unterschiede (s. Tabelle 4). Von den Einzelparametern sind der TRH-Test und der FTI am empfindlichsten (100%), am wenigsten empfindlich der TBI mit 50%. Der spezifischste Test ist die Bestimmung des T3 mit 98%, dicht gefolgt von T4. Am schlechtesten schneidet hier der TRH-Test mit 90% ab. Die diagnostische Wertigkeit der einzelnen klinisch-chemischen Parameter ist demnach deutlich höher, als die der klinischen Daten. Im übrigen sieht man auch hier wieder die inverse Beziehung zwischen Empfindlichkeit und Spezifität.

Kombiniert man wie vorhin die einzelnen Parameter (s. Tabelle 5) und betrachtet zunächst die üblichen Kombinationen, so zeigt

Tabelle 3. Entscheidungsgrenzen für Festlegung auf hyperthyreote Stoffwechsellage

T4	$\geqslant$	11.0 µg/dl
T3	$>$	2.5 ng/ml
TBI	$\leqslant$	0.90
T4/TBI	$\geqslant$	10.0
10·T4/TBG	$\geqslant$	6.0
FTI	$\geqslant$	120.0
TSH_O	$\leqslant$	1.2 µU/ml
Δ TSH	$\leqslant$	1.5

Tabelle 4. Diagnostische Kriterien einzelner klinisch-chemischer Kenngrößen bei der Entscheidung hyperthyreote/nicht-hyperthyreote Stoffwechsellage

	Empf.	Spezif.	p.v.+
TRH-Test	100%	90%	40%
T3	86%	98%	73%
T4	75%	97%	66%
TBI	50%	95%	40%
FTI[=(a·T3+b·T4)/2·TBI)]	100%	94%	55%
T4/TBI	82%	94%	50%
T4/TBG	79%	94%	49%

P.V.+ = Predictive Value des positiven Tests

<u>Tabelle 5.</u> Diagnostische Kriterien häufig verwendeter Kombinationen klinisch-chemischer Kenngrößen bei der Entscheidung hyperthyreote/nicht-hyperthyreote Stoffwechsellage

Kombination	Empf.	Spez.	Eff.	p.v.+		
T4 *und* T3	61%	99%	97%	85%	11 Hyperthyreosen *nicht* erkannt	3 Euthyreosen behandelt
T4 *und* TRH-Test	75%	99,5%	98%	91%	7 Hyperthyreosen *nicht* erkannt	2 Euthyreosen behandelt
T3 *und* TRH-Test	86%	99,9%	99%	96%	4 Hyperthyreosen *nicht* erkannt	1 Euthyreose behandelt

o *Kombination für 100-proz. Spezifität:*

| FTI *und*
 TRH-Test *und*
 T3   *und*
 TBI | 39% | 100% | 96% | 100% | 17 Hyperthyreosen *nicht* erkannt | *keine* Euthyreose behandelt |

o *Kombination für 100-proz. Empfindlichkeit:*

| zwei von:
 T4
 T3
 TRH-Test | 100% | 99% | 99% | 88% | *alle* Hyperthyreosen erkannt | 4 Euthyreosen behandelt |

(435 Patienten, davon 28 Hyperthyreosen)

sich, daß weder die Kombination T3 und T4, noch T4 und TRH-Test, noch T3 und TRH-Test alle Hyperthyreosen erkennen lassen. Am besten ist die Kombination T3 und TRH-Test geeignet. Doch werden auch hier vier Hyperthyreosen von 28 nicht erkannt. Die Spezifität ist allerdings hervorragend. Nur ein euthyreoter Patient wird als hyperthyreot eingestuft. Der Predictive Value der Positiven ist mit 96% hoch.

Strebt man 100%ige Empfindlichkeit an (s. Abb. 3), so eignet sich hierfür die Kombination ZWEI positive von T4, T3 oder TRH-Test. Die Spezifität beträgt 99%, der Predictive Value der Positiven 88%. Bei dieser sehr hohen Spezifität werden aber immerhin vier Nicht-Hyperthyreote fälschlich als hyperthyreot eingestuft.

Wird Wert auf 100%ige Spezifität gelegt (s. Abb. 4), so sinkt die Empfindlichkeit drastisch. Bei der und-verknüpften Kombination FTI und TRH-Test und T3 und TBI werden nur 39% der Hyperthyreosen erkannt. Der Predictive Value der Positiven beträgt dabei ebenfalls 100%.

Kritik am "Modell des Predictive Value"

Mit der Anwendung des Modells des Predictive Value ist gegenüber der Orientierung an Referenzbereichsgrenzen ein deutlicher Fortschritt erzielt worden. Wesentlich ist vor allem, daß hier nicht

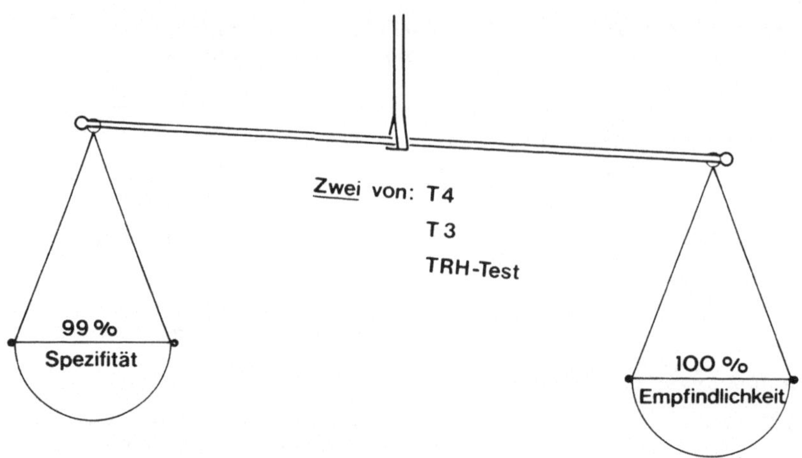

Abb. 3. Verhalten der Spezifität bei höchster Empfindlichkeit
(Klinisch-chemische Kenngrößen)

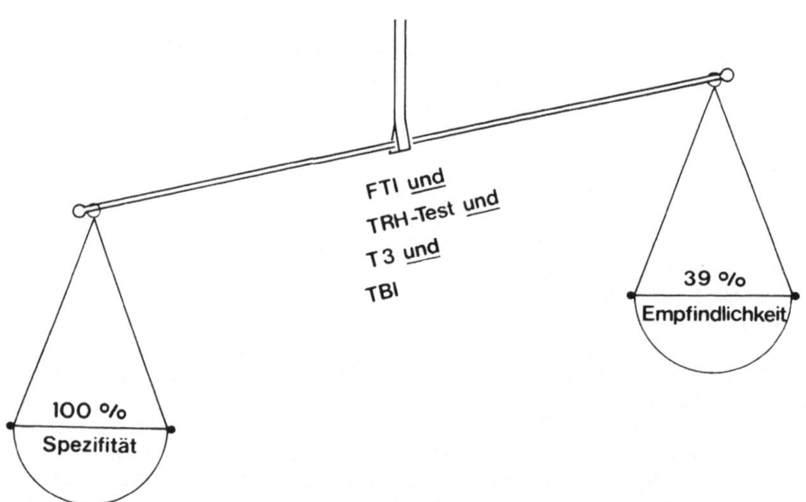

Abb. 4. Verhalten der Empfindlichkeit bei höchster Spezifität
(Klinisch-chemische Kenngrößen)

ein Kollektiv Gesunder als Vergleichsgröße dient. Es wird versucht, die Frage zu beantworten, ob in unserem Beispiel ein Patient hyperthyreot ist und sich somit von den anderen Patienten ohne Hyperthyreose aber mit gleicher oder ähnlicher Symptomatik unterscheidet und mit welcher Wahrscheinlichkeit diese Entscheidung getroffen werden kann.

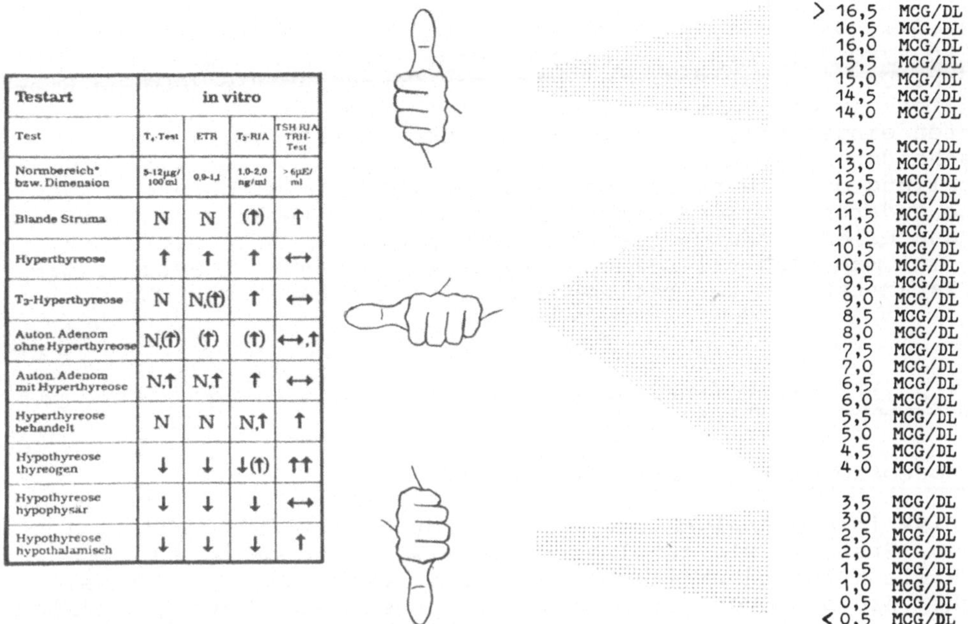

Testart	in vitro			
Test	T$_4$-Test	ETR	T$_3$-RIA	TSH-RIA TRH-Test
Normbereich* bzw. Dimension	5-12μg/ 100 ml	0,9-1,1	1,0-2,0 ng/ml	> 6μE/ ml
Blande Struma	N	N	(↑)	↑
Hyperthyreose	↑	↑	↑	↔
T$_3$-Hyperthyreose	N	N,(↑)	↑	↔
Auton. Adenom ohne Hyperthyreose	N,(↑)	(↑)	(↑)	↔,↑
Auton. Adenom mit Hyperthyreose	N,↑	N,↑	↑	↔
Hyperthyreose behandelt	N	N	N,↑	↑
Hypothyreose thyreogen	↓	↓	↓(↑)	↑↑
Hypothyreose hypophysär	↓	↓	↓	↔
Hypothyreose hypothalamisch	↓	↓	↓	↑

Abb. 5. Verfahren mit festen Entscheidungsgrenzen für einzelne Parameter: Datenreduktion auf früher Stufe
Aus quantitativen Meßwerten werden qualitative Größen

Gegen dieses Modell müssen aber auch klare Einwände erhoben werden:

1. Die Daten werden auf einer sehr frühen Stufe reduziert (s. Abb. 5). Die volle Information des Meßwertes eines bestimmten Parameters wird auf die Entscheidungsgrenze eingeengt und auf eine binäre Information reduziert, in diesem Fall positiv oder negativ. Das bedeutet, die Ergebnisse einer Analysenmethode, die mit großer Mühe optimiert wurde, werden hinsichtlich ihrer diagnostischen Bedeutung verstümmelt, aus quantitativen werden qualitative Größen. Dieser Informationsverlust ist besonders schwerwiegend, wenn mehrere Parameter kombiniert werden. Die Entscheidungsgrenzen sind starr, wenn sie einmal festgelegt sind.

2. Von der Logik her wird eine strenge Abhängigkeit der klinisch-chemischen Größen von der mit einem diagnostischen Begriff umschriebenen Erkrankung vorausgesetzt. In der Inneren Medizin sind jedoch viele Erkrankungen morphologisch definiert; histologische Veränderungen bedingen aber nicht immer in sich gleiche biochemische Veränderungen und umgekehrt. Der Arzt am Krankenbett pflegt das meist in die Worte zu kleiden, die Laborwerte seien falsch.
Darüber hinaus ist im Lernkollektiv die richtige, exakte Enddiagnose unabdingbare Voraussetzung für die Ableitung der diagnostischen Kriterien (Empfindlichkeit, Spezifität, Predictive Value, Effizienz). Notwendigerweise darf diese Enddiagnose, die ja als Basis dieses Lernkollektivs dient, nur unter Ausschluß der Kenntnis von Laborwerten gestellt werden. Wird der Laborpara-

meter mit einer wie auch immer gearteten Entscheidungsgrenze für
diese Diagnosestellung verwendet, erhält man in den Ergebnissen
der Analyse die vorher hineingesteckte Information wie ein Echo
zurück. Das ist zum Beispiel auch der Grund für die 100%ige Empfindlichkeit des TRH-Tests. Als hyperthyreot wurden nur die Patienten eingestuft, deren TRH-Test supprimiert war, wobei die
Entscheidungsgrenze bei ΔTSH 1.5 µU/ml lag. Ist aber eine Diagnosestellung ohne Kenntnis von Laborparametern möglich und werden
keine anderen, aufwendigeren klinischen oder technischen Verfahren anschließend durch die klinisch-chemischen Größen ersetzt,
dann muß man sich allerdings fragen, worin denn der Nutzen dieses Parameters in der täglichen Routine überhaupt besteht.

Multivariate Betrachtungsweise

Diagnoseorientierte Diskriminanzanalyse

Die Diskriminanzanalyse eignet sich zur Beantwortung von zwei
Fragen. Erstens, wie gut lassen sich zwei oder mehrere Gruppen
mit Hilfe klinisch-chemischer Parameter trennen und zweitens,
welcher Gruppe gehört ein Patient mit bestimmter Wertekonstella-
tion mit einer bestimmten Wahrscheinlichkeit an (20).

An einem zweidimensionalen Schema läßt sich die Arbeitsweise der
Diskriminanzanalyse anschaulich demonstrieren (s. Abb. 6). Die
beiden Ellipsen repräsentieren die bivariaten Verteilungen zweier klinisch-chemischer Parameter für zwei Diagnosegruppen. Auf
den Koordinaten sind die Parameter x_1 und x_2 aufgetragen. Pro-
jiziert man beide Verteilungen auf jeweils eine Koordinatenachse,
so werden sehr stark überlappende Verteilungen sichtbar. Das bedeutet, daß bei eindimensionaler, univariater Betrachtung dieser
Meßgrößen eine Trennung beider Diagnosegruppen nur schlecht möglich und mit einer großen Zahl falsch zugeordneter Patienten belastet wäre. Beurteilt man jedoch die beiden Parameter gleichzeitig und trennt die beiden Ellipsen durch die Gerade AA, so
sieht man in der Projektion der Häufigkeitsverteilungen auf der
zur Geraden AA senkrecht stehenden Geraden BB, daß die Trennung
der Kollektive, sehr zufriedenstellend erfolgte.

Mit Hilfe der Ergebnisse der Diskriminanzfunktion kann man nun
Patienten mit unbekannter Diagnosezugehörigkeit einer der beiden
Diagnosegruppen mit einer bestimmten Wahrscheinlichkeit zuordnen.
Dieses Modell arbeitet auch im vieldimensionalen Raum mit einer
Vielzahl voneinander unabhängiger Gruppierungen.

Mit diesen Diskriminanzfunktionen kann man des weiteren durch
Weglassen von Parametern versuchen, diejenigen zu ermitteln, die
keinen, oder nur einen geringen Einfluß auf die Klassifizierung
haben, d.h. das diagnostische Vorgehen läßt sich so auf objektive
Weise rationalisieren und die günstigste Zahl geeigneter Parameter festlegen.

Wir sind nun in zweierlei Weise vorgegangen. Erstens wurde versucht, ob sich mit Hilfe der klinisch-chemischen Parameter die

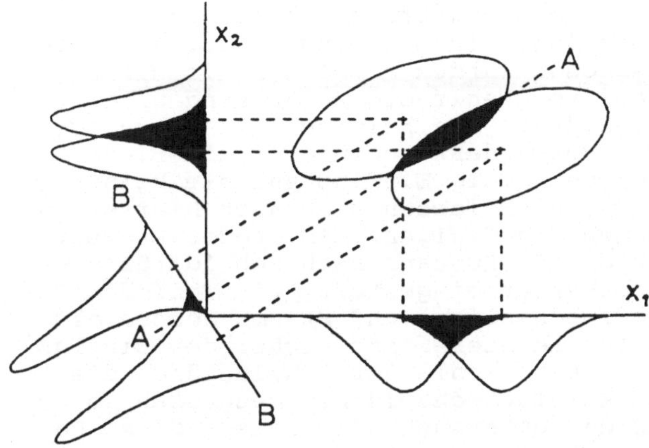

Abb. 6. Veranschaulichung der Arbeitsweise der Diskriminanzanalyse am Beispiel zweier bivariater Verteilungen. Nach (20)

Tatsächliche Gruppe

Zuordnung	1	2	3	4	5	6	7	8
1	97	2				26	41	8
2	14	13				8	4	<u>11</u>
3	5		46			<u>15</u>	7	6
4	1		2	8	2	4	2	
5			1	1	23		1	
6	18		1			28	35	2
7	24					25	39	3
8	21					21	20	7
S u m m e	180	15	50	9	25	127	149	37

Abb. 7. Reklassifikationsmatrix bei diagnoseorientierter, linearer Diskriminanzanalyse
1 = Normal große, euthyreote SD, 2 = lat. Hypothyreose, 3 = lat. Hyperthyreose, 4 = T_3-Hyperthyreose, 5 = Hyperthyreose, 6 = Struma nodosa, 7 = Struma
diffusa, 8 = Zustand n. Schilddrüsen-OP, euthyreot

klinischen Enddiagnosen als getrennte Gruppierungen erkennen lassen. Ein Maß hierfür ist die Reklassifizierung der Patienten,
die vorher als Lernkollektiv gedient hatten. Legt man der Analyse
acht Diagnosen zugrunde, nämlich normal große, euthyreote Schilddrüse, latente Hypothyreose, latente Hyperthyreose, T3-Hyperthy-
reose, Hyperthyreose, Struma nodosa, Struma diffusa und Zustand
nach Schilddrüsenoperation mit euthyreoter Stoffwechsellage, so
brachte die Reklassifizierung folgendes Ergebnis (s. Abb. 7):

Sehr gut wurden die Hyperthyreosen abgetrennt, beide Formen wurden bezüglich der Stoffwechsellage richtig eingestuft. Auch die latenten Hyper- und Hypothyreosen wurden richtig reklassifiziert. Mit einer relativ großen Zahl von Fehlzuordnungen sind allerdings die anderen Gruppen behaftet, die klinisch als euthyreot bezeichnet worden waren. Das verwundert nun nicht weiter, da die Veränderung der Größe des Organs wenig Einfluß auf die klinisch-chemischen Kenngrößen hat. Trotzdem lassen sich auch hier einige erwähnenswerte "Fehlzuordnungen" aufzeigen. Ein großer Prozentsatz der euthyreoten Patienten mit Zustand nach Schilddrüsenoperation wurde als latent hypothyreot eingestuft, ein Teil der Patienten mit euthyreoter Stoffwechsellage und Struma nodosa als latent hyperthyreot. Grund für letzteres ist sicher der Einfluß szintigraphisch warmer und heißer Areale der Schilddrüse, die sich aber noch nicht in den klinisch-chemischen Meßgrößen so bemerkbar gemacht hatten, daß der untersuchende Kollege diese Patienten als latent hyperthyreot eingestuft hätte.

Faßt man die Gruppen 1, 6, 7 und 8 als euthyreote Gruppe und die T3- und normalen Hyperthyreosen als hyperthyreote Gruppe zusammen (s. Abb. 8), so werden die Hyperthyreosen weitgehend richtig reklassifiziert. Die Zuordnungen der latent hyper- und hypothyreoten Patienten sind ausgezeichnet, bei den Euthyreoten werden allerdings nur 79% korrekt reklassifiziert, 4 Patienten fälschlich als hyperthyreot. Leider hatten wir bisher noch nicht die Zeit abzuklären, was gegebenenfalls die Ursache hierfür ist. In der letzten Spalte sind die jeweiligen Predictive Values angegeben.

Zweitens untersuchten wir mit Hilfe der Diskriminanzanalyse, welchen Einfluß Art und Anzahl der klinisch-chemischen Parameter auf die Reklassifizierung haben. Hierzu reduzierten wir die diagnostischen Gruppen auf zwei, nämlich Hyperthyreote (n=34) und Nichthyperthyreote. In Abbildung 9 sind die Häufigkeitsverteilungen der Ergebnisse der Diskriminanzfunktion für beide Gruppen als liegende Histogramme dargestellt. Auch hier ist mit einer gewissen Fehlklassifizierung zu rechnen.

	Tatsächliche Gruppe				
Zuordnung	1	2	3	4	p.v.
1	389	1			99,7%
2	55	14			20 %
3	45		49	4	50 %
4	4		1	30	86 %
S u m m e	493	15	50	34	

<u>Abb. 8.</u> Reklassifikationsmatrix bei diagnoseorientierter, linearer Diskriminanzanalyse
Die Diagnosegruppen wurden nach stoffwechselfunktionellen Gesichtspunkten gebildet.
1 = Patienten mit euthyreoter Stoffw.-Lage, 2 = lat. Hypothyreosen, 3 = lat. Hyperthyreosen, 4 = Hyperthyreosen

TRANSFORMIERTE DATEN

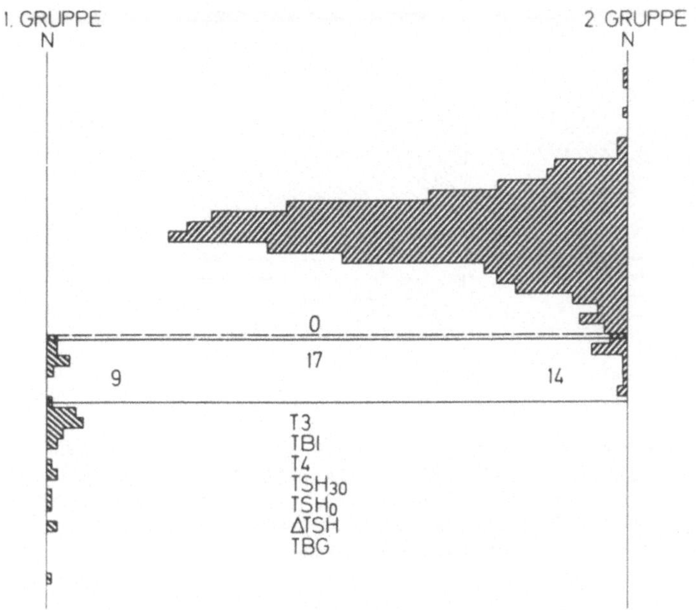

Abb. 9. Häufigkeitsverteilung und Überlappungsbereich nach Klassifizierung mit Hilfe einer linearen Diskriminanzfunktion

1. Gruppe = hyperthyreote Patienten (n=34), 2. Gruppe = nicht-hyperthyreote Patienten (n=558).
Die ausgezogenen Querstriche geben die Grenzen der Überschneidung mit der Zahl der in diesem Bereich gefundenen Hyperthyreoten und Nicht-Hyperthyreoten an. Die gestrichelte Linie ist die Entscheidungsgrenze bei einer a priori-Wahrscheinlichkeit der Hyperthyreoten von 50%. Die lineare Diskriminanzfunktion wurde mit den angegebenen sieben Parametern gerechnet, die aufsteigend nach ihrer Bedeutung für die Trennung sortiert sind

Anschließend gingen wir der Frage nach, welche klinisch-chemischen Meßgrößen den geringsten Beitrag für die Zuordnung liefern und somit weggelassen werden können (s. Abb. 10). Es ist zu erkennen, daß erstens die Verwendung transformierter Daten eine, wenn auch geringe Reduzierung des Überlappungsbereichs hervorruft - die Amplitude wird kleiner - und zweitens das Weglassen von TBG und ΔTSH zu einer besseren Trennung der beiden Kollektive führt. Die Beschränkung auf TBI und T3 allein führt allerdings nicht mehr zu einer zufriedenstellenden Trennung.

Die Reihenfolge der Parameter von oben nach unten zeigt gleichzeitig ihre Bedeutung. Am wichtigsten sind T3 und TBI sowie T4, am wenigsten wichtig TBG und ΔTSH. Wir möchten aber an dieser Stelle betonen, daß diese Aussage so nur für die Diskriminanzanalyse gilt.

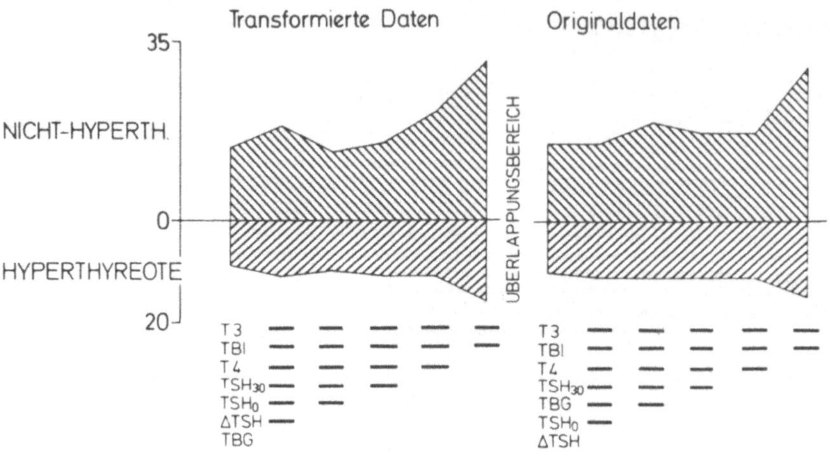

Abb. 10. Abhängigkeit des Überlappungsbereichs bei der Klassifizierung mit Hilfe einer linearen Trennfunktion von der Anzahl der eingesetzten Parameter Links: transformierte Daten (inverse Logit-Funktion), rechts: nicht-transformierte Daten, Ordinate: Zahl der Patienten im Überlappungsbereich, Zahl der Hyperthyreoten n=34, Zahl der Nicht-Hyperthyreoten n=558

Kritik an der Verwendung der diagnoseorientierten Diskriminanzanalyse

Gegenüber den zuvor dargestellten univariaten Verfahren hat die Diskriminanzanalyse einen klaren Vorteil. Die Datenreduktion erfolgt zum spätest möglichen Zeitpunkt, der Informationsgehalt der Daten bleibt lange vollständig erhalten. Neben einem gewissen Rechenaufwand bei der Erstellung der Trennfunktionen - die Reklassifizierung kann man mit programmierten Tischrechnern durchführen - ist jedoch die vorher bereits angesprochene Problematik von schwerwiegendem Nachteil, eine Diagnose als Gruppierungsmerkmal zu wählen, die unter Zuhilfenahme der erst anschließend daran zu bewertenden klinisch-chemischen Kenngrößen zustande gekommen ist.

Clusterorientierte Diskriminanzanalyse

Diese Kritik veranlaßte uns, nach anderen Wegen zu suchen. Gestatten Sie, diesen Übergang zur Clusteranalyse und clusterorientierten Diskriminanzanalyse mit einem banalen Beispiel einzuleiten:

Geht man von der üblichen Betrachtung eines einzelnen klinisch-chemischen Parameters aus, so kann man zeigen, wie sich unsere Ergebnisse auch in die gegenwärtig übliche Vorgehensweise integrieren lassen.

Erhält zum Beispiel der Arzt am Krankenbett unerwartet einen
erniedrigten Kaliumwert, so wird er überlegen, welche pathophysiologischen Zustände ein erniedrigtes Kalium verursachen können.
Entsprechend seiner Erfahrung wird er häufige Erkrankungen als
wahrscheinlichere Ursache in Betracht ziehen als seltene. "Häufig" und "Erfahrung" bedeutet, daß er sich hierbei auf das für
seinen bisherigen Arbeitsbereich übliche Patientenkollektiv bezieht. Arbeitet der Kollege in einer nephrologisch orientierten
Klinik, wird er wohl sehr früh an eine kaliumverlierende Nephro-
pathie denken, arbeitet er in einer gastroenterologisch orientierten Klinik, vermutlich zuerst an enterale Verluste. Das bedeutet, der erfahrene Kollege bezieht die lokale Prävalenz von
Erkrankungen in seine diagnostischen Überlegungen automatisch
mit ein.

Dieses Gefühl für die Häufigkeit bestimmter Erkrankungen läßt
sich selbstverständlich auch in Wahrscheinlichkeiten ausdrücken.
Für einen Parameter ist das schematisch in Abbildung 11 dargestellt. Die Kurve gibt die Häufigkeitsverteilung verschiedener
Konzentrationen einer Meßgröße an. Dabei finden sich verschiedene Diagnosen allerdings mit unterschiedlichen Wahrscheinlichkeiten in den 3 Gruppen wieder. Das gleiche kann man sich ohne
Schwierigkeiten in einem zweidimensionalen und schließlich in
einem vieldimensionalen Raum vorstellen.

Der klinisch-chemische Befund könnte dann in Zukunft möglicherweise so aussehen (s. Tabelle 6):
Nach Auflistung der analysierten Parameter folgt die Angabe der
biochemischen Entität, oder des Clusters, das Patienten mit ähn-

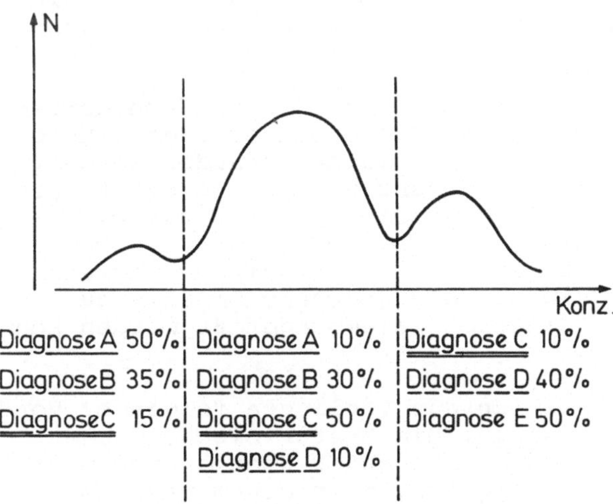

Abb. 11. Schema einer eindimensionalen "Mustererkennung" mit Angabe von
Diagnosehäufigkeiten in den gefundenen Gruppen
Konz. = Konzentration eines klinisch-chemischen Parameters, N = Häufigkeit

Tabelle 6. Befundausdruck mit Angabe der ermittelten Clusterzugehörigkeit
eines Patienten und der Häufigkeiten der in diesem Cluster gefundenen Diagnosen (Institut für Klinische Chemie am Klinikum Grosshadern der Universität München, Befundausgabe Endo. Datum 18.05.79 Blatt 1)

Name	Maier	Georg	310574X	P 23
T3 RIA	2.8	NG/ML	16.05.	O: O
TRH-T-Kurz TRH-Kurz-O'	KO.78	MCU/ML	16.05.	O: O
TRH-Kurz-30'	KO.78	MCU/ML	16.05.	O: O
T4-EMIT	12.O	MCG/DL	16.05.	O: O
TBI	1.O		16.05	O: O

Gehört zu Cluster: 9

Häufigkeiten in diesem Cluster

Hyperthyreose ges.	69%
T3-Hyperthyreose	15%
Struma diff.	15%
Struma nod.	8%
Norm. große SD, Euthyr.	8%

lichen Wertekonstellationen zusammenfaßt. Zur zwischenzeitli-
chen Orientierung, bis diese Clusterangaben als Kürzel mit Vorstellungen verbunden sind, sind darunter die Häufigkeiten für
verschiedene Diagnosen und/oder Einflußgrößen aufgelistet, die
bei dieser Konstellation, also in diesem Cluster vom Kliniker
gefunden wurden.

Um zu solchen Angaben zu kommen, müssen erst Gruppen von Wertekombinationen ähnlicher Konstellation, also Muster oder Cluster,
unter Ausschluß der Kenntnis klinischer Daten gefunden werden.
Dazu sind die bisher besprochenen Verfahren nicht geeignet. Der
einzig gangbare Weg dorthin führt über die Clusteranalyse.

Clusteranalysen sind definitionsfrei, Clusteranalysen liefern
als Ergebnis Informationen darüber, wie gegebene Befunde zu
Gruppen ähnlicher Befundkonstellation zusammengefaßt werden können.

Die Anwendung dieser Technik ist an das Vorliegen folgender Voraussetzungen bzw. Annahmen gebunden: Die Muster biochemischer
Profile gehen nicht kontinuierlich ineinander über, sondern bilden, anschaulich gesprochen, Verdichtungen in einem mehrdimen-
sionalen Raum. Die Zeitspanne für die Entwicklung einer Erkrankung ist verglichen mit dem mehr stationären Zustand der Mani-
festationsphase kurz (Kurven I und II), so daß bei der gleichzeitigen, transversalen Betrachtung vieler Patienten zahlenmäßig
die Nichterkrankten sowie die manifest Erkrankten überwiegen und
die Übergangsformen in der Minderzahl sind (s. Abb. 12). In die
gleiche Richtung wirkt auch, daß erst ein gewisser Leidensdruck

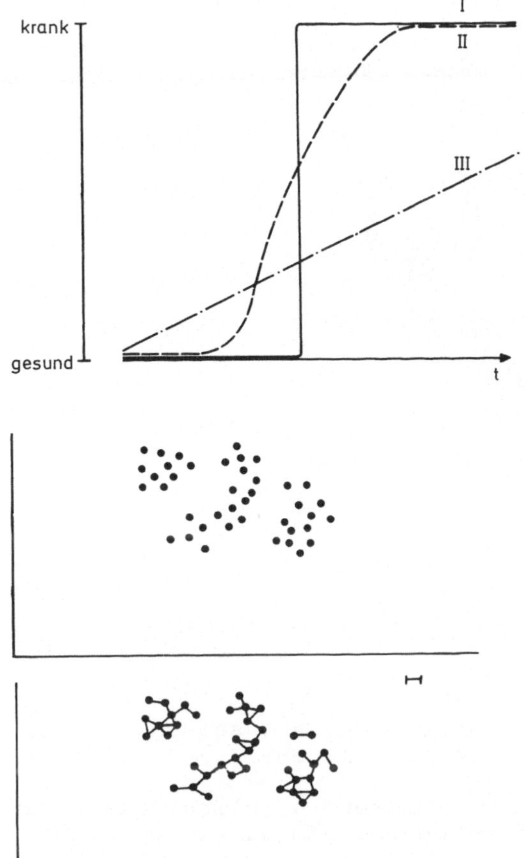

Abb. 12. Schematische Darstellung der unterschiedlichen zeitlichen Entwicklung verschiedener Erkrankungen
Die Mustererkennung arbeitet am besten für die Kurven I und II

Abb. 13. Schema der Clusteranalyse (Single Linkage). Nach 21

erforderlich ist, bis der Patient sich als solcher fühlt, einen Arzt aufsucht und zu diesem Zeitpunkt bereits deutlichere Symptome zeigt.

Am zweidimensionalen Beispiel (21) kann man leicht demonstrieren, wie die Clusteranalyse arbeitet (s. Abb. 13). Nahe beieinander liegende Punkte werden zuerst als Cluster zusammengefaßt. In den weiteren Schritten werden die beieinanderliegenden kleinen Cluster dann zu größeren vereinigt, bis am Ende nur noch ein Cluster vorhanden ist, in dem alle Punkte liegen. Die Vorstellung, einen Baum von der Krone her nach unten in horizontale Scheiben zu zer-

138

legen und nachzuvollziehen, welche Äste jeweils zusammengehören,
kann ebenfalls als Bild für diese Technik dienen.

Diese bildliche Vorstellung ist auch insofern dienlich, als sich
das Ergebnis der Clusteranalyse als Dendrogramm darstellen läßt
(s. Abb. 14).

Verzweigungen weit oben sind gleichbedeutend damit, daß die
Fälle, hier im siebendimensionalen Raum, vergleichsweise nahe
beieinander liegen. Umgekehrt heißt Verzweigung weit unten deutliche Abgrenzbarkeit zwischen den einzelnen Punktwolken. Die
sieben Dimensionen sind die von uns in die Analyse einbezogenen
sieben Laborgrößen.

Bei der hier vorliegenden Fassung wurde die Clusteranalyse mit
den nicht-transformierten Originaldaten nach WARD (22) durchgeführt. Die so erhaltenen Muster wurden dann als Gruppierungsmerkmal in der Diskriminanzanalyse verwendet und die Koeffizienten
der Diskriminanzfunktion ermittelt. Mit deren Hilfe kann die
Gruppenzugehörigkeit einzelner Patienten angegeben werden.

Möglicherweise bedeutet die Aufspaltung bisher als einheitlich
angesehener Krankheitsbilder in verschiedene Cluster die Abtren-
nung pathophysiologisch bedeutungsvoller Untereinheiten mit anderer Prognose oder anderer therapeutischer Zugänglichkeit. Das
wäre eine Bestätigung für die Richtigkeit unserer Vorgehensweise.
Das läßt sich aber erst nach einer längeren Erfahrungsperiode
im Umgang mit diesen neuen Merkmalen beurteilen.

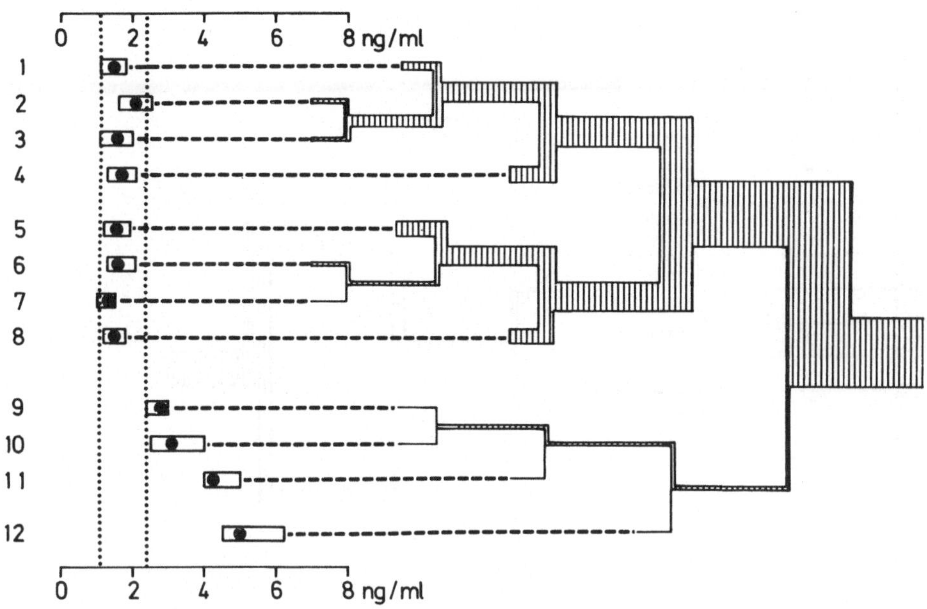

Abb. 15. Serumkonzentration von Trijodthyronin in den Clustern 1-12
(Median = dicker Punkt sowie 5. und 95. Perzentile)
Die senkrecht verlaufenden, gepunkteten Linien geben den Referenzbereich an.

Nach der Clusterbildung entschieden wir uns für eine Zusammenfassung in 26 Primärcluster. Die Abbildungen 15 und 16 zeigen die
beiden Hauptäste des Baumes. Der Stamm mit dem Nebenast der Hypothyreosen ist nicht gezeichnet. In der linken Hälfte sind die
durch dicke Punkte gekennzeichneten Mediane und der Bereich zwischen der 5. und der 95. Perzentile für Trijodthyronin angegeben.
Die senkrechten gepunkteten Linien entsprechen dem Referenzbereich Euthyreoter. In der rechten Hälfte ist das Dendogramm der
Cluster liegend dargestellt. Die Dicke der Äste ist ein Maß für
die Zahl der in diesen Clustern zusammengefaßten Patienten. In
der Kürze der Zeit kann ich nur einige Besonderheiten herausgreifen. So sind die erhöhten T3-Werte in den Clustern 9-12 deutlich
zu erkennen, die sich pathobiochemisch fast ausschließlich als
Hyperthyreosen interpretieren lassen (s. Abb. 16). In Cluster 2
sind Patienten mit latenter Hyperthyreose oder unter suffizienter
Hormonsubstitution zusammengefaßt.

In Abbildung 16 ist der zweite Hauptast des Clusterbaumes dargestellt. In Cluster 18-22 sind vorwiegend Patienten unter Östro-
genmedikation mit folglich erhöhtem TBG und erhöhten Hormonspie-
geln zu finden. In Cluster 23 und 24 sind die latenten Hypothyreosen zusammengefaßt.

Ob die gewählte Anzahl von Clustern optimal ist, müssen weitere
Untersuchungen ergeben. Die Diskriminanzanalyse mit den Clustern
als Entscheidungsmerkmal ergab für den rechten Ast sehr geringe

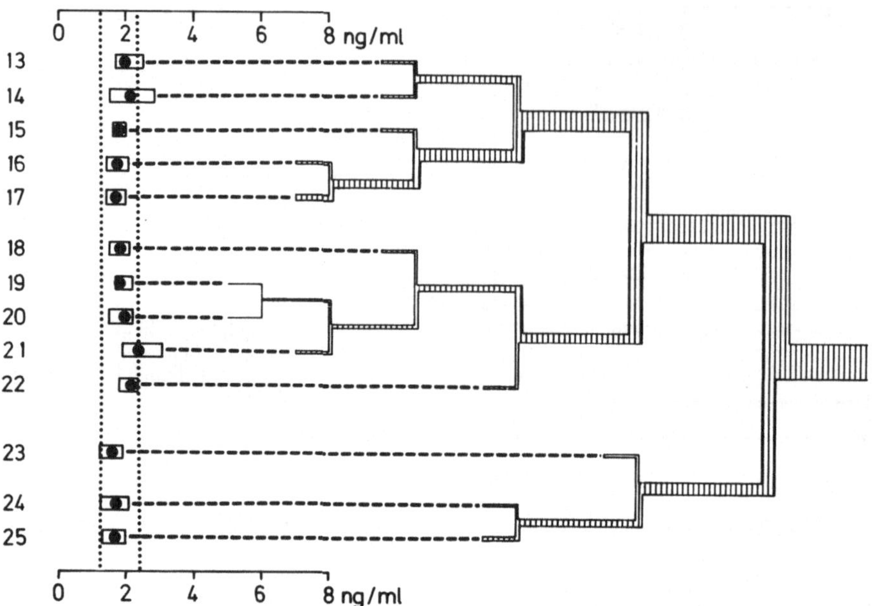

Abb. 16. Serumkonzentration von Trijodthyronin in den Clustern 13-25

Fehlreklassifizierungen. Das bedeutet, daß hier deutlich von einander abgegrenzte, klinisch-chemische Entitäten vorliegen, im
linken Hauptast kann man sicher zum Teil noch stärker zusammenfassen.

Versucht man auch hier wie vorhin bei der diagnoseorientierten
Diskriminanzanalyse die Zahl der klinisch-chemischen Parameter
zu reduzieren, ohne dabei die Zahl der Fehlklassifizierungen
deutlich ansteigen zu lassen, so ergibt sich in der Bedeutung
dieser Größen für die Trennung ein ähnliches Bild. Am einfluß-
reichsten sind T3, TBI und T4. Auch hier hat TBG nur einen geringen Stellenwert.

Kritik an der clusterorientierten Diskriminanzanalyse

Bei Clusteranalysen wird keine Vorkenntnis in Bezug auf Gruppen-
zugehörigkeiten vorausgesetzt. Es muß jedoch beachtet werden,
daß die Gruppenbildung aufgrund rein mathematischer Abstandsmaße
erfolgt. Daher ist es häufig sinnvoll, vor der Clusteranalyse
eine Datentransformation durchzuführen. Unbedingt aber ist nach
der Clusteranalyse für jeden einzelnen Fall die errechnete Gruppenzugehörigkeit zu überprüfen und zwar inwieweit gebildete Gruppen pathophysiologisch sinnvoll weiter zusammenzufassen sind
oder feiner aufgeteilt bleiben sollen.

Sowohl durch die Datentransformation als auch durch die Entscheidung für größere oder kleinere Cluster kann Einfluß auf die Zuordnung genommen werden. Da die gefundenen Cluster aber keine
Krankheitseinheiten im herkömmlichen Sinne darstellen, sondern

Überbegriffe für ähnliche, mit freiem Auge sonst nicht erkenn-
bare Meßwertkonstellationen sind, ist dieser Einwand unserer
Meinung nach unbedeutend.

Schlußbemerkungen

Die Arbeiten an dem von uns vorgeschlagenen Weg, der hier am
Beispiel der Schilddrüsendiagnostik vorgestellt wurde, sind noch
keineswegs als abgeschlossen zu betrachten. Wir sind noch für
die nächsten Jahre ausreichend mit Themen versorgt. Vor allem
stehen noch Untersuchungen zur Stabilität des Systems aus. Ebenso muß eine Fehlerbetrachtung des Gesamtsystems durchgeführt
werden.

Zusammenfassend läßt sich sagen, daß dieses Vorgehen sicherlich
nicht auf alle klinisch-diagnostischen Fragestellungen anwendbar
ist, die an den Arzt im Labor herangetragen werden. Diese Technik läßt sich aber unserer Einschätzung nach auf eine Reihe anderer diagnostischer Probleme wie zum Beispiel die Differentialdiagnose der Lebererkrankungen oder des Herzinfarkts anwenden.
Wir hoffen, daß es gelungen ist, zu verdeutlichen, welche Vielfalt an Information in der Kombination quantitativer Daten steckt
und wie sie mit geeigneten Methoden zugänglich gemacht werden
kann.

Vielleicht erschien manchem von Ihnen die taxonomische Vorgehensweise ein Rückschritt in vergangene Jahrhunderte zu sein, als
der Arzt ohne die heute übliche Art der Untersuchung des Patienten aus der bloßen Betrachtung des Urins die Diagnose stellte.
Diese Analogie erschiene uns jedoch nicht zutreffend. Bekommt
der Arzt am Krankenbett doch schon seit langem die fachspezifi-
sche Bewertung etwa des Pathologen oder des Röntgenologen, die
er dann in einer Gesamtschau in sein diagnostisches Gebäude ein-
bezieht. Ähnlich wie von den anderen Fachkollegen bekäme er dann
vom Arzt im Labor nicht nur einen nackten Meßwert, sondern zusätzlich eine unabhängige Interpretation, die ihm seine Entscheidungsfindung erleichtert.

Literatur

1. SANDEL P, VOGT W (1978) In: Computing in clinical labora-
   tories, SIEMASZKO F (Ed) Pitman Medical, p 272
2. SANDEL P, VOGT W, JÜNGST D, BRODA S (1978) In: Schilddrüse
   77. WEINHEIMER B, JUNG I, GLOEBEL B (Hrsg). Georg-Thieme-
   Verlag, Stuttgart, S 95
3. SANDEL P, VOGT W, BRODA S, JÜNGST D, KNEDEL M (1978) International Congress of Clinical Chemistry, 26.2.-3.3.1978
   Mexico City, Mexiko

4. SANDEL P, VOGT W, BRODA S, JÜNGST D, KNEDEL M (1978) Tagung "Biochemische Analytik 78", 18.-21.4.1978, München. Abstract in: Z Anal Chem 290:129
5. VOGT W (1978) 27. Deutscher Kongreß für ärztliche Fortbildung, 16.-25.5.1978, Berlin
6. SANDEL P, VOGT W, JÜNGST D, BRODA S, KNEDEL M (1978) 4e colloque international biologie prospective, 2-7 octobre 1978, Pont-a-Mousson, Frankreich
7. SANDEL P, VOGT W, JÜNGST D, BRODA S (1978) 23. Jahrestagung der GMDS, 9-11.10.1978, Köln
8. VOGT W, SANDEL P (1979) Workshop "Efficacy of Tests", 27.-29.3.1979, Salzburg, Österreich
9. KLEIN E, KRACHT J, KRÜSKEMPER HL, REINWEIN D, SCRIBA PC (1966) Dtsch Med WSchr 98:2249
10. MURPHY EA, ABBEY H (1966) J chron Dis 20:79
11. SCHOEN I, BROOKS SH (1969) Am J Clin Pathol 53:190
12. GALEN RS, GAMBINO R (1975) Beyond normality: Predictive value and efficiency of medical diagnoses. John Wiley & Sons, New York
13. ELVEBACK LR, GUILLIER CL, KREATING FR (1970) J Amer Med Assoc 211:69
14. DYBKAER R (1972) Scand J Clin Lab Invest 29:19.1
15. MAINLAND D (1971) Clin Chem 17:267
16. VECCHIO TJ (1966) New Engl J Med 274:1171
17. WERNER M, BROOKS SH, WETTE R (1973) Human Pathology 4:17
18. WERNER M (1977) Med Welt 28:1254
19. BÜTTNER J (1977) J Clin Chem Clin Biochem 15:1
20. SOLBERG HE (1975) Scand J clin Lab Invest 35:705
21. WINKEL P (1973) Clin Chem 19:1239
22. WARD JH (1963) J Am Stat Ass 58:236

Klinik

H.-L. Krüskemper

Ich möchte meine Ausführungen im Sinne eines Korreferates halten
und hoffe zunächst, in aller Namen zu sprechen, wenn ich den
Herren VOGT und Mitarbeitern zu ihrer Arbeit gratuliere. Es ist
meines Wissens das erste Mal, daß ein solcher Ansatz gemacht
wurde, und es sind außerordentlich interessante Ergebnisse dabei
herausgekommen.

Das Problem der Klinik liegt allerdings ein wenig anders. Die
klinische Diagnostik von Schilddrüsenproblemen - ich drücke mich
absichtlich vage aus - richtet sich auf zwei Fragen. Bei jedem
Patienten, der untersucht wird, müssen wir zwei Antworten geben.
Die eine Frage lautet: Wie ist die Versorgung des Organismus mit
Schilddrüsenhormonen? Ist sie normal, erhöht oder vermindert?
Die zweite ist: Liegt eine Schilddrüsenerkrankung vor oder nicht?
Es muß also eine funktionelle Aussage mit einer organisch-topi-
schen gekoppelt werden. Und wenn ich meine Meinung - die ich
noch erläutern werde - zum vorhergehenden Referat zusammenfassen
darf, so ist es die, daß ein solches Verfahren der Validierung
sicherlich hervorragend geeignet sein kann zum Erfassen der verschiedenen Typen der Versorgung mit Schilddrüsenhormon, oder
- anders ausgedrückt - zur Aussage darüber, ob bei einem Patienten eine Hyperthyreose besteht, eine Hypothyreose oder ob er
euthyreot ist. Diese Verfahren sind aber ungeeignet zur Diagnose
von Schilddrüsenerkrankungen. Wenn man sich darüber klar ist,
kann man auch ohne Schwierigkeiten die Probleme erklären, in die
Herr VOGT mit seinen acht Gruppen geraten ist.

Ich sagte, daß wir den Begriff Hyperthyreose genau fassen müssen.
Herr VOGT hat nicht definiert, was er unter Hyperthyreose versteht; daher müssen wir uns zuerst mit der Semantik beschäftigen.
Die Sektion Schilddrüse der Deutschen Gesellschaft für Endokri-
nologie hat sich einen ganzen Tag mit der Definition des Begriffes Hyper- und Hypothyreose befaßt und festgelegt: Hyperthyreose
ist nicht Überfunktion der Schilddrüse, Hyperthyreose ist nicht
ein klinisches Krankheitsbild, Hyperthyreose ist nicht ein Stoff-
wechselstatus, sondern Hyperthyreose ist ein zuviel an Schilddrüsenhormon im Körper, gemessen an der zirkulierenden Hormonkon-
zentration. Umgekehrt ist also Euthyreose eine normale Versorgung des Organismus und Hypothyreose ein Zustand, bei dem zu
wenig Schilddrüsenhormon vorhanden ist. Die Frage richtet sich
also stets auf dieses Zuviel, Normal oder Zuwenig an verfügbarem
Schilddrüsenhormon. Das muß ich voranschicken, und ich glaube,
die Tatsache, daß Sie Hyperthyreose gleichbedeutend einmal als
Krankheitsbild und einmal als Funktionsstadium benutzt haben,
hat zu den Schwierigkeiten bei den acht Diagnosegruppen geführt.
Sie haben ja innerhalb dieser Gruppen beide Zustände vermischt;
ich darf Ihre Einteilung noch einmal kurz aufzählen:

Latente Hypothyreose ist eine Hypothyreose, die wir als subklinische Hypothyreose bezeichnen, die dadurch charakterisiert ist, daß der TSH-Spiegel hoch bzw. der T_4-Spiegel niedrig ist. Es gibt kein klinisches Korrelat dafür.

Latente Hyperthyreose ist ein funktioneller Begriff, wir würden sagen leichte Hyperthyreose. Sie definieren diesen Zustand durch den Nachweis von zuviel Schilddrüsenhormon bei negativem TRH-Test, unter Umständen auch am hohen T_3-Spiegel. Davon abgetrennt ist die *T_3-Hyperthyreose*, eine klinisch-chemische Entität im Rahmen der Beschreibung von Hyperthyreosen; es ist aber keine davon irgendwie abgrenzbare Krankheitsentität.

Die *Hyperthyreose* bedeutet das volle Bild mit negativem TRH-Test, hohem T_4 und hohem T_3. Für den Kliniker fehlt in Ihrem Schema die weitere Differenzierung, nämlich Hyperthyreose

> *bei* Morbus Basedow oder Autoimmunthyreopathie
> *bei* subakuter Thyreoiditis
> *bei* autonomem Adenom, etc.;

das sind sehr verschiedene Krankheiten mit verschiedenen therapeutischen Konsequenzen.

Dann kommen bei Ihnen histologische bzw. morphologische Aussagen, nämlich *Struma nodosa* und *Struma diffusa*. Die Struma diffusa ist lediglich ein beschreibendes Bild über den Zustand der Schilddrüse und sagt nichts darüber, wie der Funktionszustand ist.

Als letzte Gruppe haben Sie *Zustand nach Schilddrüsenoperation*. Patienten mit Carcinom haben Sie offensichtlich nicht gehabt, Patienten mit Thyreoiditis könnten sich unter Umständen in der Struma diffusa verstecken. Zwei waren genannt, aber ohne daß gesagt wurde, welche Art der Thyreoiditis das war.

Meine Bitte geht dahin, daß Sie, wenn möglich, Ihr Material noch einmal untersuchen, ob Sie nicht diese zwei Dinge ganz scharf trennen können: die funktionelle Beschreibung Ihres Materials und die möglichen Krankheitsbezeichnungen dazu.

Nun möchte ich auf die *Parameter* eingehen, *die wir Kliniker im klinisch-chemischen Programm gern sehen möchten*. Es taucht ja in der Klinik nicht die Frage auf: Liegt bei dem Patienten überhaupt eine Schilddrüsenfunktionsstörung vor? Es werden drei konkrete Fragen gestellt: "Hat der Patient eine Hyperthyreose, wir haben den Verdacht? Hat der Patient eine Hypothyreose, wir haben den Verdacht? Wir haben einen Patienten unter Therapie, ist er euthyreot?" Diese drei Fragen müssen Sie beantworten, dafür sind Ihre Bewertungsverfahren möglicherweise gut geeignet.

Aber die klinisch-chemischen Methoden, die hier zur Verfügung stehen, und im Zentrum steht zweifellos der TRH-Test, haben eine Menge von Stör- und Irrtumsmöglichkeiten, die noch weit über das hinausgehen, was Herr KELLER heute morgen dargelegt hat. Ich möchte Ihnen anhand einiger Beispiele diese Problematik aufzeigen.

In Tabelle 1 sind die Probleme des erhöhten T_3 dargestellt. Ausgehend von der Frage, ob bei einem Patienten eine Hyperthyreose

<u>Tabelle 1.</u> Erhöhung der Serum-T_3-Konzentration

A. *Mit erhöhtem Serum-T_4*

   1) Diffuse dekompensierte Hyperthyreose
   2) Klinisch dekompensiertes autonomes Adenom
   3) Toxic multinodular goiter

B. *Mit normalem oder erniedrigtem T_4*

   1) T_3-Hyperthyreose
   2) Behandelte Hyperthyreose (Thyreostatika, OP., [131]J)
   3) Jodmangel (-Struma)
   4) Hashimoto-Thyreoiditis
   5) Sog. endokrine euthyreote Ophthalmopathie
   6) TBG-Mangelzustände mit Hyperthyreose
   7) T_3-Applikation (T_3-T_4-Kombinationspräparate)
   8) Fehlbestimmungen (Autoantikörper gegen SD-Hormone i.S .)

---

besteht, ist der beste Screening-Test heute immer noch das erhöhte T_3. Aber, Sie sehen, es gibt eine ganze Menge von Möglichkeiten in Abschnitt B der Tabelle, bei denen keine Hyperthyreose
besteht, obwohl das T_3 erhöht ist. Das sind Dinge, die der Klinische Chemiker nicht abchecken kann, das ist eine Liste, die
der Arzt abhaken muß, wenn er einen erhöhten T_3-Wert bekommt.
Das ändert nichts an der Tatsache, daß die einfachste Screening-
Methode zur Beantwortung der Frage: "Liegt eine Hyperthyreose
vor oder nicht?", die isolierte T_3-Bestimmung ist. Der TRH-Test
ist noch besser, wie ich zeigen werde.

Komplizierter wird es durch die Beeinflussung der Schilddrüsenparameter durch andere, vor allem extrathyreoidale Faktoren.
Bitte betrachten Sie in Abbildung 1 die Rubrik "Kranke". Das
freie T_4 steht in Konkurrenz zum Gesamt-T_3. Bei der Frage, ob
eine Hyperthyreose vorliegt oder nicht, sind beide Parameter
sehr gut, aber auch das freie T_4 hat eine erhebliche Streuungsbreite, z.B. finden Sie bei schwerkranken älteren Patienten, bei
denen später keine Hyperthyreose diagnostiziert werden konnte,
häufig sehr hohe Werte für das freie T_4, gelegentlich aber auch
einmal sehr niedrige Werte, ohne daß man im Einzelfall in der
Lage ist, die Ursache zu finden. Wir haben also hier Pseudohyperthyreosen und Pseudohypothyreosen.

Nun zum TRH-Test, s. Tabelle 2. Hier möchte ich noch einmal kurz
die Möglichkeiten auflisten, die den TRH-Test von der methodischen Seite beeinflussen können. Das entspricht etwa dem, was
Herr KELLER heute morgen dargelegt hat. Wie Tabelle 3 zeigt – das
ist sehr wichtig – unterliegt der TRH-Test vor allem beträchtlichen Einwirkungen durch Pharmaka. Dies ist wiederum eine Gruppe
von Einflußmöglichkeiten, die der Klinische Chemiker bei der Interpretation des TRH-Tests nicht überblicken kann. Er wäre überfordert, wenn er hierzu im einzelnen Stellung nehmen sollte. Genauso wie beim T_3 gehört eine solche Liste auf den Schreibtisch
des Arztes, der den TRH-Test interpretiert.

Es wird noch komplizierter, wenn wir in pathophysiologische oder
klinische Bereiche kommen, bei denen es sich um Krankheiten han-

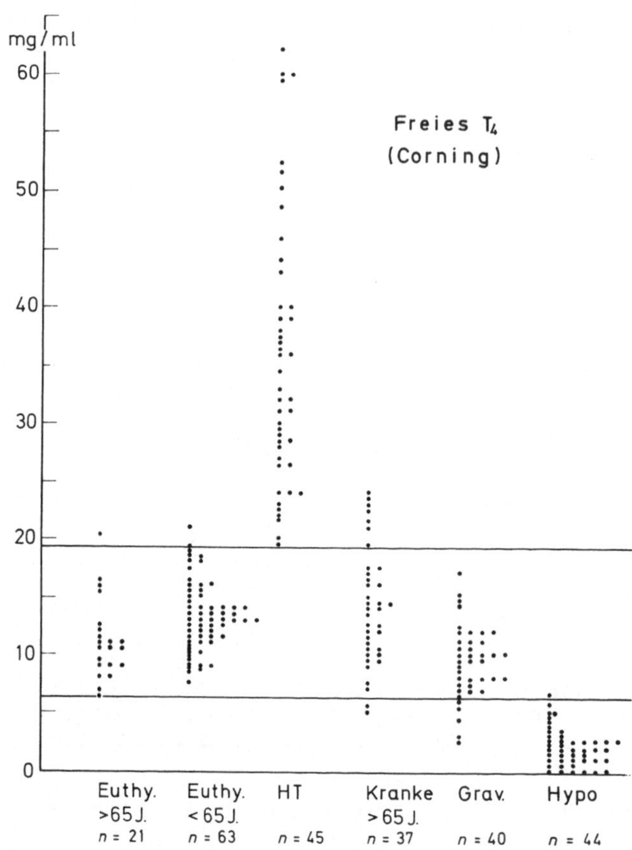

Abb. 1. Serumkonzentration an "Freiem T₄" bei verschiedenen Personengruppen

Tabelle 2. Beeinflussung des TRH-Tests durch methodische Faktoren

Ergebnisse des TRH-Kurztests abhängig von:

1. Tageszeit
2. TRH-Dosis
3. Zeitpunkt des maximalen TSH-Anstiegs
4. Zeitpunkt einer evtl. Wiederholung des Tests
5. Art des TSH-Radioimmuno-Assays

delt, die an der Schilddrüse phasisch ablaufen, in Phasen, die
etwa jeweils bis zu mehreren Monaten dauern können. Sie sehen
das als Beispiel in Tabelle 4 bei der subakuten Thyreoiditis. Das
ist eine Erkrankung, die heute immer häufiger zu werden scheint,
die vor allem auch in der sogenannten asymptomatischen Form dazu führt, daß Fehldiagnosen immer häufiger werden, weil die
Schilddrüse nicht schmerzt, wie es üblicherweise der Fall ist.
Sie können sich vorstellen, daß je nach Phase aus der gesamten
Konstellation irrtümlich eine Hyperthyreose diagnostiziert wird.
Es wäre nichts falscher, als diesem Patienten Thyreostatika zu
geben. Umgekehrt kommt es in späteren Phasen der Erkrankung zum
vollen klinisch-chemischen Bild der Hypothyreose und es wäre
auch hier wiederum ganz falsch, diese Patienten mit Schilddrüsen-

Tabelle 3. Beeinflussung des TRH-Tests durch Hormone, Neurotransmitter, Drogen und Krankheiten

	Hemmung	Förderung	Kommentar
Glucocorticoide	+		bei Kurzzeit-Applikation: hypothalamische Blockade bei Langzeit-Applikation: auch hypophysäre Blockade
Somatostatin	+		Hemmung auch von: STH, Insulin, Glucagon, Gastrin, Prolactin??
Katecholamine	?	?	
Phentolamin	+		
Reserpin	+		
L-Dopa	+		⎱ Hemmung auch der Prolactin-Antwort auf TRH
Dopamin	+		⎰
Prostaglandine		+	evtl. durch Steigerung der hypophysären TRH-Empfindlichkeit
Indomethacin	+		⎱ Hemmung der Prostaglandinsynthese
Acetylsalicylsäure	+		⎰
Theophyllin		+	Hemmung des cyclischen-AMP-Abbaus
Phenobarbital	+		
Äther	+		
Niereninsuffizienz		+	Verminderung der renalen TRH-Ausscheidung

hormon zu behandeln. Es genügt also nicht, daß man sich funktionell ausdrückt, sondern, ich betone es noch einmal, es gehört unbedingt die Beschreibung der Schilddrüsenerkrankung dazu, wenn eine solche vorhanden ist.

Anhand von Abbildung 2 möchte ich Ihnen die extremen Verschiebungen zeigen, die durch Therapie verursacht sein können. Wir haben hier einen Patienten mit einer thyreotoxischen Krise. Sie sehen, daß es am Tag der Hämoperfusion plötzlich zu einem Absacken des T_4 bis praktisch auf normale Werte kommt. Wenn man sich hier auf den T_4-Wert allein verließe, würde man sagen, der Patient ist euthyreot und nicht weiter behandlungsbedürftig. Dagegen kommt es gleichzeitig zu einem starken Anstieg des freien T_4 und damit zu einer beträchtlichen Vermehrung des verfügbaren Hormons. Das ist eine Wirkung, die ausschließlich auf das hier verabreichte Heparin zurückgeht.

Tabelle 5 zeigt ein weiteres Beispiel, eine thyreotoxische Krise unter Therapie mit einem Gesamt-T_4 von 1 µg/dl, also ein extrem niedriger Wert. Wenn Sie nur diesen Wert hätten, würde man unter Umständen sagen, das kann gar keine thyreotoxische Krise sein. Dazu noch ein erniedrigtes T_3 von 39 ng/dl. Dann stellt man aber fest, daß das freie T_4, direkt gemessen, extrem erhöht ist, analog zum T_3, weil das Thyroxin vom Bindungsprotein abgekoppelt ist. Je nachdem, welche Parameter man hier gemessen hat, bekommt man möglicherweise ganz falsche Diagnosen!

Tabelle 4. Verlauf der subakuten Thyreoiditis

	Stoffwechsel-lage	Lokalbefund	Laborbefunde allgemein	speziell	in vivo-Funktion
Stadium 1 = akutes Stad. (1–2 Monate)	häufig Hyperthyreose	Struma Schmerzen	BSG↑ α_2-Globulin↑	T_4 u. T_3↑ Diskrepanz zwischen mäßiger RIA-T_4-Erhöhung u. stärker erhöhtem $PB^{127}J$	^{131}J-uptake vermindert $PB^{131}J$-vermindert Scintigraphie evtl. unmöglich
Stadium 2 = Zwischen-Stad. (1–3 Wochen)	Euthyreose	Struma härter keine Schmerzen	BSG↑ α_2-Globulin↑	T_4 u. T_3 normalisiert	^{131}J-uptake noch niedrig normal oder schon erhöht
Stadium 3 Stad. der Kompensation oder Hypothyreose (2–4 Monate)	Euthyreose bis Hypothyreose	Rückgang der Struma	BSG normalisiert	T_4 u. T_3 normal oder erniedrigt	^{131}J-uptake meist stark erhöht, bei erhöhtem Serum - TSH
Stadium 4 Erholungs-Stad. (1–6 Monate)	Euthyreose	gewöhnlich keine Struma mehr	BSG normal	T_4 u. T_3 normal	^{131}J-uptake noch hoch oder normalisiert

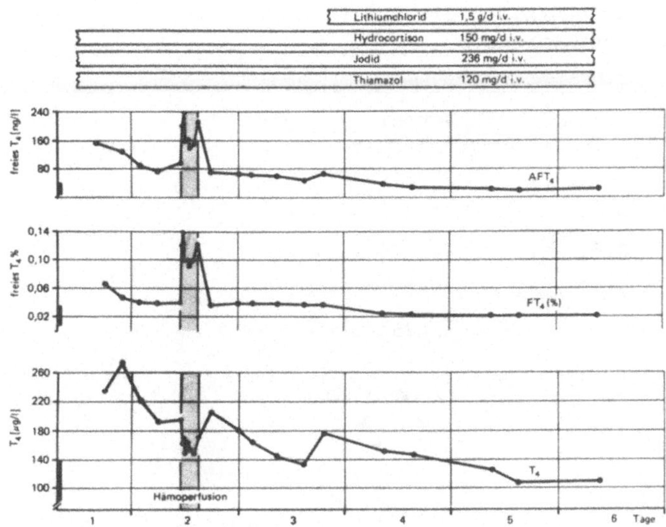

Abb. 2. Veränderung von Schilddrüsen-Parametern unter Therapie
Patient mit thyreotoxischer Krise

Tabelle 5. Thyroxin-Konzentrationen im Liquor und Serum

	Liquor–T₄ (ng%)
Euthyreosen (N=13)	268 ± 80
Thyreotoxische Krise	*628*
unter Therapie	*Serum*
Ges.-T₄	1,1 (5-13,5 µg%)
Ges.-T₃	39,0 (80-200 ng%)
Freies T₄	38,3 (5,1-17,6 pg/ml)
Freies T₃	8,0 (2,4-6,1 pg/ml)

Noch eine Komplikation, die heute mehr Beachtung finden müßte,
die in die letzte Klassifikation von 1973 noch gar nicht eingegangen ist: Sie wissen, es gibt Bindungsanomalien für Schilddrüsenhormone aufgrund von zuviel oder zuwenig TBG. Das ist genetisch bedingt, gelegentlich auch durch Östrogene verursacht.
In Tabelle 6 möchte ich Ihnen Daten von einer Patientin zeigen,
die zirkulierende, hormonbindende Schilddrüsen-Antikörper hat,
die möglicherweise Thyreoglobulin-Antikörper sind. Bei dieser
Patientin wurde für T₄ und T₃ Null gemessen, das geht natürlich
nicht: wenn beides Null wäre, dann dürfte ETR auch nicht meßbar
sein, aber ETR beträgt 0,67. Das TSH ist nur mäßig erhöht, das

Tabelle 6. Labordaten einer Patientin mit zirkulierenden, Schilddrüsenhormon bindenden Antikörpern
Alter 14 Jahre

	Patient	Normal
T_4-RIA (μg/dl)	O	5-14
T_3-RIA (ng/dl)	O	80-200
ETR	O.67	O.84-1.1O
TSH (μU/ml)	6	O-5
TRH-Test (TSH, 30 min, 400 μg TRH)	40	3-25
TBG (mg/dl)	3.25	1.OO-3.40
TRC	1/5	

Tabelle 7. Werte der Schilddrüsen-Parameter bei mit T_3 und T_4 immunisierten Tieren. ABT_3 = mit T_3 immunisierte Tiere, ABT_4 = mit T_4 immunisierte Tiere

	Free-T_3 (%)	Total-T_3 (ng%)	AFT$_3$ (ng%)	Free-T_4 (%)	Total-T_4 (μg%)	AFT$_4$ (ng%)
Controls	0,245 ± 0,025 (13)	79 ± 22 (13)	0,193 ± 0,009 (13)	0,055 ± 0,008 (13)	3,2 ± 1,0 (13)	1,76 ± 0,58 (13)
ABT_3	0,003 ± 0,0007 (7)	59700 ± 7600 (5)	1,96 ± 0,79 (5)	0,023 ± 0,008 (7)	19,8 ± 7,4 (7)	4,26 ± 1,51 (7)
ABT_4	0,033 ± 0,010 (5)	2370 ± 699 (4)	0,85 ± 0,21 (4)	0,006 ± 0,002 (5)	45,2 ± 20,5 (5)	2,71 ± 1,12 (5)

paßt gar nicht zu den Null-Daten, und im TRH-Test kommt es zu einem leicht erhöhten Anstieg des TSH im Blut. Das TBG ist überhaupt nicht vermehrt.

Man hat daraufhin in Tierversuchen geprüft, ob so etwas möglich ist (Tabelle 7). Man fand bei Tieren, die Antikörper gegen T_3 für den RIA erzeugten, von einem Normalwert von 80 ng/dl ausgehend, einen Anstieg auf 60.000, ohne daß diese Tiere hyperthyreot waren. Das gesamte T_3 war eiweißgebunden und nicht verfügbar. Gleichzeitig war auch das T_4 wegen der Kreuzreaktion stark erhöht. Sie sehen, daß letzten Endes bei diesen Tieren nur leichte Verschiebungen, z.B. beim AFT$_4$, dem freien T_4 oder beim AFT$_3$ feststellbar sind, aber wir haben keine Verminderung des TSH gefunden. Wir glauben daher, daß die Bestimmung des freien

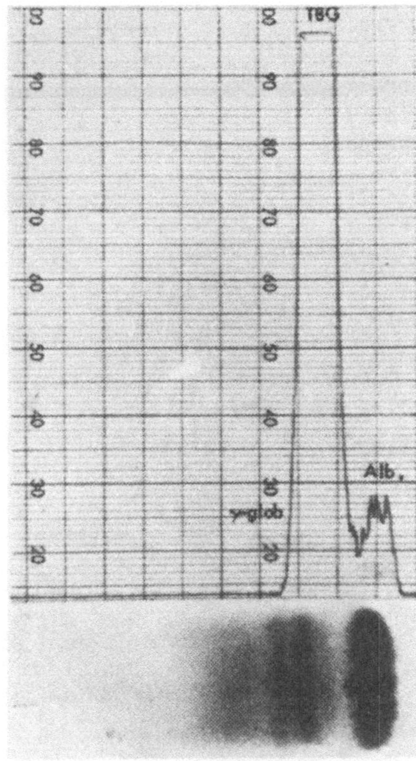

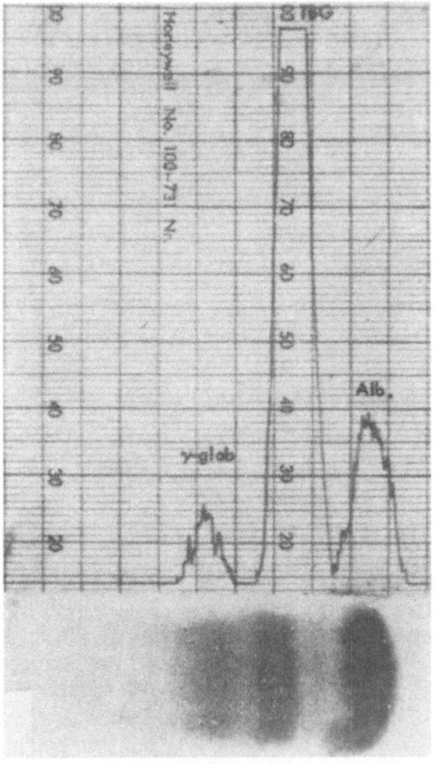

Abb. 3. Elektrophoretische Auftrennung der Serumproteine bei
einem mit T₃ immunisierten Tier
unten: Protein-Färbung, oben:
Radioaktivitäts-Scan

Abb. 4. Elektrophoretische Auftrennung der Serumproteine bei einer
Patientin mit anti-Thyroxin-Anti-
körpern
unten: Protein-Färbung, oben: Radioaktivitäts-Scan

T_3 in diesem Fall nicht einwandfrei ist. Das läßt sich dann auch
im Elektropherogramm zeigen als eine normale Thyroxin-Beladung
(Abb. 3). Die ganze Aktivität findet sich im TBG; die γ-Globu-
lin-Gegend ist frei von Aktivität, also kein Thyroxin. Wie Abbildung 4 zeigt, findet man bei unserer Patientin im γ-Globulinbe-
reich einen ziemlich kräftigen Aktivitätspeak, also eine Bindung
von Thyroxin an die Antikörper. Das ist auch noch mit anderer
Methodik bestätigt worden. Es besteht kein Zweifel, daß es sich
um einen Thyroxin- und Trijodthyronin-bindenden Antikörper handelt. Ich bin auf dieses Problem ausführlicher eingegangen, weil
es doch bei etwa 3-5% der Schilddrüsenpatienten eine Rolle spielen kann.

Wenn man jetzt die möglichen Methoden der Bestimmung von T_4 und
T_3 noch einmal vergleicht (Tabelle 8) und sieht, daß die verschiedenen Trennformen beim RIA verschiedene Ergebnisse geben,
dann erklärt sich auch das Ergebnis "Null" von vorhin. Daß man
bei Charcoal-Trennung den Wert Null bekommt, hat dazu geführt,

Tabelle 8. Einfluß der Trennmethode auf das Ergebnis von Labortests

Method Separation	Serum		Serum Extrakt	
	RIA Double AB	Charcoal	RIA Charcoal	T_4-D Ion Exch.
T_4 (µg/dl)	5.8	0	2.8	3.2
T_3 (ng/dl)	411.0	0	40.0	-
free-T_4 (%)		0.016		
free-T_3 (%)		0.175		
FT_4 (ng/dl)			0.45	
FT_3 (pg/dl)			70.0	

daß manche Gruppen, wie z.B. diejenige in Hannover, grundsätzlich vor der T_3-Bestimmung eine Messung der unspezifischen Bindung machen. Herr HEHRMANN hat 2.500 Patienten aus der Schilddrüsen-Ambulanz untersucht und in nahezu 5% eine gesteigerte unspezifische Bindung gefunden. Die Analyse ergibt, daß es sich in sehr vielen dieser Fälle um das Vorhandensein von Schilddrüsenhormon-bindenden Autoantikörpern, wahrscheinlich im Zusammenhang mit einer chronischen Thyreoiditis, handelt.

Das sind alles extrathyreoidale Faktoren, die unsere Meßparameter verändern können und damit natürlich auch als Fehlermöglichkeiten in die Rechnung eingehen.

Nun noch die Frage des Alters. Wir haben neben der Klinik in Düsseldorf ein großes Altenheim, und dort wohnen nicht-bettlägerige ältere, gesunde Mitbürger. Selbst bei diesen Personen kommt es doch im Laufe der Zeit zu einem deutlichen Absinken des Gesamt-T_3 im Plasma, wie in Abbildung 5 gezeigt. Wir müssen daher die T_3-Spiegel, die bei älteren Patienten gemessen werden, anders beurteilen als bei jüngeren. Das heißt, die Zahl möglicher Hyperthyreosen steigt bei Berücksichtigung des Abfalls des Gesamt-T_3 mit dem Alter.

Diese Altersveränderungen beziehen sich nun nicht nur auf das Gesamt-T_3, sondern auch vor allem auf die Bindungsverhältnisse, das zeigt Ihnen Abbildung 6: Hier sehen Sie die Abhängigkeit des Thyroxin-bindenden Globulins vom Alter. Die Kurve ist mit zwei verschiedenen Methoden gemessen worden, und die Werte sind konsistent. Das Komplizierte ist aber, daß keine einseitige Richtung der Altersveränderung vorliegt, sondern daß es nach einem Absinken wieder zu einer Zunahme des TBG kommt. Umgekehrt führt diese Altersveränderung zu einer ziemlich erratischen T_4-TBG-Ratio (s. Abb. 7), ein Quotient, der in der Praxis sehr häufig verwendet wird, und den wir, wie alle diese Verhältniszahlen, ablehnen; wir bleiben bei den direkt gemessenen Parametern. Dieser Quotient verhält sich auch gegensinnig zum TBG; das liegt daran, daß T_4 mit dem Alter nur wenig absinkt.

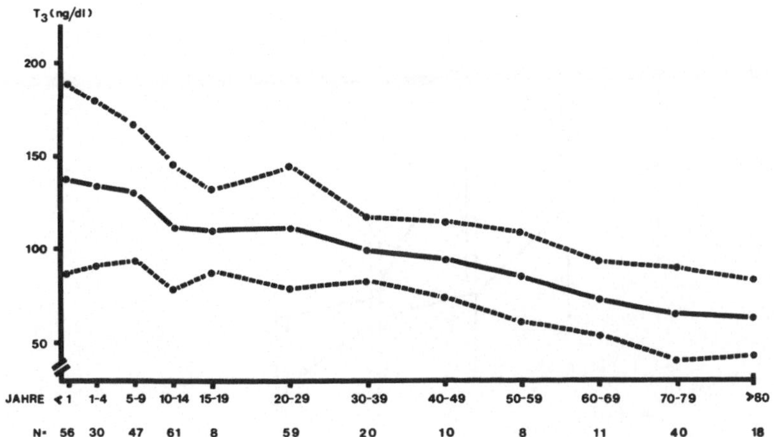

Abb. 5. Veränderung der T$_3$-Konzentration mit dem Lebensalter

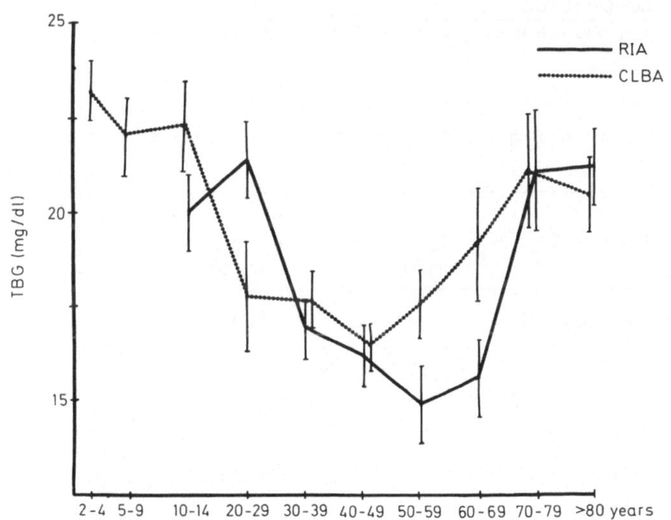

Abb. 6. Veränderung der TBG-Konzentration mit dem Lebensalter Mittelwerte ± SEM, RIA = Radioimmunoassay, CLBA = Competitive Ligand Binding Assay

Schwieriger wird die Situation dann, wenn man mit Patienten zu tun hat, die nicht nur alt, sondern auch noch krank sind, und zwar jetzt nicht Schilddrüsen-krank, sondern krank im allgemeinen Sinn. Bei Personen unter 65 sinkt das T$_3$ je nach Schwere der Erkrankung deutlich ab (Tabelle 9). Gleichzeitig mit dem Absinken des Gesamt-T$_3$ kommt es zu einem gewissen Anstieg des freien T$_3$ in rel. %, aber das freie T$_3$ absolut (ng/dl) sinkt doch gegenüber dem Gesunden leicht ab. Für das T$_4$ ist die Situation ähnlich, aber nicht so prononciert. Deutlicher ist hier ein erheblicher, ungefähr 40% betragender Anstieg der Konzentration an freiem Thyroxin. Schwere Erkrankungen führen also zu einer Zunahme der zirkulierenden freien Thyroxin-Konzentration, und zwar ausschließlich aufgrund einer Veränderung der Dejodierungsrate, was vorwiegend die Leber betrifft.

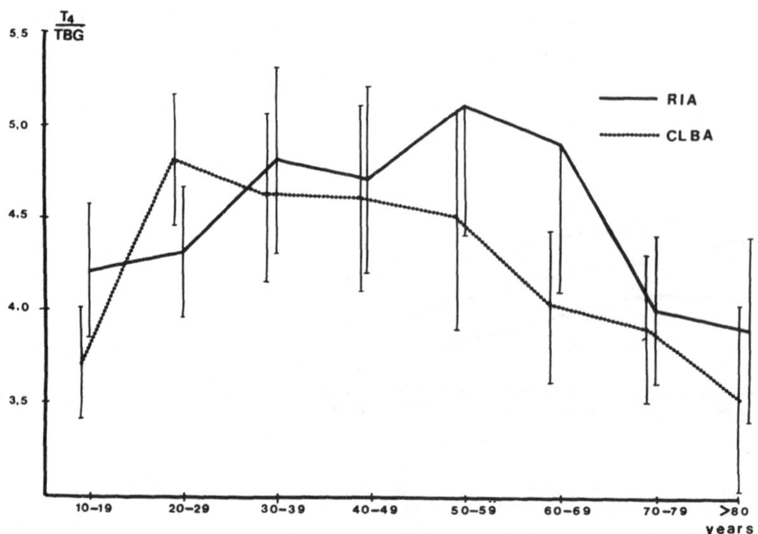

Abb. 7. Veränderung des T₄/TBG-Quotienten mit dem Lebensalter
Mittelwerte ± SEM, RIA = Radioimmunoassay, CLBA = Competitive Ligand
Binding Assay

Tabelle 9. Schilddrüsen-Parameter bei gesunden und kranken Personen unter
65 Jahren

	T_3 ng/dl	T_3 freies T_3 (%)	ng/dl	T_4 µg/dl	T_4 freies T_4 (%)	ng/dl	TBG mg/dl
Normalpersonen (40)	128 ± 30	0,202 ± 0,026	0,258 ± 0,080	8,4 ± 1,6	0,023 ± 0,004	1,98 ± 0,60	1,83 ± 0,33
Leichte Erkrankung (13)	98 ± 28	0,186 ± 0,032	0,167 ± 0,032	8,5 ± 2,1	0,031 ± 0,007	2,64 ± 0,50	1,82 ± 0,36
Schwere Erkrankung (13)	63 ± 40	0,253 ± 0,056	0,177 ± 0,094	7,3 ± 2,2	0,041 ± 0,010	2,87 ± 0,81	1,60 ± 0,24

Tabelle 10 enthält die entsprechenden Werte für Personen über
65. Es kommt hier bei Erkrankungen zu einem sehr starken Absinken des Gesamt-T₃ und zu einem starken Absinken auch des freien
T₃. Beim T₄ ist die gleiche Situation wie vorhin: keine Veränderung des Gesamt-T₄, das freie T₄ steigt auch hier wieder an.
Wir haben also das gleiche Muster, nur auf einem anderen Level.
Bei der Eingabe solcher Daten zu Berechnungen muß man meines
Erachtens unbedingt berücksichtigen, daß die Absolutspiegel sowohl des Gesamthormons als auch des freien Hormons nicht nur
von der Schilddrüsen-Funktion abhängig sind, sondern in erheb-

Tabelle 10. Schilddrüsen-Parameter bei gesunden und kranken Personen über 65 Jahre

	T_3 ng/dl	T_3 freies T_3 (%)	freies T_3 ng/dl	T_4 µg/dl	T_4 freies T_4 (%)	freies T_4 ng/dl	TBG mg/dl
Normalpersonen (45)	69 ± 19	0,190 ± 0,022	0,131 ± 0,034	6,8 ± 1,6	0,026 ± 0,006	1,77 ± 0,60	2,08 ± 0,37
Leichte Erkrankung (25)	67 ± 22	0,210 ± 0,032	0,140 ± 0,040	6,6 ± 1,5	0,027 ± 0,009	1,82 ± 0,66	2,25 ± 0,44
Schwere Erkrankung (37)	28 ± 17	0,251 ± 0,051	0,070 ± 0,056	6,5 ± 1,6	0,042 ± 0,011	2,57 ± 0,71	1,80 ± 0,24

Tabelle 11. Fehlinterpretation durch Verwechslung von in vivo-Wirkungen und in vitro-Interferenzen

Nuklearmedizinische Schilddrüsenuntersuchung

Jod-131-Speicherungswerte nach 2 h: %, nach 24 h: %, nach 48 h: %

PBJ-131:	RIA-TSH Basiswert:	RIA-T3: 552 ng/100 ml
ETR:	RIA-TSH nach TRH:	RIA-T4: 26,6 µg/100 ml

Szintigraphie der Schilddrüse mit: J-131/Tc-99m

Beurteilung:
Im Vergleich mit einer Voruntersuchung vom April 1978 keine Größenabnahme der Struma diffusa bei unverändert regelrechter Speicherung. Die *in vitro-Werte sind fälschlich in Richtung Hyperthyreose erhöht, durch das vorausgegangene Cholecystogramm.*
Bei klinischem Verdacht auf eine *mögliche Hyperthyreose* empfiehlt es sich die in vitro-Werte in ca. 2 Monaten zu kontrollieren, ansonsten sollte die *Therapie in einer etwas höheren Dosierung (150-200 gamma)* morgens nüchtern tägl. fortgeführt werden. Eine Kontrollszintigraphie ist in 1 Jahr ausreichend, nachdem das schilddrüsenwirksame Medikament 3 Wochen zuvor abgesetzt worden ist.

lichem Maße auch von extra-thyreoidalen Faktoren, die dem Klinischen Chemiker nicht bekannt sein können, und die leider oft auch dem Arzt nicht bekannt sind.

Gefährlich ist vor allem die Verwechslung von in vivo-Wirkungen und in vitro-Interferenzen bei den Analysenmethoden. Hierbei kann eine Fehlinterpretation zu schwerwiegenden Folgen für den Patienten führen. Ich möchte dies an einem Beispiel darstellen. In Tabelle 11 haben wir Daten einer 20-jährigen Patientin vor uns, die seit etwa 2 Jahren eine diffuse Schilddrüsenvergrößerung hat. Sie ist vor einem Jahr untersucht und seither mit 100 µg T_4/Tag behandelt worden. Die Schilddrüse ist im Vergleich mit einer Vor-

untersuchung vom April 1978 nicht kleiner geworden. Dann hat man
bei der Patientin eine Cholecystographie ausgeführt. Die Werte
der Tabelle sind vor etwa 14 Tagen gemessen worden: ein T_3 von
552 ng/dl und T_4 von 26,6 µg/dl. Hier liegt nicht etwa eine
methodische Störung vor, wie sie früher bei der Bestimmung des
proteingebundenen Jods zu beobachten war, mit der ja auch Jod
aus proteingebundenem Röntgenkontrastmittel gemessen wurde. Es
handelt sich um Schilddrüsenhormone, da die Radioimmunoassays
durch solche exogenen jodhaltigen Medikamente nicht beeinflußt
werden. Die Patientin liegt seit 8 Tagen mit einer schweren thyreotoxischen Krise in der Klinik.

Ich möchte zusammenfassen: Entscheidend ist, daß die Fragen
richtig gestellt werden. Wenn der Verdacht auf das Vorliegen
einer Hyperthyreose besteht - und auf dieser Angabe sollte der
Klinische Chemiker bestehen - dann ist der sicherste Test immer
noch der TRH-Test. Wenn man es ganz ökonomisch machen will, empfiehlt sich die 30-Minuten-TSH-Bestimmung. Wenn der Wert unter
2 oder 3 µU/ml liegt, dann handelt es sich mit einer Wahrscheinlichkeit von über 99% um eine Hyperthyreose. Aus der gleichen
Probe kann man, ohne den Patienten weiter zu belästigen, entweder das Gesamt-T_3 oder das freie T_4 messen. Das gilt auch für
sogenannte T_3-Hyperthyreosen. Das freie T_4 ist bei T_3-Hyperthy-
reosen meistens auch erhöht, weil das TBG niedrig liegt. Aber
eindeutigere Ergebnisse liefert die Gesamt-T_3-Bestimmung.

Besteht bei einem Patienten der Verdacht auf Hypothyreose, dann
sollte man auch den TRH-Test machen. Wenn der 30-Minuten-Wert erhöht ist - gleichgültig, ob er nun bei 20, 40 oder 200 µU/ml
liegt - handelt es sich um eine primäre Hypothyreose. Wenn eine
sekundäre Hypothyreose vermutet wird, dann stellt man die Frage
sowieso anders. Das T_3 ist keine Suchmethode für die Hypothyreose, sondern man bestimmt entweder das Total-T_4 oder aber,
wenn Sie die entsprechende Direktmethode haben, das freie T_4.

Mit diesen klinisch-chemischen Methoden kann man bei richtiger
Fragestellung den Funktionszustand der Schilddrüse exakt beurteilen. Die Differenzierung der Schilddrüsenerkrankungen ist nur
aufgrund des klinischen Bildes und der notwendigen Zusatzunter-
suchungen möglich.

Diskussion

SIEGENTHALER:
Es besteht kein Zweifel, daß uns diese beiden Vorträge die gegensätzliche Betrachtungsweise sehr klar dargelegt haben. Ich
glaube, daß es besonders wertvoll war, das Problem einmal von
beiden Standpunkten aus zu sehen.

VOGT:
Ich möchte als erster zum Vortrag von Herrn KRÜSKEMPER Stellung
nehmen. Er ist ja bereits in seinem Referat ausführlich auf unseren Vortrag eingegangen. Ich entnehme Ihren Ausführungen, daß
es mir nicht ganz gelungen zu sein scheint, unser Anliegen klar
herauszustellen.

Es ist uns nicht darum gegangen, die Leistungsfähigkeit der diagnoseorientierten Diskriminanzanalyse oder der Predictive Values
zu zeigen, die von uns ja angezweifelt wird. Wir suchen einen
anderen Weg: Nämlich zuerst ohne Kenntnis der Diagnose Muster
zu entwickeln und dann für den Einzelfall mit mathematischen
Trennfunktionen die Zugehörigkeit zu diesen Mustern zu entscheiden. Andere Möglichkeiten habe ich als Klinischer Chemiker, wie
Sie eben selbst ausführten, nicht. Ich habe keine klinischen
Daten und ich will sie auch gar nicht haben, weil eine Doppel-
wertung von anamnestischen Angaben und/oder klinischen Befunden
nicht sein darf. Darüber verfüge ich nicht; infolgedessen kann
ich als Klinischer Chemiker auch keine Diagnose stellen.

Sie haben das Beispiel der diagnoseorientierten Diskriminanzanalyse mit den acht Gruppen aufgegriffen. Unsere Ergebnisse bestätigen, was Sie gesagt haben, daß nämlich durch funktionelle Parameter Veränderungen der Form nur schwer oder gar nicht zu beschreiben sind. Deswegen haben wir im zweiten Beispiel diese
acht Gruppen nach funktionellen Gesichtspunkten zu dreien zusammengefaßt. Das deckt sich, so glaube ich, mit dem was Sie for-
dern. Trotzdem war auch hier die Reklassifizierung nicht optimal.

Die von Ihnen erwähnten Störgrößen sind sicher bedeutungsvoll,
seien es nun Medikamente, das Alter des Patienten oder anderes.
Nur habe ich im Labor in den meisten Fällen davon ebenfalls keine
Kenntnis, die ich aber glücklicherweise zur Definition dieser
Muster auch nicht brauche.

KRÜSKEMPER:
Ich glaube, wir haben uns schon etwas weiter angenähert. Was Sie
uns mit den Gruppen sagen können, ist doch, ob bei einem Patienten eine Hyper-, Eu-, oder Hypothyreose vorliegt, sonst nichts.

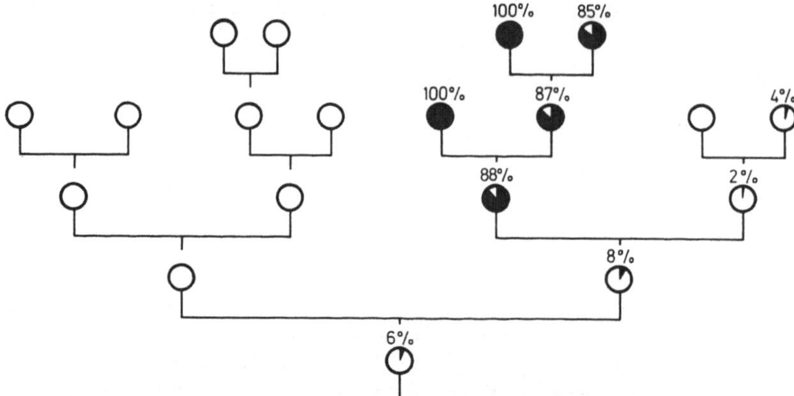

Abb. 1. Anteil der Patienten mit Hyperthyreose in den einzelnen Clustern

VOGT:
Nein, das kann man so nicht sagen. Ich kann nur feststellen, daß
hier z.B. ein Muster vorliegt, bei dem fast ausschließlich Hyperthyreosen gefunden werden (s. Abb. 1). In dieser Abbildung sind
die 26 Primärcluster zu 10 Sekundärclustern zusammengefaßt. Wie
die hier gezeigten Hyperthyreosen im einzelnen zu definieren
sind, ist nicht meine Aufgabe als Klinischer Chemiker. Es ist
der Kliniker, der die Diagnose "Hyperthyreose" vergeben hat.

SIEGENTHALER:
Aber entspricht nicht das, was Sie gesagt haben, dem, was Herr
KRÜSKEMPER meint: Sie können Hyper- oder Hypothyreosen erkennen?
Was haben Sie damit bestätigt?

LANG:
Liegt hier nicht insofern ein Mißverständnis vor, daß die Diskussion auf zwei verschiedenen Ebenen geführt worden ist? Herr VOGT
argumentiert auf der Ebene des klinisch-chemischen Befundes und
seiner Interpretation, Herr KRÜSKEMPER auf der Ebene der Diagnose.
Das ist, wie wir heute mehrfach definiert haben, nicht das Gleiche.

VOGT:
Ja, ich sehe eine deutliche Trennlinie zwischen Klinik und Labor.
Ich stelle keine Diagnosen. Ich will nicht einmal sagen, daß
dieser Cluster ein "hyperthyreoter Cluster" ist. Ich stelle nur
fest, daß ein bestimmter Cluster sich gegebenenfalls zu 100% aus
Hyperthyreosen zusammensetzt. Ich verstehe diese prozentuale Angabe als eine zwischenzeitliche Lösung, die möglicherweise klinisch weiterhelfen kann. Aber im Grund ist es Cluster soundso-
viel. Gegebenenfalls zeigt sich in weiteren Arbeiten mit diesem
zusätzlichen, neuen Merkmal, daß vielleicht bisher als einheitlich angesehene Konstellationen, die sich nun bei unserer Analyse
in verschiedenen Clustern finden lassen, anders zu werten oder
therapeutisch anders anzugehen sind.

KRÜSKEMPER:
Ich fand den Ansatz an sich auch wirklich sehr gut. Ich meine,
gerade in der sogenannten "normalen" Population sollte man große
Zahlen untersuchen, ob das wirklich einheitlich Normale sind,
oder ob sich nicht unter Umständen bereits, in der Normalpopula-
tion verschiedene Gruppen finden lassen. Ihr Vorgehen halte ich
für besonders geeignet, um nach neuen Gruppen zu suchen, die man
bisher noch nicht als eigene Entitäten hat abtrennen können.

DELBRÜCK:
Für mich besteht eine Schwierigkeit im Verständnis der gegebenen
Interpretationen hinsichtlich der Richtigkeit der Ergebnisse von
Laboruntersuchungen, in diesem Fall Hormonanalysen, an Untersuchungsmaterial, das von Patienten unter thyreostatischer Therapie gewonnen wurde. Ich habe es schon nach dem Vortrag von Herrn
KELLER angesprochen: Faktoren, welche die in vivo-Konzentratio-
nen oder - Aktivitäten klinisch-chemischer Parameter verändern,
beeinflussen nicht das Ergebnis einer Analyse. Vielmehr verändern
sie den funktionellen Zustand des Organismus selber. Das Analy-
senergebnis und der in vivo-Wert sind identisch. Der zum Zeitpunkt der Probengewinnung bestehende Funktionszustand wird also
korrekt mit den Analysenresultaten beschrieben. Diese als Einflußgrößen definierten Faktoren müssen bei der Diagnosefindung
und bei ätiologischen und pathogenetischen Überlegungen zur
Grundkrankheit berücksichtigt werden. Die durch sie hervorgeru-
fene Änderung des funktionellen Zustandes kann belanglos sein,
zwingt aber häufig zu regulierenden Maßnahmen wie z.B. der Kor-
rektur einer Therapie. Zum Unterschied zu den Einflußgrößen verursachen Störfaktoren, z.B. Röntgenkontrastmittel, falsche Ana-
lysenergebnisse, deren Werte mit den tatsächlichen in vivo-Grö-
ßen nicht übereinstimmen. Die Konsequenzen sind daher grundver-
schieden und betreffen bei den Störfaktoren nicht den Bereich
der Interpretation, sondern die technische Durchführung der in-
fragestehenden Laboratoriumsuntersuchung.

VOGT:
Ovulationshemmer oder Östrogentherapie wären z.B. eine solche
Einflußgröße. Hier sieht man, daß z.B. in einem Cluster 61% der
Patienten Ovulationshemmer nehmen bzw. unter Östrogentherapie
stehen (s. Abb. 2).

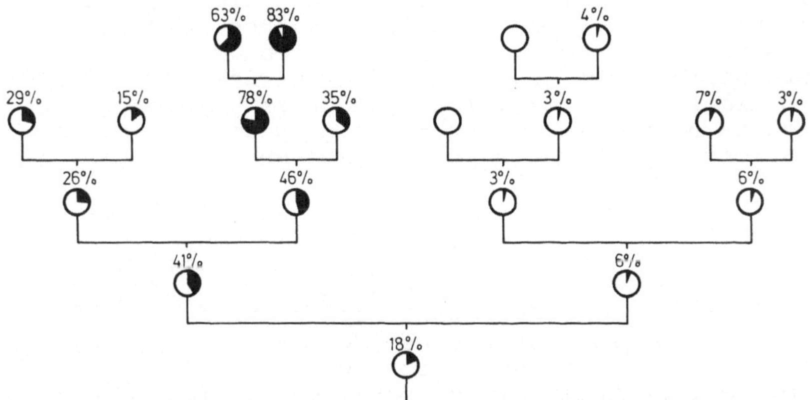

Abb. 2. Anteil von Patienten unter Östrogentherapie in den einzelnen Clustern

KRÜSKEMPER:
Das ist eine ganz riskante Angelegenheit. Die Angabe "Ovulationshemmer" in der Anamnese genügt nicht. Es muß gesagt werden, welche Verbindung es ist und welche Dosis Östrogen dabei ist. Man
darf das nicht generalisieren. Es gibt nämlich Ovulationshemmer,
die solche Störungen nicht verursachen.

VOGT:
Wir verfügen aus unserer Studie über etwa 50.000 Einzeldaten.
Und diese haben wir noch nicht nach allen Gesichtspunkten durch-
forstet, aber wir kennen das Präparat, das die Betreffende genommen hat und somit auch den Östrogengehalt, die Dosierung und
die mögliche Störgröße.

LAUE:
Ich glaube, als Klinischer Chemiker sollten wir aufgrund der
Parameter, die wir messen, nicht von Hyper- oder Hypothyreose,
sondern nur von Hyper- oder Hypothyroxinämie sprechen. Dann
würde diese Diskrepanz doch gar nicht auftreten. Die Verhältnisse werden zudem durch das freie Thyroxin und das freie Trijodthyronin noch schwieriger. Wir wissen ja gar nicht, was nun wirklich die Hyperthyreose ist. Wir haben nur Vorstellungen und haben
einen solchen Begriff definiert. Die latente Hypothyreose ist
z.B. nur eine Labordiagnose, dem entspricht zunächst einmal klinisch nichts.

Aber ich glaube, es ist ganz verdienstvoll, was Herr VOGT gemacht
hat. Denn wir wollen ja versuchen, die Qualität dieser Laborparameter zu bestimmen. Das ist ihm doch gelungen. Er sagt, die Beurteilung muß von den übrigen Größen und von der klinischen Diagnose unabhängig sein. Er hat seine Clusteranalyse durchgeführt
und fragt, ob er das mit klinischen Vorstellungen zur Deckung
bringt oder nicht. Dabei hat er nun diesen hohen Prozentsatz an
Deckung gefunden. Aber solange ich mich, wie bei den anderen
Modellen, irgendwie an meinen eigenen Parametern messe, komme
ich nicht weiter. Das ist ja gerade das, was wir umgehen wollen.

SIEGENTHALER:
Wobei Sie jetzt eigentlich das Gegenteil dessen meinen, was die
anderen gesagt haben, nämlich: man sollte nur von T_4 und T_3 sprechen, genau das, was Herr KRÜSKEMPER möchte. Er ist der Meinung,
wenn wir eine T_4-Erhöhung haben, dann können Sie nicht sagen,
was dahinter steckt, dazu muß man die Klinik kennen. Und diese
Kombination ist ohne klinische und zwar unendlich viele klinische, oder andere Werte praktisch nicht möglich. Bei Herrn VOGT
ist das natürlich während der Studie durchführbar gewesen, aber
denken Sie einmal nach, ob Sie in der normalen Routine Angaben
bis zu den Ovulationshemmern hin bekommen. Bei uns wäre das ausgeschlossen.

F.W. SCHMIDT:
Es ist beeindruckend, in welchem Maße das Wissen, damit offenbar
aber auch die Schwierigkeiten in der Diagnose der Schilddrüsenerkrankungen zugenommen haben. Am effizientesten wäre es daher
sicherlich, schon die Vordiagnostik einem Spezialisten zu überlassen. Da dies in der Regel jedoch praktisch nicht durchführbar
ist, versuchen Sie mit Merkblättern Entscheidungshilfen zu geben.

Dabei ist die Schilddrüse jedoch nur ein sehr kleines Organ und
zudem ist sie ja nur eines von vielen endokrinen Organen! Wir
müssen daher, um das zunehmende Wissen praktikabel zu behalten,
nach Wegen suchen, die auch dem Nichtspezialisten zugänglich
sind. Und hierfür sind erste Vorschläge gemacht worden. Niemand
kann erwarten, daß sie bereits alle Wünsche erfüllen, aber sie
sind ein Ansatz, der konstruktiv korrigiert und mit vorsichti-
gem Optimismus weiter entwickelt werden sollte.

SIEGENTHALER:
Ich glaube, das ist ein sehr guter Einwand und ich unterstütze
das, was Sie gesagt haben. Das hat mich auch bei Herrn KRÜSKEM-
PER gestört, daß es nämlich etwas kompliziert wird. Da ist der
Arzt genauso überfordert wie der Klinische Chemiker. Wenn man
da doch mit Werten allein zu einer Konklusion kommen könnte,
hätten wir natürlich klare Vorteile. Aber ich sehe die Realisie-
rung im Moment auch noch nicht.

KRÜSKEMPER:
Ich muß Sie dann aber auch direkt fragen: wenn Sie die Informationen, die Sie als der den Patienten führende Arzt haben, als
Klinischer Chemiker bei der Clusteranalyse nicht haben, wie können dann verwertbare Hinweise aus der klinisch-chemischen Rech-
nerei kommen, die uns helfen? Ich sage noch einmal, ich begrüße
das ja sehr; aber ich möchte es nicht im Sinne des "Entweder -
Oder", sondern, wenn überhaupt, als "Sowohl - Als auch" sehen.

SIEGENTHALER:
Wobei natürlich der Einwand von Herrn SCHMIDT meiner Meinung
nach sehr berechtigt ist. Wir müssen die Medizin in die Prakti-
kabilität zurückführen und sie von den Spezialisten wieder weg-
nehmen. Eine solche Schilddrüsendiagnostik sollte ein prakti-
zierender Arzt zusammen mit einem klinisch-chemischen Laboratorium machen können. Das wäre wünschenswert. Ob es geht, ist eine
andere Frage.

KRÜSKEMPER:
Darum habe ich ja zum Schluß die drei Konstellationen der Frage
ganz klar wiederholt, und zu jeder dieser Fragen einen, höchstens zwei Parameter genannt, die hinsichtlich der Interpretation heute keinem Arzt Schwierigkeiten machen sollte, wenn er
modern ausgebildet ist.

KNEDEL:
Das, was Sie gefordert haben, kann heute ein Laboratorium, das
unter qualifizierter Leitung steht, jedem Kliniker anbieten. Das
ist gar keine Frage. Wir könnten natürlich, da wir alle oder
überwiegend Ärzte sind, die im Laboratorium dem größeren Zusammenhang dienen, wie Herr HARTMANN gesagt hat, als Konsiliarien im
Gespräch den Wissensstand auf unserem Fachgebiet einbringen. Es
wäre von großem Nutzen, das gemeinsame Gespräch so auszubauen,
daß durch kollegiale Zusammenarbeit die Möglichkeiten der Klinischen Chemie besser zur Wirkung kommen, als das bis jetzt der
Fall ist. Das ist ein Ziel, das ich verfolge.

Darüber hinaus meine ich, daß wir unseren Befunden mehr Gewicht
geben sollten. Eine Zahlenkosmetik in Kurven oder ein Zahlenfried-

hof auf Fieberkurven ist nicht unsere Absicht. Wir wollen mehr
Interpretation, mehr Gewichtung. Bei den Bemühungen zur Verwirk-
lichung unserer Absichten versuchen wir, neue Wege zu gehen.
Herr VOGT hat in seinem Vortrag darüber berichtet, wie unter
Nutzung mathematischer Möglichkeiten die erhobenen Ergebnisse
in Gruppierungen zusammengefaßt werden, die zunächst wertfreie
Cluster darstellen. Im Gegensatz zum üblichen Vorgehen bei der
Bewertung klinisch-chemischer Ergebnisse durch Kliniker, die
diese jeweils ihrem klinischen Eindruck, Befund oder einer bereits gefaßten Diagnose zuordnen, werden hier zunächst diagnose-
unabhängig Ergebnisse gleicher Art zusammengefaßt; der nächste
Schritt ist es, jedem Cluster klinische Befunde zuzuordnen und
zu überprüfen, ob eine Übereinstimmung besteht oder nicht. Wenn
das nicht der Fall ist, wäre es ein nächster Schritt zu prüfen,
ob für die Einordnung in einen Cluster gewisse Kriterien erarbeitet werden können. Da damit ein unbeeinflußter, neuer und zusätzlicher Informationsansatz zur Verfügung steht, können neue
Erkenntnisse erwartet werden.

Damit würden unsere Bemühungen um eine Interpretation klinisch-
chemischer Ergebnisse unterstützt, die es zum Ziel haben, den
Klinikern einen klinisch-chemischen Befund anzubieten. Dabei
sollte es in Zukunft nicht bei einer auf einen bestimmten Zeitpunkt abgestellten Befundbewertung bleiben. Wir beabsichtigen
eine dynamische Bewertung von Befunden und Kombinationen von Befunden über die Zeit. Unser kombinatorisches Denk- und Assozia-
tionsvermögen vermag nicht die gesamte Dynamik von vielen, sich
jeweils in der Tendenz unterschiedlich bewegenden und in der Gewichtung unterschiedlich zu bewertenden Parametern ohne Zuhilfenahme moderner technischer Hilfsmittel zu verfolgen und zu verarbeiten. Wir müssen daher Möglichkeiten schaffen, um unsere Befunde für die Kliniker interpretativ darzustellen. Das ist kein
Affront gegen die Kliniker, sondern ein Angebot an sie, mit uns
zusammen nach neuen Wegen zur Optimierung der gemeinsamen Arbeit
zu suchen.

BÜTTNER:
Ich möchte ebenfalls etwas allgemeiner zur Anwendung von Clusteranalyse und Diskriminanzanalyse Stellung nehmen, unabhängig von
dem speziellen Problem der Schilddrüsenkrankheiten. Die Darstellung dieser Methoden gerade am Beispiel der Schilddrüsenkrankheiten ist kein Zufall, da in diesem Bereich die Diagnostik stark
laborabhängig ist, ähnlich wie bei hämatologischen Erkrankungen.
Das entscheidende Problem ist allgemeiner Natur und wurde hier
bereits mehrfach angesprochen: Die Notwendigkeit, mehrere Labor-
kenngrößen nicht unverbunden, univariat, sondern multivariat zu
betrachten. Wenn wir die Einzelinformationen in unserem Kopf zu
einem Bild zusammenfügen, schöpfen wir die vorhandene Information
nur unvollkommen aus. Für die multivariate Auswertung gibt es
verschiedene Möglichkeiten, alle erfordern einen zusätzlichen
Aufwand.

Relativ einfach ist es, aus einer Anzahl von Kenngrößen - etwa
dem 12fach-"Profil" eines Analysegerätes - *eine* Größe zu berechnen und für diese Größe dann einen "multivariaten Referenzbereich" zu ermitteln. Mit dieser Methode, die schon verschiedent-
lich angewandt wurde, kann die Frage "normal" oder "pathologisch"

besser als bisher beantwortet werden, nicht aber die Frage nach
der vorliegenden Erkrankung. Hierfür bietet sich der von Herrn
VOGT beschrittene Weg an: Herausarbeitung von charakteristischen
Befundkonstellationen mittels Clusteranalyse, nachfolgender Ab-
sicherung durch Diskriminanzanalyse und Zuordnung dieser Gruppen
zu klinischen Bildern. Eine wichtige Frage ist nun, wie man dieses Verfahren in der Klinik praktisch anwendet. Die Feststellung,
daß ein Befund einem bestimmten Cluster entspricht, wird den
Kliniker nicht interessieren. Die zusätzliche Angabe einer Liste
mit Krankheiten, die mit bestimmter Wahrscheinlichkeit dem gefundenen Cluster entsprechen, wird vermutlich vom Kliniker eben-
sowenig aufgegriffen. Ich erinnere daran, daß man schon einmal
vergeblich versucht hatte, mit derartigen Wahrscheinlichkeiten
in der Klinik zu arbeiten (Krankheitswahrscheinlichkeiten, die
mittels des BAYES-Theorems aus den beobachteten Symptomen berechnet wurden).

Ich bin überzeugt davon, daß wir an einer multivariaten Auswertung unserer Befunde nicht vorbeikommen, wir müssen aber sicherlich versuchen, das Verfahren praxis- bzw. kliniknäher zu machen.

SIEGENTHALER:
Das war doch auch Ihre Meinung, Herr KRÜSKEMPER, es war nicht
ein definitives "Nein". Es soll weitergehen!

KRÜSKEMPER:
Ja!

VOGT:
Ich teile Ihre Bedenken, Herr BÜTTNER, daß sich die Kenngrößen
nicht ohne weiteres als abstrakte Zahl etablieren werden.

GUDER:
Einer der wesentlichen Unterschiede der beiden Vorschläge ist,
daß Herr VOGT erst eimal verschiedene Daten braucht, um die Mul-
tivarianzanalyse zu machen, während Herr KRÜSKEMPER eine ganz
klare Strategie vorgeschlagen hat, die von der klinischen Fragestellung ausging. Meine Frage ist, ob wir nicht einen alten Fehler wieder begehen, wenn wir erst die Daten erstellen und uns
dann Gedanken machen. Sollten wir nicht besser das Vorfilter der
Kliniker benutzen? Meine Frage an beide Referenten ist: Würden
Sie sagen, ein Kliniker sollte heute an das Labor eine Fragestellung richten und die Wahl der Parameter dem Klinischen Chemiker
überlassen, oder sollte er nach wie vor festlegen, welche Parameter er im einzelnen haben möchte?

KRÜSKEMPER:
Ich meine, im Prinzip sollte der Kliniker, wenn er nicht selbst
auf diesem Gebiet wissenschaftlich tätig ist, davon ausgehen,
daß der Klinische Chemiker genauso ein Spezialist auf seinem Gebiet ist, wie jeder andere. Er sollte also dem Klinischen Chemiker unter der Voraussetzung, daß dort genauso seriös gearbeitet
wird, wie bei ihm selbst, freie Hand lassen.

SIEGENTHALER:
Wobei das nicht die Tendenz von uns klinischen Lehrern ist. Denn
wir versuchen den jungen Leuten zu sagen, was sie bestimmen sollen, wenn sie etwas benötigen.

KRÜSKEMPER:
Aber doch nicht wie, darauf nehmen Sie doch keinen Einfluß.

SIEGENTHALER:
Ja: nicht wie, sondern was!

GUDER:
Das ist doch miteinander verflochten. Wenn ich frage "Was", dann
ist damit auch die Frage "Wie" verbunden. Das Beispiel von Herrn
KRÜSKEMPER zeigt sehr deutlich, daß der Kollege zwar wußte was
bestimmt wird, aber nicht, wie das bestimmt wird, daß z.B. das
Kontrastmittel in diese Bestimmungen nicht mit eingeht. D.h.
der Kliniker muß den Klinischen Chemiker jetzt fragen, können
Sie mir eine Hyperthyreose ausschließen, ja - oder nein. Dann
wäre das Ergebnis klar.

Zwischenrufe: "Nein!"

VOGT:
Das ganze scheitert wieder an der Basis, an der Diagnose, die
Sie vorher in Ihr Lernkollektiv eingeben müssen. Das ist das Pro-
blem. Sie brauchen doch für die Festlegung der Diagnose einer
Hyperthyreose die Laborwerte. Die klinische Strategie, die auf
dieser Basis aufbaut, bestätigt sich selbst, aber nicht mehr.
Das Grundproblem ist bisher nicht gelöst, die Basis stimmt nicht.

SIEGENTHALER:
Ich möchte nur verhindern, daß dann sechs Parameter bestimmt
werden, wenn an Sie die Frage gestellt wird, ob eine Hyperthyreose vorliegt. Ich stelle in der Klinik an den Klinischen Chemiker die Frage: Machen Sie bitte die und die Tests. Die Assistenten streichen einfach alles an. Aber das möchte ich verhindern.

WISSER:
Herr VOGT, Sie haben gesagt, daß Sie keine Diagnose brauchen,
aber Sie geben jetzt in den Clustern Krankheitshäufigkeiten an.
Machen Sie nicht folgendes: Bei den anderen Verfahren braucht
man die Diagnose vorher und Sie bringen sie hinterher rein. Ist
das nicht das gleiche? Eine zweite Frage: Wollen Sie der Station
mitteilen, bei dem Patienten haben wir die und die Werte gefunden, das fällt somit in Cluster A? Dann müßten Sie allerdings
das Lehrbuch der Inneren Medizin umschreiben.

VOGT:
Die Diagnose kommt in diesem Fall durch die Hintertüre. Da haben
Sie recht. Um von dieser Zahl 9, die beispielhaft genannt war,
irgendwie in anschaulichere Bereiche zu kommen, haben wir eben
die Diagnosehäufigkeit in diesem Cluster angegeben. Das ist eigentlich nur als Hilfestellung für den Kliniker zu verstehen,
weil er im Moment mit der Zahl 9 nichts anfangen kann.

Wenn er ein Jahr lang auf seinen Befunden immer wieder diese
Zahl findet und feststellt, daß diese Patienten dabei klinisch
eine Hyperthyreose haben, dann entwickelt er Vorstellungen für
diese Zahl 9. Das ist möglicherweise ein hoher Anspruch an das
Abstraktionsvermögen, aber anders kann ich es augenblicklich
nicht machen. Im Prinzip sollte in fernerer Zukunft der Kliniker
auch mit dieser Clusterzugehörigkeit, wie er sich ja auch an
einer Zahl, z.B. 10.5 (µg/dl), beim T_4 orientiert, Vorstellungen
verbinden, die dann entsprechende klinische Konsequenzen haben.

DENGLER:
Ich könnte mir vorstellen, daß manche Diskussion sich vielleicht
vereinfacht, wenn man davon ausgeht, daß die Zielrichtungen etwas verschieden waren. Herr VOGT strebt meines Erachtens nicht
nur eine Diagnosehilfe an, sondern bietet eine neue Taxonomie
von Krankheiten an. Andererseits steht die Frage an, was wir
Kliniker bei einem bestimmten Verdacht an Bestimmungen gemacht
haben wollen. Zweitens meine ich, vieles an seinem Standpunkt,
den ich als puristisch bezeichnen möchte und den man puristisch
halten muß, könnte man so subsummieren: Was kann ich von einem
Menschen aussagen, von dem ich nichts weiß, als das Ergebnis
von sechs Schilddrüsenparametern. Ich glaube, klinikmäher wird
die Sache wieder dann, wenn man einige Einflußgrößen, wie Herr
KRÜSKEMPER ganz klar gezeigt hat, nicht detektivistisch hinterher ausrechnet, sondern von vornherein eingibt. Ich stelle mir
das so vor: Wenn es schwierig wäre, einen Menschen zu wiegen,
und ich schicke ihn in ein Wägezimmer und es kommt das Gewicht
40 kg heraus, dann kann das ein Anorexia nervosa sein oder ein
Jugendlicher. Genauso kann es nicht die Aufgabe des Klinischen
Labors sein, zu entdecken ob eine Frau Ovulationshemmer nimmt.

Wenn man derartige Außenkriterien eingibt, dann schrumpft wahrscheinlich auch die Zahl der Cluster zusammen und dann nähert
sich die Interpretation wahrscheinlich auch wieder der Klinik
und gibt - das ist jetzt mein eigentlicher Einwand - Gruppen,
die pathophysiologisch sinnvoller erscheinen als jetzt, wo sie
durch Fehler verdünnt sind.

Frau SCHMIDT:
Ich meine, daß das Vorgehen der Münchner Gruppe, gerade wegen
ihrer auf die Praxis ausgerichteten Zielvorstellungen, sehr positiv beurteilt werden sollte.

Daß, wie Herr BÜTTNER sagte, die ersten Versuche, den Klinikern
Wahrscheinlichkeitsdiagnosen aus den Computern anzubieten, gescheitert sind, lag ja nicht daran, daß das Prinzip falsch wäre
oder die Kliniker borniert gewesen sind, sondern daß das Angebot
insuffizient war. Nach dieser Erfahrung sollte man vorsichtig
vorgehen und sich vor einer Vereinfachung der bisher gewonnenen
Ergebnisse mit einer Beschreibung begnügen und vor allem die
Störfaktoren analysieren und eliminieren.

KNEDEL:
Das ist eine Möglichkeit, es gibt auch Möglichkeiten, es anders
zu tun. Ich habe das ausdrücklich gesagt.

Frau SCHMIDT:
Ich glaube, wenn man weiter schrittweise und in ständiger Wechselwirkung zwischen klinischen Spezialisten, Klinischen Chemikern und Bio-Mathematikern vorgeht, braucht dieser Versuch einer
computerunterstützten Diagnosehilfe nicht zu scheitern.

KNEDEL:
Ich darf noch einmal darauf hinweisen: In unserem Laboratorium
arbeiten wir natürlich nicht in Konkurrenz zur Klinik, sondern
mit den Klinikern zusammen: wir unterstützen ihre Diagnostik
und versuchen so gut wie möglich, alles das bereitzustellen, was
der Kliniker am Krankenbett braucht. Aber wir erwarten von ihm,
daß er eine Vorgabe macht, die auf fundiertem Wissen fußt, daß
er uns nicht mit einer übergroßen Zahl indiskriminierter Anforderungen überschwemmt, die uns überfordern. Wir erwarten weiter,
daß er zuerst überlegt, was er will und gezielt anfordert, was
er braucht. Wir wollen von ihm auch eine Information: eine Plau-
sibilitäts- und Orientierungsinformation, damit wir interne Plau-
sibilitätskontrollen machen können. Das ist selbstverständlich,
davon reden wir nicht jetzt im Augenblick.

Wovon wir reden, ist, einen Zukunftsweg zu suchen, mit den Möglichkeiten, die heute bereits gegeben sind. Wir wollen die er-
arbeiteten Untersuchungsergebnisse möglichst kritisch und mit
möglichst modernen Methoden darstellen und die Interpretation
mit neuen Verfahren ausweiten. Ich bin der Meinung von Herrn
BÜTTNER und von Frau SCHMIDT: Wir haben wahrscheinlich einen
Weg zum Fortschritt hin gezeigt. Wir haben unsere Ergebnisse zur
Diskussion gestellt als Angebot für eine Zusammenarbeit mit den
Klinikern. Im Prinzip zeigen wir zunächst nur, daß es differente
Muster gibt, die wir erfassen können; während in der Klinik die
Muster noch ziemlich einheitlich gesehen werden.

WERNER:
Es stehen hier zwei Methoden zur Debatte: die Diskriminanzanalyse und die Clusteranalyse. Ich möchte die Clusteranalyse nicht
verteidigen müssen, weder vom mathematischen noch vom gedanklichen Gesichtspunkt. Die Clusteranalyse bildet neue taxonomische
Einheiten, die eventuell im medizinischen Gebrauch nützlich sind,
ohne daß sie aber pathophysiologisch definiert sind.

Anders liegen die Dinge mit der Diskriminanzanalyse. Da scheinen
mir die kritischen Argumente von Herrn KRÜSKEMPER nicht zuzutreffen. Erstens kann eine Diskriminanzanalyse jeder gewünschten klinischen Klassifikation angepaßt werden; die Methode ist "neutral", z.B. kann jegliche gewünschte Definition von Hypothyreose
und Hyperthyreose verwendet werden, um die diagnostischen Klassen zu definieren. Zweitens kann die Datenbasis für die Diskriminanzanalyse jegliche Art Information enthalten, z.B. stellen
klinische Daten kein Problem dar. Drittens produziert die Diskriminanzanalyse ebenso wie die klinische Diagnose nur statistische
Wahrscheinlichkeiten. Die zentrale Frage ist einfach, ob die
Wahrscheinlichkeiten, welche die Diskriminanzanalyse ergibt, besser sind als die Wahrscheinlichkeiten der klinischen Diagnosen
oder umgekehrt. ALTSHULER in Milwaukee hat aufgrund einer sehr
breiten Datenbasis, welche sowohl klinische wie die Laborinfor-

mationen erfaßt, gezeigt, daß im Falle der Schilddrüse etwa 20%
der richtig Positiven in der klinischen Situation vernachlässigt
werden. Ebenfalls möchte ich auf eine Arbeit von WAYNE verweisen,
wo die Diskriminanzanalyse der Hyperthyreose und Hypothyreose
mit wesentlich besserer Treffsicherheit ausschließlich mit Hilfe
von klinischen Daten durchgeführt wurde (Brit Med J 1960/I, 78).

KRÜSKEMPER:
Ich habe mich, um das klarzustellen, nicht gegen das Prinzip der
Diskriminanzanalyse gewandt, sondern lediglich gegen die speziellen acht Diagnosen, die hier verwendet wurden. Diese sind
meines Erachtens, vom Standpunkt der Schilddrüsen-Pathophysiolo-
gie her gesehen, nicht möglich: "Normalgroße Schilddrüse" ist
keine Diagnose. Es gibt Menschen mit normalen Schilddrüsen, die
euthyreot sind. Das meinen Sie hier, aber nicht "normal große
euthyreote Schilddrüse". Ich habe mich lediglich an den klinisch
nicht akzeptablen Expressionen gestört, wenn ich es so sagen
darf.

DYBKAER:
Dr. BÜTTNER said, that the first time when one tried to present
the clinicians with some probabilities based on BAYES' theorem,
they did not like it. And now we are trying with information
theory and maybe they don't like that either. But I would submit
that, one way or the other, we cannot avoid probabilities. The
clinicians will have to live with these probabilities, for ex-
ample in the form presented by Dr. WERNER for one patient. You
will always have to treat the patient with an uncertainty in
your mind. You then follow the patient and see whether you get
some new information which will give you a better treatment. In-
stead of trying to find new ways of presentation just because
the clinician does not like probabilities, we should make it
quite clear that there is no other way! We might develop other
approaches to produce probabilities, but in the end you always
have to cope with these.

SIEGENTHALER:
Wenn Sie sagen, die Kliniker haben mit dem Klinischen Chemiker
zu leben, so möchte ich abschließend dazu meinen, die Klinischen
Chemiker haben auch mit dem Kliniker zu leben. Das ist es, was
wir heute hier zu tun versuchen.

Modell Herz-Kreislauf-Erkrankungen

Klinische Chemie

D. Seidel

<u>Einleitung</u>

Es besteht kein Zweifel, daß das in dieser Sitzung zu diskutie-
rende Thema "Modell Herz-Kreislauf-Erkrankungen" sozialmedizini-
sche Aspekte in sich trägt und seine klinische Bedeutung gesundheitspolitische Priorität fordert. Dies gilt besonders für die
Zeit nach dem Zweiten Weltkrieg, in der es zu einem, einer Epi-
demie vergleichbaren, Anstieg cardiovasculärer Todesfälle in
allen modernen Industriestaaten gekommen ist. Obgleich der Anstieg der Inzidenzkurve für Herzinfarktpatienten in der Bundesrepublik seit wenigen Jahren eine Abflachung zeigt, sterben in
Deutschland immer noch fast 50% aller Menschen an den Folgen
cardiovasculärer Erkrankungen.

Daß bei den Todesursachen der Herz-Kreislauf-Erkrankungen der
Atherosklerose eine überragende und entscheidende Bedeutung zukommt, steht außer Frage, ebenso, daß es sich bei der Atherogenese um ein multifaktorielles Geschehen handelt, das dem Arzt
und Forscher auch in der Zukunft noch viele Fragen und Aufgaben
stellen wird.

Bei der Betrachtung und Bewältigung des angeschnittenen Problem-
kreises unterscheiden sich allerdings Vorgehen und Blickrichtung
des Epidemiologen von denjenigen des Klinischen Chemikers und
beide von dem des Klinikers. Während der Epidemiologe bemüht ist,
durch Messung von Einzelwerten und/oder Parametergruppen Krank-
heitsursachen in der Allgemeinbevölkerung zu erkennen, sucht der
biochemisch tätige Klinische Chemiker nach pathogenetischen Mechanismen auf der cellulären oder molekularen Ebene und auf dem
Kliniker lastet die Pflicht und die Verantwortung, um das Wohl
des Einzelnen - z.B. des Infarktpatienten - besorgt zu sein;
dies nach bestem Wissen und möglichst unbeeinflußt von ungeprüf-
ten "scheinbaren Fortschritten", aber durchaus kritisch und offen gegenüber neuen Entwicklungen und Erkenntnissen.

Durch epidemiologische Untersuchungen und klinische Erfahrung
wurden sichere Risikofaktoren, die sich, wenn sie sich bei einem
Individuum anhäufen, in ihrer Wirkung nicht nur addieren, sondern potenzieren, als Ursachen für Herz-Kreislauf-Erkrankungen
erkannt. Hierzu zählen in erster Linie die Hyperlipidämie, der
Bluthochdruck, das starke Rauchen, genetische Faktoren sowie
mangelnde körperliche Aktivität. Besonders die Tatsache, daß
sich Risikofaktoren in ihrer Wirkung potenzieren und gegenseitig
beeinflussen können, aber ebenso die Erfahrung, daß ein, durch
epidemiologische Studien als auch durch die Grundlagenforschung,

eindeutig als Risikofaktor erkannter Parameter bei einer Person,
auch wenn er außerhalb der Norm liegt, durchaus nicht zu einer
Ausbildung der Krankheit führen muß, zeigt deutlich das Multi-
faktorielle in der Kausalkette der Pathogenese cardiovasculärer
Erkrankungen und der Atherosklerose. Die Aussage einer statistischen Erhebung an einem KOLLEKTIV wird hierdurch relativiert,
wenn die erhaltenen und oft klaren Resultate solcher Untersuchungen zur Interpretation und klinischen Bewertung auf eine
EINZELPERSON übertragen werden sollen.

Risikofaktoren

Auf cellulärer und molekularer Ebene betrachtet, spielt in der
Atherogenese - wörtlich in der Verengung und Verhärtung der Gefäßwand -, als der eindeutig häufigsten Grundkrankheit von Herz-
Kreislauf-Erkrankungen, die Proliferation und Cholesterinspei-
cherung der glatten Muskelzelle der Arterienwand die zentrale
Rolle. Etwas pointierter ausgedrückt kann man heute sagen, daß
die Proliferation der glatten Muskelzelle und ihre Cholesterin-
speicherung Prozesse - die offensichtlich ähnlichen Steuerungs-
mechanismen unterliegen und zur Bildung der sog. Schaumzelle
führen - eine conditio sine qua non der Atherosklerose darstellen.

Auf der Suche nach den pathophysiologischen Zusammenhängen der
degenerativen Gefäßerkrankungen erhalten demnach jene Faktoren
eine besondere Bedeutung, die entweder einen Schutz oder eine
Anfälligkeit gegenüber der Erkrankung bewirken können, indem sie
den Stoffwechsel und die proliferativen Funktionen der Gefäßzel-
len beeinflussen, indem sie die Interaktion zwischen den Zellen
selbst in der Gefäßwand und damit dem gesamten vasculären System
steuern. Solche Faktoren sind nicht in jedem Fall einfach und
sicher zu identifizieren, entsprechend breit ist auch heute die
Basis für mehr oder weniger qualifizierte Diskussionen auf diesem Gebiet. Diskussionen, die oft bis in die Laienpresse getragen werden und dann meist einseitig und oberflächlich sind. Dies
ist keine glückliche Situation. Es wäre zu hoffen, und dies ist
ein sozialmedizinisches Problem, hier, häufiger als geschehen,
kritische und verantwortungsvolle Stimmen zum Tragen zu bringen.

Ohne den anschließenden epidemiologischen Ausführungen etwas vor-
weg nehmen zu wollen, aber als Stütze für die nachfolgenden
pathobiochemischen Betrachtungen, zeigen uns Bevölkerungsstudien
in ihrer Globalaussage, daß Gesamt-Cholesterinwerte über 180 mg/
100 ml ein ständig wachsendes Risiko darstellen. Diese Korrelation und noch eindeutiger die des LDL-Cholesterins ist stärker
vor dem 50. Lebensjahr, was selten beachtet wird, während das
Risiko nach dem 50. Lebensjahr besonders mit dem HDL-Cholesterin
- in diesem Fall negativ - korreliert. Während in Ländern wie
den USA, Nordeuropa und Australien ein statistisch erhobener
Normbereich für das Plasmacholesterin von 220-280 mg/100 ml festgestellt wurde, bei einer Inzidenzrate von nahezu 50% cardiovasculärer Todesfälle, finden sich in bestimmten Mittelmeerpopula-
tionen, im Orient und Südamerika statistische Normbereiche zwi-

schen 130 und 160 mg/100 ml, bei einer Todesrate durch cardio-
vasculäre Erkrankungen von weniger als 20% in vergleichbaren
Altersgruppen. Hieraus könnten Gesamt-Cholesterinwerte von
< 180 mg% als wünschenswert abgeleitet werden.

Die Definition des optimalen Spiegels des Plasmacholesterins
setzt allerdings ein Verständnis über die Transportform des
Cholesterins im Plasma voraus. Hierauf soll später näher eingegangen werden. Sozialmedizinisch und gesundheitspolitisch ebenso
wichtig ist die Lehre aus der sogen. Oslo-Studie (1), die zeigt,
daß in Nordeuropa Cholesterinwerte über 200 mg%, statistisch gesehen, erst nach dem Alter von 25 Jahren relevant werden. Insgesamt ist die Frage nach der "natürlichen Geschichte" der Atherosklerose, d.h. nach dem Zeitpunkt des ersten Einsetzens degenerativer Gefäßerkrankungen in einem Menschenleben und damit im
Zusammenhang die Frage nach dem Zeitpunkt des Behandlungsbeginns,
ein anstehendes und dringend zu bewältigendes Problem.

Sowohl in pathogenetischer als auch in biochemischer Hinsicht
äußerst informativ und interessant ist die weitergehende Auswertung der Oslo-Studie, in die in den Jahren 1972-1973 über 60%
der Bevölkerung zwischen 40 und 50 Jahren und 7% der Bevölkerung
zwischen 20 und 40 Jahren in einer kombinierten epidemiologisch-
prospektiven Studie aufgenommen wurden. Hier konnte gezeigt werden, daß sich die angedeuteten Risikofaktoren nicht nur in ihrer
Krankheitswirkung potenzieren, sondern auch gegenseitig beeinflussen. So korreliert z.B. der tägliche Konsum an Zigaretten
mit der Konzentration des Plasmacholesterins. Weitere Interkorre-
lationen zeigten sich zwischen Serumcholesterin, Bluthochdruck,
Blutglucose und Übergewicht. Eine Aussage von höchster klinischer
und pathogenetischer Bedeutung.

Validität der Laborbefunde

Berechnet man die diagnostische Validität der heute im Laboratorium routinemäßig meßbaren Parameter, so kommt man etwa zu folgenden Ergebnissen (2): Entsprechend dem klassischen Vorgehen wird
das Infarktrisiko meistens über die Bestimmung der Lipidfraktionen Cholesterin und Triglyceride abgeschätzt. Dabei gelten Cholesterinwerte über 260 mg% als pathologisch. Wendet man dieses Kriterium auf ein Kollektiv an, dessen Infarktrisiko nach CASTELLI
abgeschätzt wurde (Gesamt-Cholesterin/HDL-Cholesterin $\leq$ 5), so
ist die Empfindlichkeit der Cholesterin-Bestimmung allein völlig
unzureichend (Empfindlichkeit 0,2), (s. Abb. 1). Die Einbeziehung
der Triglyceride im Sinne einer "oder"-Entscheidung verbessert
die Empfindlichkeit auf 0,4. Die Senkung der Warngrenze für Cholesterin bedingt eine Verbesserung der Empfindlichkeit auf 0,6
bis 0,7, die Spezifität sinkt dabei allerdings deutlich ab (von
rund 1 auf 0,8). Insgesamt sind diese Möglichkeiten also eher
unbefriedigend. Diese Erkenntnis ist im Lichte der neueren Erkenntnisse um die Charakteristik und biologische Wertigkeit der
unterschiedlichen, das Cholesterin transportierenden, Lipoproteine nicht überraschend. Im Sinne dieser neueren Vorstellungen.

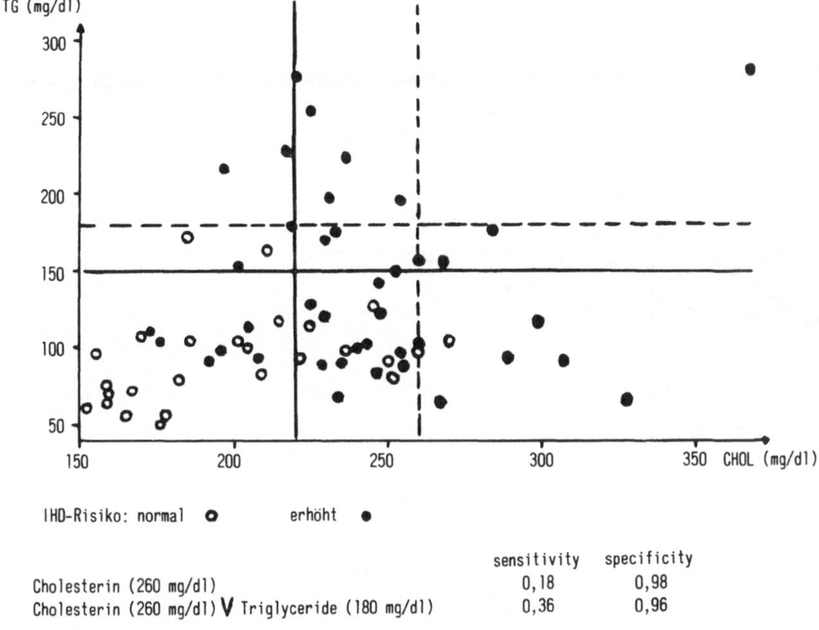

	sensitivity	specificity
Cholesterin (260 mg/dl)	0,18	0,98
Cholesterin (260 mg/dl) V Triglyceride (180 mg/dl)	0,36	0,96
Cholesterin (220 mg/dl)	0,58	0,80
Cholesterin (220 mg/dl) V Triglyceride (180 mg/dl)	0,71	0,76

<u>Abb. 1. Streudiagramm von Gesamt-Cholesterin und Triglyceriden für Kollektive mit verschiedenem Infarktrisiko.</u> Nach HARDERS et al. (2). Einteilungskriterien s. Text. Häufig verwendete Warngrenzen sind im Diagramm eingezeichnet. Für einige Methoden und -Kombinationen sind diagnostische Empfindlichkeit und Spezifität angegeben; v bedeutet eine "oder"-Verknüpfung; ∧ eine "und"-Verknüpfung. CHOL = Gesamt-Cholesterin, TG = Triglyceride, IHD = Ischaemic Heart Disease

- die später in ihren pathophysiologischen Zusammenhängen noch eingehender erleuchtet werden sollen - entwickelte sich die Hypothese, daß die Bestimmung von HDL- und LDL-Cholesterin der Messung des Gesamtcholesterins überlegen sein soll. Als Einzelparameter ergibt sich für HDL-Cholesterin eine Empfindlichkeit von 0,8 gegenüber 0,5 für LDL-Cholesterin (s. Abb. 2). Kombiniert man beide Parameter im Sinne einer "oder"-Entscheidung, steigt die Empfindlichkeit deutlich an, praktisch auf 1,0, allerdings geht die Spezifität auf etwa 0,5 zurück. Kombination im Sinne einer "und"-Entscheidung ergibt einen hochspezifischen, aber wenig empfindlichen Test. Am ausgewogensten ist die Kombination beider Parameter durch Quotientenbildung LDL-Cholesterin/ HDL-Cholesterin (Empfindlichkeit und Spezifität je 0,9), dies entspricht einer bivariaten Bewertung.

Soll einer dieser Tests bzw. Testkombinationen zu Screening-Untersuchungen eingesetzt werden, um ein erhöhtes Infarktrisiko auszuschließen, so muß man die maximal zulässige Prävalenz berechnen, für die ein vorgegebener Predictive Value des negativen Tests noch gesichert ist. Man erhält beispielsweise die in Tabelle 1 dargestellten Zahlen.

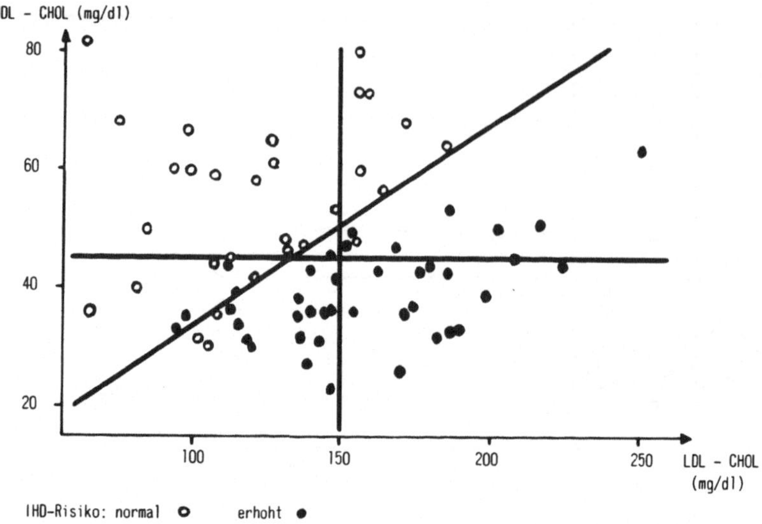

	sensitivity	specificity
LDL-Cholesterin (150 mg/dl)	0,52	0,79
HDL-Cholesterin (45 mg/dl)	0.79	0.77
LDL-Cholesterin (150 mg/dl) V HDL-Cholesterin (45 mg/dl)	0,98	0,47
LDL-Cholesterin (150 mg/dl) ∧ HDL-Cholesterin (45 mg/dl)	0,29	1,00
LDL-Cholesterin / HDL-Cholesterin ≤ 3,0	0,91	0.90

<u>Abb. 2. Streudiagramm von LDL-Cholesterin und HDL-Cholesterin für Kollektive mit verschiedenem Infarktrisiko.</u> Nach HARDERS et al. (2). Einteilungskriterien s. Text; Erläuterungen s. Abb. 1

<u>Tabelle 1.</u> Validität verschiedener Methoden und Kombinationen zum Ausschluß eines erhöhten Infarktrisikos. Nach HARDERS et al. (2).
Angegeben ist die maximale Prävalenz im Kollektiv, bei der das Vorliegen der Krankheit mit 95%iger Sicherheit ausgeschlossen werden kann. Die Warngrenzen für die einzelnen Parameter sind in Klammern angegeben (mg/dl).

	maximale Prävalenz für den Ausschluß auf dem 95%-Niveau
Cholesterin (260)	6%
Cholesterin (260) oder Triglyceride (180)	7%
Cholesterin (220)	9%
Cholesterin (220) oder Triglyceride (180)	12%
LDL-Cholesterin (150)	8%
HDL-Cholesterin (45)	16%
LDL-Cholesterin (150) oder HDL-Cholesterin (45)	55%
LDL-Cholesterin (150) und HDL-Cholesterin (45)	7%
LDL-Cholesterin/HDL-Cholesterin ≤ 3	34%

Da man größenordnungsmäßig etwa 10-20% gefährdete Personen in
einer nicht ausgewählten Population ansetzen muß, sind bei Ansetzen einer Diskriminierung auf dem 95%-Niveau die ersten drei
Tests bzw. Kombinationen für die genannte Fragestellung nicht
geeignet. Geeignet sind hingegen Cholesterin und Triglyceride
mit herabgesetzter Warngrenze des Cholesterins und die Bestimmung von HDL-Cholesterin. Am besten sind die Kombination von
HDL- und LDL-Cholesterin-Bestimmung im Sinne einer "oder"-Ent-
scheidung oder als Quotient.

Diese Berechnungen gehen von einem einfachen Modell für die Eva-
luierung des diagnostischen Wertes klinisch-chemischer Untersuchungen aus; doch es erscheint sinnvoll, komplexere Modelle nur
dann anzuwenden, wenn die Grenzen der einfachen Modelle erreicht
sind. Weiterhin basieren die Rechnungen auf dem Kriterium von
CASTELLI, gewonnen aus den Daten der Framingham-Studie. Dieses
Kriterium ist von verschiedener Seite kritisch beleuchtet worden; in der Tat werden sich für andere Populationen Verschiebungen der oben angegebenen Zahlen ergeben, jedoch ist eine grundsätzliche Änderung der Ergebnisse nicht wahrscheinlich. Wir sind
aber heute noch weit davon entfernt, der Vorsorgemedizin eindeutige oder gar Standardmethoden für Herz-Kreislauf-Erkrankungen
nennen zu können. Bevor dies möglich sein wird, wird man sich
verstärkt, wie in den vergangenen Jahren, den pathobiochemischen
Grundlagen des Fettstoffwechsels widmen müssen.

Pathobiochemie

Um die klinisch-chemischen Parameter, die auf dem Gebiet der
Herz-Kreislauf-Erkrankungen von Bedeutung sind - es handelt sich
hierbei fast ausschließlich um die Blutlipide, evtl. um die
Glucose und um die Harnsäure - richtig einordnen zu können, ist
eine Vorstellung über die Beziehung zwischen diesen Substanzen
und der Atherosklerose notwendig. Eine Auskunft über die Kausalkette der Atherogenese und eine tiefere Einsicht in die komplexen Mechanismen dieses Prozesses erhielt man erst durch die
Verbindung von Pathohistologie und Pathobiochemie unter Bewertung des Endothels der Arterien, der glatten Muskelzelle der Gefäßwand sowie der Lipoproteine als den natürlichen Trägern der
Plasmalipide (3, 4).

Wir dürfen heute annehmen und haben Anhalte dafür, daß neben den
bekannten und gerade aufgezählten Risikofaktoren der Atherosklerose hohe Konzentrationen von Insulin, Endotoxin, Kohlenmonoxid
und anderen Toxinen, Vitamin C-Mangel, bestimmte Antigen-Anti-
körperkomplexe usw. durch ihr Einwirken auf die Endothelzellen,
deren Adhäsion an das darunterliegende Bindegewebe (Lamina elastica) verändern, zum "Intima-Ödem" führen und Zellen von der
Oberfläche lösen, um dadurch den darunterliegenden glatten Muskelzellen den Weg in die Intima zu bahnen und so den großmolekularen Lipoproteinen den Eintritt in die Gefäßwand zu ermöglichen
(s. Abb. 3). Die glatten Muskelzellen werden nunmehr mit Blutplättchen in Berührung kommen können, von denen heute durch in

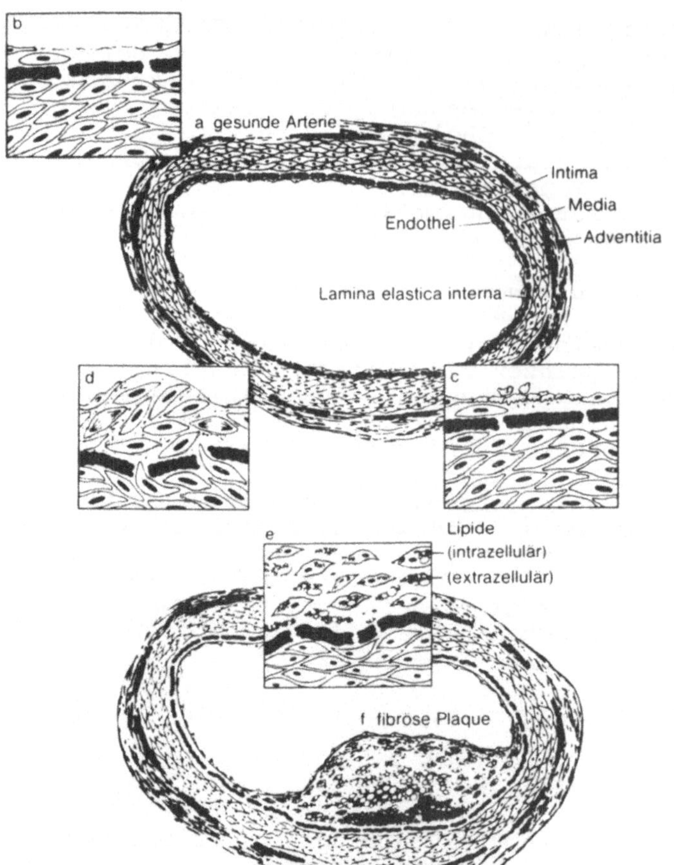

Abb. 3. Schematische Darstellung der Entwicklung eines fibrösen Plaques als Vorstufe einer atherosklerotischen Gefäßläsion. Nach ROSS (4)

vitro-Experimente gesichert ist, daß sie einen Faktor synthetisieren, der die glatten Muskelzellen zur Proliferation anregt; ein basophiles, hitzestabiles Protein, eine hormonähnliche Substanz mit einem Molekulargewicht von ca. 13.000 Dalton. Eine ähnliche Wirkung schreibt man dem Insulin zu. Zusätzlich bewirkt das aus Blutplättchen freigesetzte Serotonin eine Kontraktion der glatten Gefäßmuskelzellen. Die Proliferation glatter Muskelzellen in die Intima und die Abdeckung eines Intima-Defektes durch Thrombocyten, zusammen mit dem Einwandern von Endothelzellen aus dem Randbezirk, kann wahrscheinlich in Abhängigkeit vom Ausmaß der Läsion und der Dauer der Schädigung, entweder als Heilungsprozeß ablaufen und zur Ausbildung einer neuen, intakten Intima führen oder sich mit allen weiteren Konsequenzen - wie der Umwandlung der glatten Muskelzelle zur Schaumzelle - mit der Synthese von Elastin und Collagen zu einem fibrösen Plaque entwickeln. Dieser kann in Form von Kratern aufbrechen, in die es hineinbluten kann und über denen sich Thromben bilden können. Ein Ablauf, der in der komplizierten Läsion endet. Ein Prozeß, der, nun nicht mehr reversibel, zur Einengung der Arterie mit entsprechender klinischer Konsequenz führt. Experimentell eindeutig gesichert ist, daß die in einem atherosklerotischen Pla-

que gespeicherten Lipide zum überragenden Teil aus den zirkulierenden Plasmalipoproteinen stammen. Die sogen. Lipidtheorie
alter Prägung versuchte, einzelnen Lipidklassen, besonders den
Triglyceriden und dem Cholesterin, einen Krankheitswert zuzuschreiben. Dies war zu einfach, ungenau und daher unzureichend
zur Erklärung wichtiger pathobiochemischer Mechanismen und daher mit Recht sehr anfällig gegenüber Kritik. Eine Wende brach-
ten genetische sowie biochemische Forschungsergebnisse der letzten Jahre, durch die eindeutig gezeigt werden konnte, daß pathobiochemische Zusammenhänge der Atherosklerose nur erkannt werden
können bei Betrachtung definierter Lipoproteineinheiten und
deren Stoffwechselregulation, sowohl im Plasmapool als auch in
Geweben.

In meinem Referat vor zwei Jahren in diesem Diskussionskreis
habe ich mich eingehend mit neueren Erkenntnissen auf dem Gebiet
des Lipid- und Lipoproteinstoffwechsels befaßt und möchte daher
jetzt nur kurz die zu dem heutigen Thema wichtigen Aspekte aufzeigen.

Bereits vor 25 Jahren wies GOFMAN in den USA darauf hin, daß es
bei der experimentellen Atherosklerose weniger auf die Gesamt-
konzentration des Plasmacholesterins oder auf die Dauer der Hypercholesterinämie ankommt als vielmehr auf die besondere Transportform des Plasmacholesterins. Diese Vorstellungen haben - weiter entwickelt - nunmehr unser Verständnis bezüglich der Ätiologie von cardiovasculären Erkrankungen erheblich erweitert und
hoffnungsvolle Ansätze auch zu neuen therapeutischen Prinzipien
gegeben. Eine Voraussetzung dafür war die Entwicklung moderner
Techniken der biochemischen und physiko-chemischen Analytik, die
dazu verholfen haben, das Lipoproteinspektrum genau zu definieren und vor allem in seiner biologischen Funktion zu erhellen.
Hervorragende Erfolge auf diesem Gebiet der klinischen Grundlagenforschung wurden in den letzten Jahren erzielt, vor allen Dingen durch die weitgehende biochemische und biophysikalische Charakterisierung der Plasmalipoproteine, durch die Abklärung der
wesentlichen Stoffwechselwege der Lipoproteine im Körper und
schließlich durch die damit in engstem Zusammenhang stehende Erkenntnis, daß die verschiedenen Lipoproteinfamilien des Plasma
des Menschen eine unterschiedliche, ja sogar gegensätzliche biologische Wertigkeit in der Entstehung degenerativer Gefäßerkrankungen entwickeln.

Die physiko-chemischen und chemischen Eigenschaften der Plasmalipoproteine sind festgelegt durch die Art und die Konzentration
ihrer einzelnen Protein- und Lipidkomponenten. Das Spektrum der
Lipoproteine ist in jeder Hinsicht heterogen. Allein in ihrer
Größe können die Lipoproteine, die im Elektronenmikroskop in der
Regel als Kugel erscheinen, von 10.000 Å bis hin zu nur 75 Å im
Durchmesser messen (s. Abb. 4). Die gängigsten Einteilungsmetho-
den der Lipoproteine beruhen auf einer unterschiedlichen Dichte
und ihrer elektrophoretischen Mobilität (s. Abb. 5). Unter Verwendung der analytischen Ultrazentrifuge hat man ein Dichtespek-
trum erstellt. Mit zunehmender Dichte unterteilt man üblicherweise in

a) Chylomikronen,
b) Very-Low-Density-Lipoproteine (d < 1,006 g/ml),

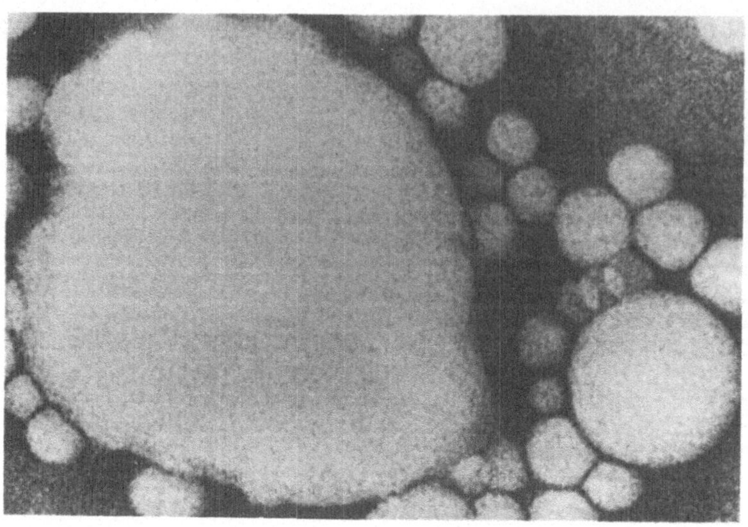

<u>Abb. 4.</u> Elektronenmikroskopische Aufnahme isolierter Plasmalipoproteine. Negativ-Darstellung mit Phosphorwolframsäure

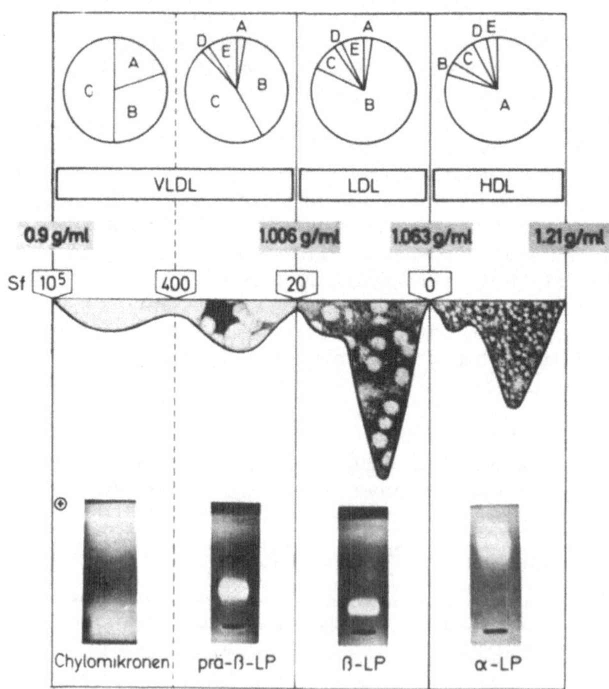

<u>Abb. 5.</u> Charakteristik der Plasmalipoproteine des Menschen

c) Low-Density-Lipoproteine (d = 1,006 - 1,063 g/ml) und
d) High-Density-Lipoproteine (d = 1,063 - 1,21 g/ml).

Als technisch weniger aufwendige Methode zur analytischen Trennung der Lipoproteine hat sich die Lipoprotein-Elektrophorese erwiesen. Nachdem diese Technik in 1%iger Agarose und der Anwendung der Polyanionenpräzipitation auch zur Quantifizierung von Plasmalipoproteinen geeicht werden konnte, setzt sie sich zu Recht für den klinisch-chemischen Gebrauch durch (5). Die LDL wandern bei pH 8,6 in Agarose in der Position der β-Globuline, die HDL mit α_1-Mobilität und die VLDL in der Position der α_2-Globuline. Die Chylomikronen wandern nicht und behalten ihren Namen. Eine weitere, seit über 20 Jahren bekannte Fraktionierungsform der Plasmalipoproteine, speziell im Dichtebereich von d > 1,063, ist durch eine unterschiedliche Affinität der einzelnen Lipoproteine zu Polyanionen gegeben, die unter Zugabe von zweiwertigen Kationen zu Präzipitationen führen. Unter den verschiedenen Möglichkeiten werden die zuverlässigsten und spezifischsten Resultate durch Verwendung von Heparin erzielt, während andere Präzipitationsverfahren zur Ermittlung des sogen. HDL-Cholesterins noch äußerst skeptisch beurteilt werden (6).

Sowohl die Dichte als auch die elektrophoretische Wanderungsgeschwindigkeit eines Lipoproteins beruht auf und wird vorgegeben durch seine Apoproteine, von denen bis heute 6 verschiedene weitestgehend charakterisiert, ja sogar zum Teil synthetisiert worden sind. Diese Apoproteine verteilen sich unterschiedlich über das Lipoproteinspektrum, wobei das Apolipoprotein A den hauptsächlichen Anteil der α/HDL-Fraktion, das Apo B den hauptsächlichen Anteil der β/LDL- und das Apo C den hauptsächlichen Apoproteinanteil der prä-β/VLDL-Fraktion darstellt. Dasselbe gilt für die drei wesentlichen Lipidfraktionen, auch sie verteilen sich über das gesamte Lipoproteinspektrum. So finden sich die Neutralfette vorwiegend in der Chylomikron- und prä-β-Lipoproteinfraktion, das Cholesterin hauptsächlich in der β/LDL-Fraktion und die Phospholipide hauptsächlich in der α/HDL-Klasse. Bis heute sind die biologischen Funktionen der Apoproteine sicherlich nur zum Teil bekannt. Neben ihrer Rolle bei der Aufrechterhaltung der Struktur, Zusammensetzung und Stabilität der Lipoproteine kommt ihnen eine überragende Bedeutung bei der Regulation wichtiger Stoffwechselprozesse der Lipide im Plasma und darüberhinaus im Gewebe zu. Das Apo C, vor allem seine Untereinheiten des Apo CII, aktiviert die Hydrolyse der triglyceridreichen Lipoproteine und reguliert über eine Kaskade von Zwischenstufen so deren Abbau zu LDL. Das Apo B wahrscheinlich ebenso wie das Apo E erhalten größte biologische Bedeutung als Marker für Zelloberflächenrezeptoren, die den weiteren Abbau der LDL in der Peripherie regulieren. Das Apo A, als hauptsächliches Apoprotein der HDL, die zu einem noch nicht genau bekannten, aber wohl zum größten Teil aus der Leber in das Plasma gelangen, aktiviert nicht nur die Lecithin-Cholesterin-Acyltransferase und ist damit für die Veresterungsrate des Plasmacholesterins bestimmend, sondern steuert auch den Rücktransport des Cholesterins aus den peripheren Geweben zur Leber und damit den endgültigen Abbau, Umbau und dessen Ausscheidung.

Tabelle 2. In vitro-Inkubation von glatten Muskelzellen
mit verschiedenen Lipoproteinen. STEIN et al. (9)

Es zeigt sich eine Anreicherung von Cholesterin durch LDL
und eine Verarmung durch HDL der Zellen in Gewebekultur

Protein im Medium	Zusätze	Ges. Chol. in den Zellen in µg/mg Protein
fetales Kalbserum 5%	keine	30
	LDL	54
	keine	31
	HDL	19

Die heutige Kenntnis über die Regulation des Lipoproteinstoffwechsels auf cellulärer Ebene wurde durch die Pionierarbeiten
von GOLDSTEIN und BROWN (7) eingeleitet, die zeigen konnten, daß
es zwischen den cholesterintransportierenden Lipoproteinen, speziell der LDL- und HDL-Klasse und den Zellen zu einer eindeutigen Wechselwirkung kommt, die über den Proteinanteil und die
Zelloberflächenreceptoren gesteuert ist. LDL gilt als Hauptspen-
der von cellulärem Cholesterin, während die Lipoproteine hoher
Dichte eine entgegengesetzte Wirkung ausüben, d.h. sie fördern
den Entzug cellulären Cholesterins (s. Tabelle 2). Diese in Ge-
webekulturen der verschiedensten Organe, auch glatter Muskelzellen, erzielten Ergebnisse erlauben durchaus gewisse Rück-
schlüsse auf in situ-Vorgänge der Aorta und anderer arterieller
Gefäße. Entsprechend muß das analytische Werkzeug der Klinischen
Chemie auf die Erkennung des Verhältnisses der einzelnen Lipopro-
teinklassen bzw. der einzelnen Apoproteinkomponenten zueinander
ausgerichtet sein, wenn aussagekräftige epidemiologische Studien
unternommen werden sollen oder wenn eine Aussage bezüglich des
Risikos eines Patienten verlangt ist. Die Messung einer einzelnen Fraktion oder gar einer einzelnen Komponente einer Fraktion,
scheint daher nicht mehr sinnvoll. Für den Einzelnen heißt dies,
daß eine Hypercholesterinämie durchaus nicht negativ zu bewerten
ist, wenn sie durch einen Konzentrationsanstieg der HDL hervorgerufen wird. Ebenso kann sich hinter einer sogen. Normocholeste-
rinämie durchaus eine ungünstige Verteilung des Cholesterins in
Form einer relativen Anreicherung im LDL verbergen. Dieses zu
erkennen ist insbesondere von Bedeutung in dem wichtigen Ent-
scheidungsbereich zwischen 200-280 mg/100 ml Gesamtcholesterin.
In diesem Zusammenhang ist die letzte Auswertung der Ihnen allen
bekannten Framingham-Studie (5) von Bedeutung. Diese hat ergeben,
daß 50% aller Herzinfarktfälle Cholesterinwerte unter 275 mg/
100 ml zeigten. Den höchsten "Likelihood-Index", das Risiko an-
zuzeigen, besitzt das Verhältnis LDL zu HDL. Dies ist von um so
größerer Bedeutung, da im Augenblick, wenigstens in unserem
Lande, ohne Frage eine Tendenz besteht, die Rolle der HDL über-
zubewerten und unkritisch zu strapazieren. Die hierin bestehende
Gefahr ergibt sich schon durch die eindeutige Risikokonstella-
tion bei den genetisch bedingten familiären Hyperlipoproteinämien,
die in der Regel keine erheblichen Abweichungen ihrer HDL-Konzen-
tration aufzeigen.

Klinisch-chemisch und klinisch zeigen gerade die familiären Hyperlipoproteinämien, mit in der Regel einem hohen oder sehr
hohen Herzinfarktrisiko, deutlich die enge Beziehung einer Fett-
stoffwechselstörung zu den Herz-Kreislauf-Krankheiten. Wir unterscheiden heute die polygenen Hypercholesterinämien, bei denen
die Plasmalipidwerte in besonderem Maße durch exogene Faktoren
beeinflußt werden, neben der familiären Hypercholesterinämie
(Typ II-Hyperlipoproteinämie), die die zur Zeit am besten untersuchte und zugleich gefährlichste Hyperlipoproteinämieform darstellt. Mehr als 50% aller Patienten dieser Gruppe zeigen vor
dem 60. Lebensjahr Zeichen einer Coronarsklerose. Die Cholesterinwerte in einem solchen Falle sind eindeutig und liegen über
300 mg/100 ml. Die Erkrankung kann bereits im Nabelschnurblut,
ja sogar in Amnionzellkulturen nachgewiesen werden. Der Nachweis erfolgt über eine fehlende Regulierung der Cholesterinsyn-
these, ein Defekt, der durch einen spezifischen Receptormangel
gegen Apo B hervorgerufen wird. Weiterhin ist von Bedeutung die
reine Hypertriglyceridämie oder Typ IV-Hyperlipoproteinämie,
ebenso wie die kombinierte Hyperlipidämie, bei der es in betroffenen Familien entweder zu einer isolierten Hypertriglyceridämie,
Hypercholesterinämie oder zu einer Kombination von beiden kommen
kann. Diese auch familiär bedingte Erkrankung wurde erst in den
letzten Jahren stärker beachtet. Die Diskussion darüber, ob es
sich um eine monogene oder um eine polygene Störung handelt,
ist allerdings noch nicht abgeschlossen. Ein Beispiel für die
Rolle der Apoproteine in der Entstehung einer Hyperlipoproteinämie ist im Falle der Dys-β-Lipoproteinämie oder Typ III-Hyper-
lipoproteinämie gegeben, bei der man vermutet, daß das charakteristische cholesterin- als auch triglyceridreiche β-VLDL oder
Broad-β-Lipoprotein durch eine Defizienz des Apo E III hervorgerufen wird. Die Eindeutigkeit der klinisch-chemischen Diagnostik
gerade in dieser Form ist wichtig, da Typ III-Patienten eine
wesentlich bessere Prognose erwartet als Typ II-Patienten, wenn
sie ausreichend therapiert werden, was meist gut gelingt. Es ist
zu erwarten, daß sich mit einer weiterführenden Apoproteinanalytik, vor allen Dingen einer solchen, die auch Aussagen über die
Verteilung der Apolipoproteine im Lipoproteinspektrum erlaubt,
wertvolle diagnostische Aussagen werden treffen lassen.

Ausblick

Zusammenfassend möchte ich zu dem mir gestellten Thema festhal-
ten, daß die durch epidemiologische Studien gewonnenen Aussagen
klar den Zusammenhang zwischen Plasmalipiden und Herz-Kreislauf-
Erkrankungen erkennen lassen. Dem widersprechen nicht die Resultate der biochemischen Grundlagenforschung, wenngleich sich gezeigt hat, daß klinisch-chemisch die größere Bedeutung der Verteilung des Cholesterins über die beiden hauptsächlich cholesterintransportierenden Lipoproteinfraktionen, den β- und α-Lipopro-
teinen, zukommt. Dies ergibt sich durch ihre entgegengesetzte
biologische Wirkung im cellulären Cholesterinstoffwechsel.

Unter Berücksichtigung aller bisher erkannten Risikofaktoren und
ihrer potenzierenden Wirkung wird es jedoch im Einzelfall der
ärztlichen Interpretation bedürfen unter Bewertung aller klinischen und insbesondere auch der genetischen Faktoren.

Dieses zu erkennen bei einem gleichzeitigen Engagement zur Grundlagenforschung, erscheint mir ein medizinisches Anliegen erster
Ordnung. Die zukünftige Bewältigung dieses drängenden Problems
wird von der Bereitschaft abhängen, inwieweit die verschiedenen
medizinischen Disziplinen auf diesem Gebiet zu einer Kooperation
in der Lage sind, und gleichzeitig Bereitschaft zeigen, gegenseitig Befunde kritisch zu interpretieren, um sie als Stimulus
für eigenes kreatives Denken zu verwenden.

Literatur

1. LEREN P, et. al. (1975) The Oslo Study, Holstad-Trykk A/S,
   Oslo
2. HARDERS HD, HELGER R (1979) Lipidparameter zur Abschätzung
   des Infarktrisikos - ist Screening sinnvoll? Kongreß für La-
   boratoriumsmedizin Berlin, Mai 1979
3. SEIDEL D (1978) Pathogenese der Atherosklerose. Lab Med 2:37
4. ROSS R, GLOMSET JA (1976) The Pathogenesis/Atherosclerosis.
   New Engl J Med 295:369-420
5. WIELAND H, SEIDEL D (1978) Fortschritte in der Analyse des
   Lipoproteinsystems. Inn Med 5:290
6. WARNICK GR, et. al. (1979) Comparison of Current Methods for
   High-Density Lipoproteins Cholesterol Quantification. Clin
   Chem 25:596
7. GOLDSTEIN JL, BROWN MS (1975) Lipoprotein Receptors and Gene-
   tic Control Metabolism in Cultured Human Cells. Naturwissen-
   schaften 62:385
8. GORDON T, et. al. (1977) High-Density Lipoproteins as a Pro-
   tective Factor Against Coronary Heart Disease. Am J Med
   62:707
9. STEIN O, STEIN Y (1976) High-Density Lipoproteins Reduce the
   Uptake of Low-Density Lipoproteins by Human Endothelial Cells
   in Culture. Biochim Biophys Acta 431:363

Epidemiologie

B.-P. Robra*

<u>Einleitung</u>

Dem Problem der Übereinstimmung von Test und Diagnose im Vorfeld
der klinischen Medizin soll nachgegangen werden unter dem besonderen Aspekt, daß die "Diagnose" selber nicht scharf genug definiert werden kann, da auch sie nur eine Annäherung an die zu
Grunde liegende Krankheit bedeutet. Dazu finden sich epidemiologische Beispiele.

Aus der wechselnden Härte "diagnostischer Klassifizierungen",
der großen Prävalenz von Risikofaktoren und dem umfassenden Anspruch präventiver Therapiekonzepte ergeben sich Konsequenzen
für den Stellenwert diagnostischer Befunde.

Aus populationsmedizinischer Betrachtungsweise ergeben sich Überlegungen, in Zukunft die technischen diagnostischen Untersuchungen erheblich zu reduzieren und statt dessen die Gesundheitsvor-
sorge entsprechend zu intensivieren.

<u>Probleme der Validität in der Epidemiologie</u>

Die Epidemiologie widmet sich der Verteilung von gesundheitlich
wichtigen physiologischen und sozialen Variablen und den Bedingungen von Krankheit in der Bevölkerung oder Bevölkerungsgrup-
pen. Sie stellt anhand von Verteilungskurven dieser Merkmale,
die meistens unimodal und mehr oder weniger schief sind,
(s. Abb. 1), eine Bevölkerungsdiagnose, deren Erhebung auch an
einer Stichprobe möglich ist. Sie macht Vorhersagen zum zukünftigen Auftreten von Krankheiten und versucht, in Zusammenarbeit
mit anderen Fachgebieten ein Instrumentarium zur gesundheitsfördernden Intervention zu entwickeln.

In der Epidemiologie gibt es nur wenige Tests mit einem offensichtlich hohen Grad an Gültigkeit. Dazu gehören z.B. der Aus-
schlag der Waage und die Länge des Bandmaßes für die Größen-
und Gewichtsbestimmung, oder mit einem schon geringeren Grad die
tonometrische Bestimmung des Augeninnendrucks zur Untersuchung
der Häufigkeit und Früherkennung des Glaukoms.

---

*Institut für Epidemiologie und Sozialmedizin der Medizinischen Hochschule
Hannover (Direktor: Prof.Dr. M. PFLANZ)

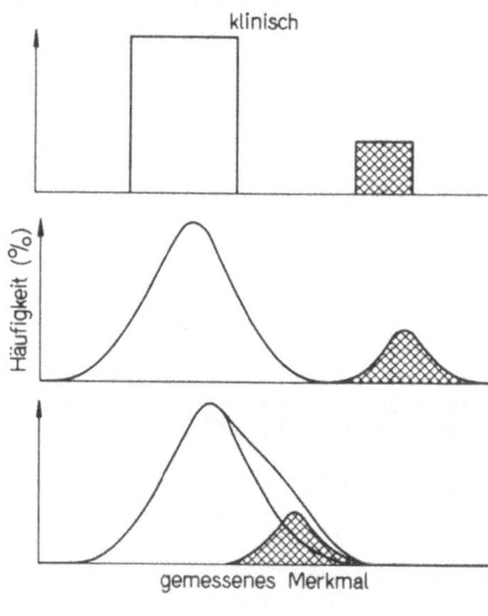

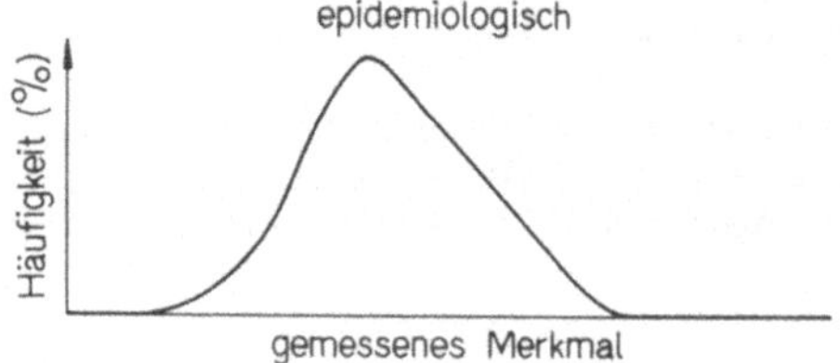

Abb. 1. Klinische und epidemiologische Interpretation von Verteilungen quantitativer biologischer Merkmale.
COCHRANE (5)

Die Blutdruckmessung nach RIVA-ROCCI dagegen ist eine valide Methode zur Bestimmung des arteriellen Blutdrucks, aber sie ist keine ganz valide Methode zur Bestimmung der "Hypertonie". Hormonveränderungen, Nierenveränderungen und denkbare andere wesentliche Attribute einer Hypertonie werden nur approximiert.

Ein übersichtliches Schema über verschiedene Möglichkeiten der Validierung findet sich bei HEINEMANN et al. (8), siehe Tabelle 1. Offensichtlich führt bei der kriterienbezogenen Validität ein Hinterfragen der Validität des Kriteriums zu einem infiniten Regreß. Hier muß pragmatisch verfahren werden. In der Epidemiologie unterscheidet man gern zwischen "harten" und "weichen" Kriterien. Zunehmend härtere Kriterien oder Endpunkte für das Vorliegen einer koronaren Herzkrankheit sind z.B.

Arteriosklerose
Angina pectoris ohne EKG-Veränderungen
Angina pectoris mit EKG-Veränderungen
ein stummer Herzinfarkt
ein klinisch manifester Herzinfarkt
plötzlicher Tod, dessen Umstände auf einen Infarkt deuten
der Infarkttod.

Tabelle 1. Einteilung der Validierungsarten nach zwei grundlegenden logischen Schlußweisen. HEINEMANN et al. (8)

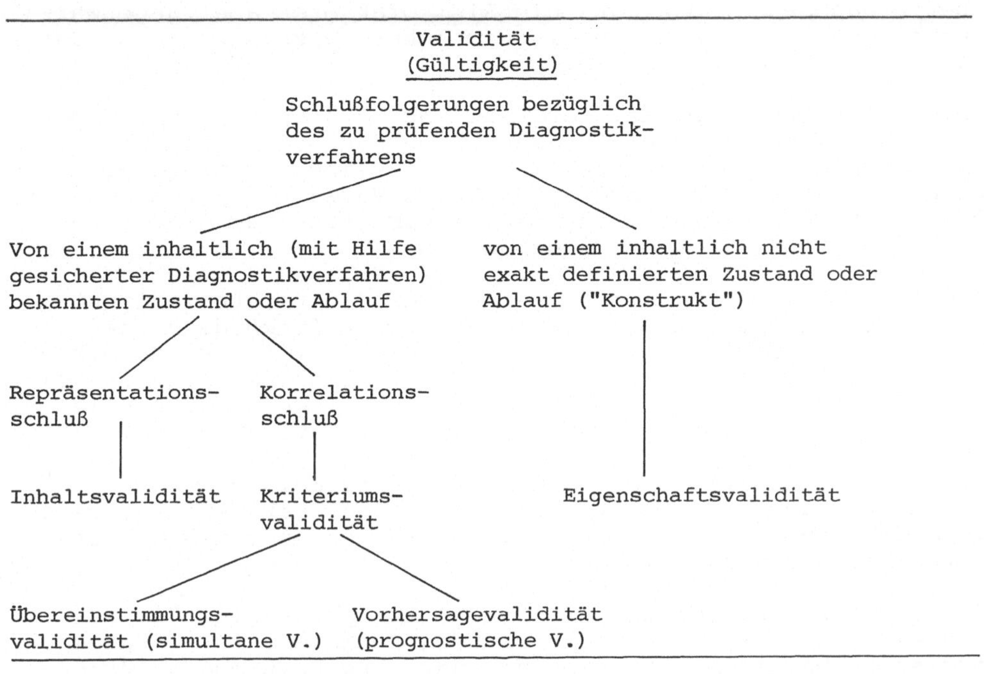

Der Infarkttod wird allerdings klinisch anders beurteilt als bei der Sektion, erst ein entsprechender Eintrag auf der Todesbescheinigung läßt ihn in die Gesundheitsstatistik eingehen.

In der WHO-Registerstudie (15) wurde – als Beispiel einer epidemiologischen Herzinfarktdiagnose – ein sicherer Infarkt angenommen bei typischem EKG oder nicht eindeutigem EKG mit eindeutigen Enzymveränderungen oder typischer Anamnese mit eindeutigen Enzymveränderungen oder positivem Autopsiebefund.

Dabei hat es die WHO übrigens nicht erreicht, für die beteiligten Zentren eine gemeinsame Methodik festzulegen. Als möglicher Infarkt galt bei der WHO u.a. ein plötzlicher Tod ohne gute Hinweise für eine andere Ursache, wenn anamnestisch oder bei der Autopsie Hinweise auf eine chronische ischämische Herzerkrankung bestanden. Man sieht, wie problematisch diese Diagnose ist. Einziges wirklich hartes Kriterium ist der Tod. Deswegen kommt der Beobachtung der Gesamtsterblichkeit, z.B. im Rahmen der Clofibrat-Studie (12) eine große Bedeutung zu. Risikofaktoren für "weiche" Zustände sind wegen der Unschärfe dieser Begriffe schwerer zu definieren als für "harte" Endpunkte.

Bei den Frühstadien der Herz-Kreislaufkrankheiten, die ja einen schleichenden Beginn und lange "Latenzzeit" haben, liegt ein besonderes Problem in der Feststellung des Außenkriteriums "tatsächlich Erkrankte". Selbst mit "harten" Methoden, z.B. mit dem Coronarangiogramm, läßt sich immer noch keine Aussage über Frühstadien der Coronarsklerose machen.

Bei Kindern können zwar die Risikofaktoren der Erwachsenen beschrieben werden, und es finden sich sehr ähnliche Zusammenhänge wie bei Erwachsenen. Man kann die Risikofaktoren aber gegenwärtig nicht gegen das Auftreten ischämischer Herzkrankheiten oder gar den Coronartod validieren.

Das Risikofaktorkonzept der coronaren Herzkrankheit macht immerhin eine Wahrscheinlichkeitsaussage über das Auftreten einer Coronarerkrankung, damit allerdings noch keine Aussage über Frühstadien. Die hier vorliegende prädiktive Validität ist besonders erwünscht, weil sie eher noch als die simultane Validität Hinweise auf präventives Handeln geben kann.

Erfolgt die Validierung eines Tests gegen ein referenz-diagnostisches Verfahren, ist die Häufigkeit der Referenzdiagnose nicht mit der Prävalenz der gesuchten Krankheit in der Bevölkerung gleichzusetzen. Die Kenntnis der Prävalenz ist aber für die Planung im Gesundheitswesen und für die klinische Differentialdiagnose gleichermaßen sehr wichtig (vergl. Bayes-Theorem).

ROGAN und GLADEN (14) geben eine Korrekturformel an, mit deren Hilfe man von der Häufigkeit eines positiven Testausfalls, bereinigt um den Einfluß der Fehlklassifizierungen, auf die Prävalenz der Krankheit zurückschließen kann.

Sind die Referenzkriterien selber von geringer Validität, weil das zu erfassende Merkmal nur vorläufig definiert ist, "harte" Kriterien schwer zu bestimmen sind oder ihre Bestimmung für die untersuchte Bevölkerung nicht zumutbar ist, dann findet man in der Konstruktvalidierung ein wichtiges methodisches Konzept (HEINEMANN u.a. (8)).

Man arbeitet sich bei unklarer pathogenetischer Definition und Abgrenzung einer Krankheit und weitgehendem Fehlen harter Kriterien in mehreren Schritten an eine abschließende Beurteilung heran, indem man eine vorläufige operationale subjektive, aber aus einer Theorie geflossene Definition und Einteilung schafft, damit Hypothesen überprüft, darauf aufbauend zu objektiven Definitionen (immer noch als Konstrukt) und später zu einer erklärenden Theoriebildung kommt (nach HEINEMANN u.a. (8) und Holm (9)).

Die Gewichtsbestimmung mit einer Waage z.B. ist noch lange keine valide Methode zur Feststellung einer Adipositas (Fettsucht). Die Vielfalt der Methoden - Indices aus Größe und Gewicht, Hautfaltendicke, Bestimmung des spezifischen Gewichts, nuklearmedizinische Methoden - einzeln oder in Kombination - zeigt deutlich an, daß man noch auf der Suche ist nach einer validen Methode zur Bestimmung der Adipositas. Verhaltenspsychologische Konzepte wie "latente Adipositas" zeigen an, daß die Konstruktvalidierung noch nicht abgeschlossen ist. Auch die Entwicklung des Risikofaktorkonzeptes ist ein Beispiel für Konstruktvalidierung.

Die Bedeutung des Risikostatus

Vergleichen wir einmal zwei Männer mittleren Alters. Einer hat
als einzige Anfälligkeit einen systolischen Blutdruck von
250 mm Hg. Er wird, einmal gemessen, kaum ohne weitere Diagnostik und Behandlung bleiben. Der andere raucht 20 Zigaretten am
Tag, hat einen Cholesterinspiegel von 260 mg pro 100 ml und
140 mm Hg systolischen Blutdruck. Er kommt vielleicht mit dem
guten Rat davon, das Rauchen einzuschränken. Und doch errechnet
sich für beide aus den Framingham-Daten das gleiche Herzinfarktrisiko. Mehrere Risikofaktoren zusammen wirken überadditiv
(BLACKBURN (4)).

Das illustriert die Bedeutung des Risikostatus für den Einzelnen. Bevölkerungsmedizinisch ist zu beachten, daß die große
Menge der Herzinfarkte nicht bei den wenigen Personen mit ex-
tremem Risiko entsteht. Sie entsteht bei der großen Anzahl von
Personen mit mäßig erhöhten Risikofaktoren. Man muß hier unterscheiden zwischen dem sog. relativen Risiko und dem zuschreibbaren Risiko.

Das *relative Risiko* ist das Verhältnis der Krankheitshäufigkeit
bei Risikofaktorträgern zur Krankheitshäufigkeit bei Nichtrisikoträgern. Es sagt etwas aus über die Erhöhung der Wahrscheinlichkeit einer Erkrankung bei Vorliegen eines Risikofaktors. Das
zuschreibbare Risiko ist die Zahl der Erkrankungen in der Risiko-
gruppe, die dem angeschuldigten Faktor zugeschrieben werden kann.
Dabei wird die Anzahl der Krankheitsfälle bei Nichtrisikoträgern
von der Anzahl der Krankheitsfälle bei den Risikoträgern abge-
zogen.

Für die epidemiologische Beurteilung einer Bevölkerung ist aber
noch eine dritte Maßzahl wichtig, die die Bedeutung des Risikofaktors in der Bevölkerung angibt. Man erhält sie durch Multi-
plikation der Häufigkeit eines Risikofaktors mit dem relativen
Risiko der Risikofaktorenträger (*Population Attributable Risk*).

KEEN u.a. (10) in England schätzen, daß etwa 10% der arterio-
sklerotischen Erkrankungen auf symptomlose Minderung der Glucose-
toleranz zurückgeführt werden können. Zwei Drittel des Risikos
für den Tod an coronarer Herzkrankheit in der Bevölkerung entstehen jeweils bis zu einem systolischen Blutdruck von 170 mm Hg,
bis zu einem Cholesterinspiegel von 280 mg pro 100 ml und bis
zu einem Zigarettenkonsum von 20 Stück pro Tag (ROSE (13), Framingham-Daten).

Wenn die Prävalenz der Risikofaktoren so hoch ist, wie in der
Eberbach-Wiesloch-Studie (BETTINGER et al. (3)) - dort hatten
52% der Männer in der Altersgruppe von 30-59 Jahren mindestens
einen Risikofaktor - dann drängt sich die Frage auf, ob Vorsorgeuntersuchungen einen Sinn haben in einer Situation, in der - nach
Framingham-Ergebnissen - bei einem anhand von Risikofaktoren
identifizierbaren Fünftel der Bevölkerung mit "hohem" Risiko die
Hälfte der zukünftigen Fälle von coronarer Herzkrankheit vor-
kommt, ein wesentlicher Teil der restlichen Bevölkerung aber
immer noch ein genügend hohes Risiko aufweist, so daß die andere

Hälfte der Fälle in dieser Gruppe auftritt, die bei einem Screening vielleicht als "negativ" identifiziert worden wäre (EPSTEIN (6)). Dieser kommt in einer Modellrechnung zu dem Ergebnis, daß bis zur Hälfte der Fälle an Coronar-Herzkrankheit unterhalb des 65. Lebensjahres durch Bekämpfung der Risikofaktoren Rauchen, Hypercholesterinämie und Hypertonie verhütet werden könnten. Dabei hätte nicht ein auf die Gruppe mit hohem Risiko, sondern ein auf die ganze Bevölkerung gerichtetes Präventionsprogramm maximale Wirksamkeit.

Dieser Ansatz wird unterstützt durch folgende Überlegungen:

a) Eine Prävention, die sich nur auf die Senkung vorhandener Risikofaktoren konzentriert, läßt für die Zukunft wenig Änderung erwarten für das Neuauftreten dieser Zustände. Es kann daher eine rationale Strategie sein, sich der Gruppe mit niedrigem oder noch niedrigem Risiko zuzuwenden. Allerdings hätte ein positiver Effekt in dieser Gruppe nur sehr langfristige Konsequenzen - Infarkte sind in der Gruppe unter 40 mit und ohne Prävention seltene Ereignisse. Bei älteren Personen dagegen hätte eine Senkung der Herzinfarktinzidenz bereits erhebliche demographische, ökonomische und soziale Konsequenzen, z.B. für den Bedarf an Krankenhausbetten und Pflegeplätzen. Ergebnisse der Bogalusa Heart Study deuten darauf hin, daß schon bei Kindern ein Persistieren höherer Blutdruckwerte anzunehmen ist (Tracking) (BERENSON u.a. (2)).

b) Es ist weiterhin die Frage, in welchem Umfang durch die selektive Untersuchung der Personen mit Risikofaktor der Anteil der aufzufindenden Fälle in der untersuchten Gruppe tatsächlich erhöht werden kann.
Vorausgesetzt, die Diagnose liefert keine falsch-negativen Ergebnisse, ist die Erhöhung von zwei Faktoren abhängig: dem relativen Risiko und der relativen Häufigkeit des Risikofaktors in der Bevölkerung.
Je größer das relative Risiko und je seltener das Vorkommen des Faktors, desto größer der Anreicherungseffekt (Anteil der Kranken in der Riskogruppe bezogen auf Anteil der Kranken in der Gesamtbevölkerung). Um ein Beispiel auf dem Gebiet der Herz-Kreislauferkrankungen zu geben: bei 25% Hypercholesterinämikern wie in der Eberbach-Wiesloch-Studie und einem relativen Risiko von 5 für diese Personen finden sich unter den Hypercholesterinämikern 2,5 mal so viele Erkrankte wie unter der gleichen Anzahl ohne diesen Risikofaktor. Beim relativen Risiko von 2 sind es nur 1,6 mal so viele (OESER (11)). Der Gewinn ist also begrenzt und kann nur gesteigert werden bei Beschränkung auf ein immer kleiner werdendes Segment der Bevölkerung. Das aber kann nicht Ziel der Bekämpfung einer weitverbreiteten Volkskrankheit sein.

c) Es ist zweifelhaft, welchen Wert eine prognostische Information (wie die über den Risikostatus) hat, wenn die möglichen therapeutischen Strategien begrenzt und auch ohne die maximale Ausschöpfung dieser Information im Einzelfall eindeutig zuzuordnen sind. Mit den leicht faßbaren Informationen über Alter, Geschlecht, Familienanamnese, Rauchgewohnheiten, Größe, Gewicht und Blutdruck weiß man bereits mehr über den Risikostatus einer Person als man gewöhnlich therapeutisch oder verhaltenstherapeutisch umsetzen kann. Aus dem Sammeln von Informationen über weitere "klinische" Risikofaktoren werden sich nur selten andere Schlüsse ergeben als vorher.

d) Es ist weiter zweifelhaft, daß die Belehrung über ein erhöhtes Risiko geeignet ist, menschliches Verhalten dauerhaft zu ändern. Lernpsychologen erheben dagegen Bedenken und weisen darauf hin, daß Drohung und Verbot in dieser Hinsicht weniger wirksam sind als Beispiel und Belohnung.
Ergebnisse epidemiologischer Studien, die für einen Wissenschaftler den Wert präventiver Maßnahmen begründen, sind keine hinreichende Motivation zu präventivem Verhalten für die meisten Individuen. Ihr Verhalten wird nicht nur von rationalen, sozusagen ökonomischen Überlegungen bestimmt (V. FERBER (7)). Sogar nach dem Infarkt fangen 30% der Raucher innerhalb von 2 Jahren wieder an zu rauchen.

Denkbare Konsequenz dieser Überlegungen wäre statt einer Identifizierung von Gruppen hohen Risikos eine bevölkerungsweite Intervention unter Verzicht auf das Risikofaktoren-Screening. Screening wird sinnlos, wenn für den negativen und positiven Testausfall keine unterschiedlichen Konsequenzen eingeleitet werden (BAY u.a. (1)). Es wäre nur noch als Verfahren zur Erfolgskontrolle des Interventionsprogramms an einer Stichprobe durchzuführen, also aus wissenschaftlichem Erkenntnisinteresse, nicht aber zur Bestimmung des Risikostatus des einzelnen. Das Sammeln harter Daten über Inzidenz der coronaren Herzkrankheit und die Sterblichkeit wäre ebenfalls für die Effektivitätsuntersuchung nötig.

Als Elemente eines auf die ganze Bevölkerung gerichteten Interventionsprogramms werden immer wieder genannt: Bekämpfung der Hypertonie, Abbau des Zigarettenkonsums und Gewichtsreduktion. Es ist mit Mitteln der klinischen Medizin allein nicht zu bewältigen.

In Eberbach/Wiesloch geben immerhin 79% der Männer und 89% der Frauen an, daß ihnen in den letzten zwei Jahren der Blutdruck gemessen wurde. Daß allerdings die aus der Messung des Blutdrucks nötigen Konsequenzen immer gezogen oder eine antihypertensive Behandlung *dauerhaft* sichergestellt wurde, darf nach allgemeiner Erfahrung auch hier bezweifelt werden.

Zur Beeinflussung der anderen beiden Faktoren sind alle aufgerufen.

Es handelt sich bei diesem Ansatz darum, durch Gesundheitserziehung, Gemeindeorganisation und Veränderung der Umwelt gesundheitlich schädigende Verhaltensweisen und gesellschaftliche Umstände abzubauen und präventive Verhaltensweisen in das Alltagsleben zu integrieren. Die Kosten wachsen dabei nicht im gleichen Maße wie der Kreis der beteiligten Personen. .

Der wesentliche ethische Unterschied zur klinischen Medizin besteht dabei nicht darin, daß hier einzelne Fälle, dort ganze Populationen betreut werden, sondern darin, daß die klinische Medizin auf Wunsch des Patienten tätig wird und nach Möglichkeit

versucht, seine Leiden zu beheben, während die Protagonisten der
präventiven Intervention in der Situation eines Evangelisten
sind, der einen Nutzen verspricht, wenn die Leute ihm folgen.
An die Beweise der Wirksamkeit und Unschädlichkeit seines Pro-
gramms sind daher besonders hohe Anforderungen zu stellen
(COCHRANE (5)).

Ein diagnostischer Test - in der Klinik oder bevölkerungsweit -
ist nur ein Glied in der Kette der diagnostischen und therapeutischen Strategie. Er kann nicht besser beurteilt werden als die
ganze Kette von der Befunderhebung über die Befundsicherung zur
Therapieeinleitung und Therapiedurchführung oder Intervention.
Die Beurteilung der Validität einer Methode ist so eingebunden
in einen weiter gefaßten Begriff der Evaluation. Hier bleibt
noch viel zu tun.

Literatur

1. BAY KS, FLATHMAN D, NESTMAN L (1976) The worth of a screening program, an application of a statistical decision model
   for the benefit evaluation of screening projects. Amer J
   publ Hlth 66:145-150
2. BERENSON GS, WEBBER LS, SRINIVASAN SR, FRERICHS RR, VOORS AW
   (1978) Interrelationship and persistence of risk factor vari-
   ables at high levels in children - the Bogalusa Heart Study.
   In: Carlson LA et al. (eds) International conference on
   atherosclerosis, Raven Press. New York. pp357-363
3. BETTINGER H, BERGDOLT H, BÜCHLER G et al. (Hrsg) (1978) WHO-
   Herzkreislaufvorsorgeprojekt Eberbach/Wiesloch - Zwischenbe-
   richt - 15.10.1978 (Im Auftrage des Bundesmin. f. Jugend,
   Familie und Gesundheit)
4. BLACKBURN H (1976) Concepts and controversies about the pre-
   vention of coronary heart disease. Postgrad med J 52:417-423
5. COCHRANE AL (1972) Effectiveness and efficiency - random re-
   flections on health services. The Nuffield Provincial Hosp
   Trust. London
6. EPSTEIN FH (1975) Koronarkrankheit: Vorsorgeuntersuchungen
   und die vermutliche Wirksamkeit von Präventivmaßnahmen in
   der schweizerischen Bevölkerung. Sozial- u Präventivmedizin
   20:143-147
7. FERBER C v (1979) Gesundheitsverhalten. In: SIEGRIST J, HEN-
   DEL-KRAMER A (Hrsg) Wege zum Arzt: Ergebnisse medizin-sozio-
   logischer Untersuchungen zur Arzt-Patient-Beziehung. Urban
   & Schwarzenberg, München-Wien-Baltimore, S 7-23
8. HEINEMANN L, HEINE H, GÜNTHER KH, BRUMBY J (1975) Probleme
   der Validierung diagnostischer Screeningverfahren - Darstellung an Beispielen aus dem Gebiet der Herz-Kreislaufkrankheiten. Dtsch Gesund-Wes 30:345-350
9. HOLM K (1970) Gültigkeit von Skalen und Indizes. Kölner Z
   Soziologie 22:693-714
10. KEEN H, ROSE G, PYKE DA et al (1965) Blood sugar and arterial
    disease. Lancet II:505-508

11. OESER H (1974) Krebsbekämpfung: Hoffnung und Realität.
    Thieme, Stuttgart
12. Report from the Committee of Principal Investigators (1978)
    A co-operative trial in the primary prevention of ischaemic
    heart disease using clofibrate. Brit Heart J 40:1069-1118
13. ROSE G (1976) Detection of high coronary risk. Postgrad med
    J 52:452-455
14. ROGAN WJ, GLADEN B (1978) Estimating prevalence from the
    results of a screening test. Amer J Epid 107:71-76
15. World Health Organization (1977) Myocardial Infarction Com-
    munity Registers Copenhagen, (Public Health in Europe 5)

Diskussion

SIEGENTHALER:
Herr PFLANZ hat ja bereits vorgearbeitet in den letzten Jahren
und uns gewisse Illusionen genommen. In der Klinik ist es das
Problem der Risikofaktoren im cardiovasculären Sektor, wo sicher
dadurch Fehler begangen werden, daß wir wohl Befunde erheben,
sie aber nicht weiter verarbeiten, oder ihnen nicht die notwendige Beachtung beimessen. Die Motivation der Patienten ist offensichtlich sehr viel schwieriger als wir gemeint haben. Ich bin
überrascht, in diesen zwei Tagen in diesem Saal so wenig Raucher
gesehen zu haben. Das ist etwas, was Sie Herrn PFLANZ sagen können.

Auf der anderen Seite habe ich den Eindruck, daß man jetzt auch
nicht ins Gegenteil umschlagen darf, daß man nicht alles auf der
Seite lassen sollte, weil die Erfolge nicht so wesentlich sind.
Wir müssen trotzdem versuchen weiterzukommen, ständig daran zu
arbeiten, und ich glaube schon, daß auch die Waage allein etwas
bringt.

Der Ansatz von Herrn SEIDEL geht natürlich sehr viel weiter, indem er versucht, uns pathogenetische Erklärungen und Faktoren in
die Hand zu geben, die ein Risiko erklären können, aber - und
hier scheiden sich die Geister - was bringt die Kenntnis dieser
Faktoren, wenn wir sie nicht beeinflussen können?

SCHÖLMERICH:
Wir haben von Herrn SEIDEL gehört, daß die Atherosklerose multi-
faktoriell bedingt ist, was wohl niemand bezweifelt. Meine erste
Frage ist die, ob die genetische Determinierung nur über Hyper-
lipidämien geht oder ob es auch andere Mechanismen gibt? Ich
frage deshalb, weil sich z.B. herausgestellt hat, daß es in Finn-
land mit den höchsten Cholesterinspiegel gibt, aber die Infarkt-
Inzidenz nicht gleichmäßig verteilt ist über die gesamte Population, sondern in Ostfinnland mehr Infarkte vorkommen als in Süd-
westfinnland, bei gleichen Cholesterinspiegeln. Die zweite Frage
ist: Kann man HDL beeinflussen, außer indem man 70 km in der
Woche läuft - damit soll es gehen, wenn man es über längere Zeit
macht - und wenn man weiblichen Geschlechts ist? Und drittens:
Gibt es eine Rückbildung der Arteriosklerose, und von welchem
Stadium ab?

SEIDEL:
Zur Frage der Genetik: Es ist ganz sicher so, daß die Genetik
nicht nur die Regulation des Fettstoffwechsels betrifft, sondern
es gibt noch andere genetische Faktoren in der Pathogenese. Dazu
zählt wahrscheinlich auch, wie man aus Amerika und England weiß,

die Haftung des Endothels auf der Basalmembran, auf der Lamina
elastica. Man muß wohl davon ausgehen, daß die Lipide als Risikofaktoren erst dann eine größere klinische Bedeutung bekommen,
wenn sie Zugang zur glatten Muskelzelle haben. Dieser Zugang
wird erreicht einmal mit fortschreitendem Alter, wenn die Diffusion durch das Endothel zunimmt; aber auch unter bestimmten
Schädigungen kann die Haftung der Endothelzellen labil sein und
dann kann ein Endotoxin oder Nikotin ganz anders wirken als bei
jemandem, der eine günstige Basalmembranhaftung hat.

Die zweite Frage war die Beeinflussung des HDL. Dieses kann, wie
gesagt, nur bewertet werden in Relation zum LDL. Es besteht keine Frage, daß das Arteriosklerose-Risiko durch das LDL geprägt
wird. Das LDL ist die Fraktion, die Cholesterin in das Gewebe
transportiert. Das HDL kann höchstens Ausdruck dafür sein, wie
gut der Mobilisationsprozeß in der Gefäßwand oder speziell in
der glatten Muskelzelle ist. Man kann nach in vitro-Experimenten
sogar ausrechnen, ab welchem Level das HDL gar keine Rolle mehr
spielt.

Nun die letzte Frage, ob man das HDL in seiner Konzentration erhöhen kann: es sieht so aus, als sei es einfacher, das LDL zu
erniedrigen, was im Grunde auch das Richtigere wäre. Es gibt
aber durchaus Anhalte dafür, daß die HDL-Synthese sogar medika-
mentös stimulierbar sein könnte. Abkömmlinge des Clofibrat sollen dazu in der Lage sein, ich möchte es aber nicht unterschrei-
ben. Alkohol tut es sicherlich, körperliche Aktivität tut es
wohl auch.

Nehmen wir noch das Rauchen: Ich weiß nicht, ob Ihnen allen die
Oslo-Studie bekannt ist: sie ist 1972/73 in Oslo als Prospektiv-
studie erhoben worden, in der 65% der gesamten Bevölkerung zwischen 40 und 50 Jahren und 7% der Bevölkerung zwischen 20 und
40 Jahren untersucht worden ist. Dabei hat sich gezeigt, daß
z.B. Gesamtcholesterin und Rauchen miteinander korrelieren, d.h.
daß die Anzahl der Zigaretten mit dem Gesamtcholesterin korreliert. Die Studie ist bis jetzt noch nicht ausgewertet worden
bezüglich des HDL-Cholesterins, aber ich würde meinen, wenn
eine Korrelation besteht zwischen Rauchen und HDL-Cholesterin,
dann wahrscheinlich eine negative. Aber ich kenne keine Untersuchung, die das eindeutig festgestellt hätte.

EGGSTEIN:
Herr SEIDEL, ich glaube, man muß sehr vorsichtig formulieren.
Nachdem das Problem Butter und Margarine schon zu völliger Kon-
fusion geführt hat, sollte man im Bereich der Analytik nicht
auch eine solche provozieren. Das haben Sie sicherlich nicht gemacht, aber man sollte die Bedeutung der HDL-Bestimmung tatsächlich auf den Bereich reduzieren, wo er als Risikofaktor wirksam
ist. Man sollte also in dem Bereich von 250-300 mg/dl Gesamtcholesterin die HDL-Bestimmung durchführen um festzulegen, ob
das Cholesterin hauptsächlich an LDL oder hauptsächlich an HDL
gebunden ist. Jeder Cholesterinwert über 300/350 mg/dl impliziert
doch, daß das Cholesterin im LDL/VLDL-Bereich überwiegt und HDL-
Cholesterin vermindert ist.

SEIDEL:
Ich hatte vorhin eine Frage von Herrn SCHÖLMERICH nicht beantwortet: Gibt es eine Regression? Die Anatomen glauben, daß die
Regression dann noch möglich ist, wenn die fibröse Plaque nicht
aufgebrochen ist, wenn es nicht in die Plaque hineingeblutet
hat, wenn sich keine komplizierte Läsion mit Verkalkung entwickelt hat. Bis zum fibrösen Plaque scheint die Arteriosklerose
also rückbildungsfähig zu sein. Im Tierexperiment ist das eindeutig bewiesen worden, beim Menschen gibt es gut begründete
Hinweise dafür, daß das auch möglich ist, und zwar sogar bei den
allerschwersten betroffenen Typ II - Hyperlipoproteinämie-Patien-
ten. In England versucht man als Therapie den kontinuierlichen
Plasmaaustausch, und zwar mit der Idee, das LDL zu senken. Der
Nachteil davon ist, daß das HDL mitgesenkt wird. Wenn man frühzeitig mit einem Plasmaaustausch 14tägig beim Typ II - homozygo-
ten Patienten einsetzt, dann kann es sogar zur Rückbildung von
Angina pectoris, die bei diesen Kindern ja manchmal schon im
4./5. Lebensjahr auftritt, kommen. Es ist also durchaus Hoffnung
vorhanden, daß auch beim Menschen eine Regression möglich wird.

SIEGENTHALER:
Glauben Sie, daß nun jedes Labor bereits beginnen sollte, HDL
zu bestimmen, oder würden Sie meinen, daß man das auf gewisse
Zentren beschränkt, bis wir mehr Erfahrung haben?

SEIDEL:
Ich würde das empfehlen, was Herr EGGSTEIN gesagt hat; bei einem
Cholesterinwert unter 220 mg/dl ist die Wahrscheinlichkeit, daß
das LDL über der Schwelle von 150 mg/dl liegt, relativ gering.
Unter 220 mg/dl, kritische Leute sagen 200 mg/dl, brauchen sie
also keine HDL-Bestimmung zu machen. Im Bereich von 200 bis
280 mg/dl sollte man sich zusätzlich informieren, wie die Verteilung des Cholesterins ist. Über 280 mg/dl ist die Wahrscheinlichkeit, daß es sich um eine Hyper-α-Lipoproteinämie handelt,
relativ gering. In Amerika sind einige Familien beschrieben worden, aber das ist eine Rarität. Aber im Bereich von 200 bis
280 mg/dl meine ich, sollte man sich heute auch in einem mittel-
großen Labor bemühen, die HDL-Analytik aufzubauen.

KELLER:
Es gibt eine Arbeit, nach der es möglich sein soll, bei Kenntnis
von Total-Cholesterin, Triglyceriden und HDL-Cholesterin das LDL
zu berechnen. Ist das machbar?

SEIDEL:
Das ist die FRIEDEWALD-Formel, eine Approximation, um an das LDL
heranzukommen, aber da das Verhältnis der Lipoproteine, wie gesagt, ein schwierig zu bestimmendes Verhältnis ist, können Sie
das LDL nur mit einer Genauigkeit von ungefähr 20 bis 25 mg/dl
LDL-Cholesterin errechnen. Ich glaube, daß das nicht ausreichend
ist. Die FRIEDEWALD-Formel hat zusätzlich den Nachteil, daß sie
bei Triglyceridwerten über 300 mg/dl nicht mehr funktioniert.

HAECKEL:
Wie ist das mit den Triglyceriden? Gehören sie nach wie vor in
das Programm der Screening-Untersuchung bei der Aufnahme von stationären Patienten?

SEIDEL:
Eindeutig "Ja". Es gibt eigentlich kein Argument, warum die Triglyceride keine Rolle spielen sollten, einmal aus Stoffwechselüberlegungen und auch aus epidemiologischen Studien. Die Frage ist, ob der Triglyceridwert vielleicht für das Risiko nicht so streng zu bewerten ist wie die Hyper-Beta-Lipoproteinämie, aber die Triglyceride werden im VLDL transportiert und aus jedem VLDL entsteht ein LDL-Partikel, und dadurch ergibt sich die Beziehung.

SIEGENTHALER:
Da sind die Schweizer Internisten anderer Meinung!

GIBITZ:
Sie haben auf die Bedeutung des LDL/HDL-Quotienten hingewiesen und auch gezeigt, daß man durch elektrophoretische Auftrennung mit anschließender Polyanionenfällung noch eine quantitative Auswertung vornehmen kann. Ist diese quantitative Auswertung exakt genug, um die anstehende Fragestellung zu beantworten? Ist es vor allem möglich, mit dieser Methode rechnerisch das HDL-Cholesterin aus der Auswertung der einen Fraktion genügend exakt zu bestimmen, oder ist hier die Präcipitation in vitro und dann die enzymatische Bestimmung des verbleibenden Cholesterin nicht die genauere? Was würden Sie vorschlagen?

SEIDEL:
Ich glaube, daß es zur Feststellung der LDL-HDL-Ratio im normalen Labor nichts Genaueres gibt, als die quantifizierbare Elektrophorese. Zu der Meinung bin nicht nur ich gekommen, sondern auch vier amerikanische Zentren, die allerdings nicht durch Polyanionen-Präcipitation die Quantifizierung vornehmen, sondern dadurch, daß sie nach der Elektrophorese das Cholesterin in den Banden entwickeln. Der Nachteil dieser zweiten Methode ist der, daß Sie bei der Darstellung des Cholesterins mit Cholesterinoxidase Schwierigkeiten haben, im linearen Bereich zu bleiben. Sie brauchen eine gewisse Zeit, um alles Cholesterin im LDL zu entwickeln, ungefähr eine 3/4 Stunde Inkubationszeit, währenddessen diffundieren Teile der kleinen HDL aus dem Gel. Bei der Polyanionen-Präcipitation haben Sie den Vorteil, daß Sie sofort eine Fixierung und Darstellung bekommen. Die Frage, ob die Polyanionen-Präcipitation im Vollserum ein besserer Parameter ist als die quantifizierte Elektrophorese, würde ich im Augenblick mit "Nein" beantworten. Es gibt eine kürzliche Untersuchung aus der Arbeitsgruppe von ALBERS in Seattle, die am meisten Erfahrung mit der Polyanionen-Präcipitation hat (Clin Chem 25:596 (1979)), die zeigt, daß die verschiedenen Methoden: Dextransulfat, Heparin, Polyäthylenglycol, Phosphorwolframsäure, so unterschiedliche Resultate liefern, daß sie nicht miteinander verglichen werden können. Die einzige Methode, die einen Vergleich mit der bereinigten Ultrazentrifuge aushält, ist die Heparin-Präcipitation. Aber man muß davon ausgehen, daß eine mit der Ultrazentrifuge isolierte Fraktion als Referenz auch nicht völlig spezifisch ist, denn bei einem einmaligen Ultrazentrifugenschritt bleibt in einer sogenannten "HDL-Fraktion" immer noch bis zu 15% LDL übrig. Diese Probleme haben Sie in der Elektrophorese nicht: Elektrophorese trennt Alpha und Beta.

KNEDEL:
Ich glaube, daß wir in nächster Zeit Möglichkeiten haben werden,
die weitergehend sind als die, die wir noch vor zwei Jahren hatten. Eine dieser Möglichkeiten ist, daß wir in kurzer Zeit über
einen Fixed-Time-Kinetik-Assay für das A_1-Lipoprotein-HDL verfügen werden. Die Polyanionen-Präcipitation sollte verglichen werden mit bereinigten Ultrazentrifugen-Untersuchungen. Es wird
sich zeigen, ob diese Methoden Fortschritte bringen. Jedenfalls
sollte man dieser Entwicklung besonderes Interesse widmen.

SEIDEL:
Daß man mich nicht falsch versteht: ich glaube durchaus, daß die
Präcipitation eine Methode ist, die versucht werden sollte.

Zur Apoproteinanalyse möchte ich noch ein Wort sagen, die Probleme sind sehr vielfältig: Apolipoprotein A_1 ist nur zu 50% zugänglich für den Antikörper, weil die anderen 50% im Lipoprotein
sitzen. Beim Antikörper, den Sie gegen ein Apo-A_1 entwickeln,
wissen Sie nicht, welchen Teil der Kette er jeweils erkennt. Und
wenn einmal die Kette zu 30% und beim nächsten Mal zu 60% im Lipoprotein steckt, kriegen Sie unterschiedliche Meßwerte für A_1,
abhängig davon, wieweit die Kette im Lipid verborgen ist. Dazu
kommt, daß das Apo-A_1 sich natürlich wie die anderen Apoproteine
über das ganze Spektrum der Lipoproteine verteilt. Ich glaube,
die Apoproteinanalytik wird dann interessant und richtig, wenn
Sie sagen können: Mein Verhältnis von A_1 aus dem Alpha zu dem A_1
aus Prä-Beta ist so und so. Aber Gesamt-A_1 ist, etwas überspitzt
gesagt, vergleichbar einem Gesamt-Triglycerid oder Gesamtcholesterin.

SIEGENTHALER:
Herr EGGSTEIN, was sagen Sie dazu?

EGGSTEIN:
Genau das, was Herr SEIDEL sagt!

SEIDEL:
Herr KNEDEL sprach als Methode der Zukunft die Analyse der Rezep-
tordefekte an, das ist klar. Was zugänglich ist, sind Fibrobla-
sten. Das wird an vielen Laboratorien gemacht, nur ist auch hier
wiederum das Problem: Der Fibroblast verhält sich anders als die
glatte Muskelzelle. Könnten wir eine glatte Muskelzellenkultur
aus der Gefäßwand des Patienten machen, hätten wir einen sehr
aussagekräftigen Parameter, wie es mit seiner Arteriosklerose
steht.

SIEGENTHALER:
Wir sprechen eigentlich über Validitäten klinisch-chemischer Be-
funde und kommen jetzt in die Molekularbiologie hinein. Ich
möchte noch einmal folgenden Punkt aufgreifen: Herr ROBRA und
Herr PFLANZ sind ja der Meinung, daß man es bis jetzt trotz aller
Nachweismethoden nicht schafft, eine Änderung im Verhalten zu er-
reichen. Das heißt: Wie können wir auf einigermaßen vernünftige
Weise etwas Sozial-Medizinisches erreichen?

SEIDEL:
Ich meine, die Statistiken in Amerika sind doch sehr erfreulich.
Dort ist es nicht wie bei uns in Europa, wo sich das Interesse
jetzt sozusagen abflacht. In Amerika gibt es einen sicheren
Rückgang an cardiovasculären Erkrankungen. Und das kommt doch
ganz ohne Frage daher - nicht weil die Amerikaner erkannt haben,
daß es HDL-Cholesterin gibt -, daß die Amerikaner gesundheitsbe-
wußter leben als wir. Ein amerikanisches Kind mit 18 weiß, was
es für einen Cholesterinwert hat. Das weiß in Deutschland oder
in der Schweiz wahrscheinlich niemand. Die Amerikaner gehen häufiger zum Arzt und lassen ihren Blutdruck messen. Die Amerikaner
legen mehr Wert auf Übergewicht und treiben mehr körperliche Aktivitäten. Ich glaube, daß es wichtig ist, gesundheitspolitisch
auf der ganzen Ebene zu arbeiten. Ganz schädlich sind Dinge wie
der Spiegel-Artikel der vorletzten Woche, der tut, als sei die
Sache völlig obsolet, und als dürfte man wieder so viel Fleisch
und Butter essen, wie man wollte.

SIEGENTHALER:
Ich bin nicht sicher, ob die cardiovasculären Erkrankungen deswegen zurückgehen, weil die Amerikaner über ihr Cholesterin Be-
scheid wissen. Sie sind sicher mehr gesundheitsminded, aber
dicke Leute finden Sie in Amerika genau so häufig wie bei uns.
Sie bestätigen das, Herr WERNER?

WERNER:
Es sind sehr wenige Arbeiten vorhanden, welche das Resultat von
Multiphasic Screening gemessen haben. Die beste Studie mit positiven Resultaten kommt vom Kaiser-Permanente-Programm und umfaßt
mehrere tausend Männer im Alter über 40 Jahre, welche über eine
längere Anzahl Jahre beobachtet wurden. Die Statistik ergab, daß
die härtesten epidemiologischen Maße, wie die gesamte Sterblichkeit, durch das Screening nicht beeinflußt wurden. Andererseits
fand die verfeinerte Analyse, daß Zustände, welche medizinisch
beeinflußbar sind, bei der Probandengruppe mit Screening eine
statistisch signifikant geringere Sterblichkeit hatten.

BÜRGI:
Beim nationalen Forschungsprojekt in der Schweiz ist Aarau die
Interventionsstadt. Dort versuchen wir, das Verhalten der Bevölkerung zu ändern, um zu sehen, wie sich die klinisch-chemischen
Befunde und anderen Befunde ändern. Wir stellen dabei fest, daß
es einen ungeheuren Aufwand braucht. Wir organisieren z.B. sport-
liche Aktivitäten, Kochkurse und Diätberatungen. Ein großer Stab
von einigen hundert Leuten wird dazu benötigt. Wir haben bemerkt,
daß die Cholesterinwerte im Vergleich zu den Ausgangswerten in
einer Zeitspanne von etwa drei Monaten schon gesunken sind. Die
Schwierigkeit ist die, daß die Ausgangswerte von Solothurn als
Vergleichsbasis von Anfang an tiefer waren als die in Aarau.

SIEGENTHALER:
Und wie lange der Erfolg anhält, weiß man eben auch nicht. Ähnliche Studien sind ja zum Teil auch in USA gemacht worden.

GUDER:
Ich habe gehört, daß etwa die Hälfte der Herzinfarkte geschieht,
ohne daß eindeutig vorher feststellbare Risikofaktoren vorliegen.

Ich wollte beide Referenten fragen, welche zusätzlichen Parameter wir in die Vorsorgeuntersuchung aufnehmen können, um das festzustellen?

SEIDEL:
Das kann so nicht gesagt werden, Herr GUDER. Ich glaube, ich kann die Zahl jetzt nicht genauer nennen, daß höchstens 10% aller Infarktpatienten keinen der hier genannten Risikofaktoren haben.

ROBRA:
Ich glaube, da muß man unterscheiden zwischen dem Vorkommen von Risikofaktoren bei Herzinfarkt- und Nicht-Herzinfarkt-Patienten und dem zuschreibbaren Risiko, dem Risiko, das den Risikofaktoren in der Bevölkerung maximal zugeschrieben werden kann. Die Tabelle soll das veranschaulichen:

<u>Tabelle.</u> Vergleich des relativen Risikos und des zuschreibbaren Risikos bei der Sterblichkeit an Lungenkrebs und coronarer Herzkrankheit für starke Raucher und Nichtraucher. (DOLL R, HILL AB(1956) Brit Med J II:1071)

	Todesfälle pro 100 000 Personen und Jahr	
	Lungenkrebs	Coronare Herzkrankheit
starke Raucher	166	599
Nichtraucher	7	422
relatives Risiko	$\frac{166}{7} = 23.7$	$\frac{599}{422} = 1.4$
zuschreibbares Risiko	166-7 = 153	599-422 = 177
bei Prävalenz des Rauchens von 40%	94% des Gesamtrisikos bei Rauchern	48%

Das Risiko der Raucher, an Lungenkrebs zu sterben, ist gegenüber Nichtrauchern 23,7-fach erhöht, viel stärker als das Risiko, einen Herzinfarkt zu bekommen, das offensichtlich von vielen anderen Faktoren abhängt, wie die hohe Rate der Nichtraucher zeigt. Trotzdem sind dem Rauchen in dieser Bevölkerung mehr Herzinfarkttodesfälle zuzuschreiben als Lungenkrebstodesfälle. Sie können nun eine multivariate Analyse machen, in der Sie Rauchen, Cholesterin und Blutdruck eingeben und sehen, wieviel Prozent der Herzinfarktinzidenz dadurch erklärt wird. Je mehr Risikofaktoren in diese Analyse eingehen, desto mehr Varianz wird zunächst erklärt werden können. Der Gewinn durch jeden neu eingegebenen Risikofaktor wird aber immer kleiner, weil die Faktoren nicht voneinander unabhängig sind. Irgendwann ist eine Grenze erreicht, von der ab weitere Variablen keinen signifikanten Beitrag mehr leisten. Cholesterin, systolischer Blutdruck, Rauchen, Glucoseintoleranz und Linkshypertrophie im EKG waren neben Alter und Geschlecht die wesentlichen Variablen zur Erklärung der Inzidenz kardiovasculärer Erkrankungen in der Framingham-Studie. Aber auch sie lassen den größeren Teil der Varianz unerklärt.

Was ich gesagt hatte, war, daß in der Bevölkerung 2/3 des zuschreibbaren Risikos entstehen bei niedrigen oder relativ niedrigen Risikofaktorwerten, die Sie einzeln gar nicht beachten
würden. Risikofaktoren sind sehr schwache Tests. Wenn Sie die
Blutdruckmessung nehmen, dann hat ein "Testergebnis" mit hyper-
tonen Werten ≥ 160/95 mmHg falsch positive und falsch negative
Ausfälle bezogen auf das harte Endstadium. Sie können Predictive
Values errechnen für den Ausfall einer Blutdruckmessung. Damit
ist noch kein kausaler Zusammenhang impliziert. Diese Predictive Values sind klein. Oder ein anderes Beispiel: trotz des
hohen relativen Risikos in der Tabelle sterben die allermeisten
Raucher eben nicht an Lungenkrebs. Legen Sie an die Risikofaktoren dieselben Maßstäbe wie an die Tests, dann wird klarer,
warum Interventionsprogramme gleich für die ganze Bevölkerung
erwogen werden.

GROSS:
Ich möchte noch einfacher antworten als Herr ROBRA: In der Klinik ist es praktisch so: Wenn Sie einen Herzinfarkt haben und
keiner der meßbaren Risikofaktoren, wie Blutdruck, Lipidverände-
rungen, Diabetes etc. nachweisbar ist, dann können Sie fast mit
Sicherheit, wenn es auch von den Patienten bestritten wird, damit rechnen, daß sie Raucher sind. Zusätzlich gibt es - damit
hat sich z.B. der Freiburger Pathologe BÜCHNER und jetzt auch
das Münsteraner Institut beschäftigt - eine Grenze von etwa 5%
der Patienten, wo ein Herzinfarkt auftritt, auch bei jungen Leuten, ohne irgendeinen Risikofaktor. Diese haben dann aber eine
Coronaritis, d.h. sie machen irgendeinen Virusinfekt durch und
setzen auf diesen Virusinfekt eine körperliche Belastung. Das
ist eine völlig andere Pathogenese.

SCHÖLMERICH:
Ich habe noch eine Frage an die Epidemiologen: Sie haben gesagt,
daß eine gewisse Hierarchie der Risikofaktoren besteht, und
haben dem Rauchen eine ziemlich hohe unter den Risikofaktoren
zugemessen. Ist die Hierarchie abhängig vom Lebensalter, ändert
sich dieses Risikoprofil mit höherem Lebensalter, werden andere
Faktoren dominanter gegenüber der Jugend? Es wird ja, glaube
ich, von der Eberbach-Wiesloch-Studie behauptet, daß unter 40
Jahren eigentlich nur Rauchen eine Rolle spielt, und oberhalb
von 40 Jahren Rauchen immer weiter zurücktritt.

Die zweite Frage: Gibt es eine Beziehung zwischen bestimmten
Risikofaktoren und bestimmten Organlokalisationen? Also Rauchen
- mehr Gefäßerkrankungen, Hypertonus - mehr apoplektische Insulte.

ROBRA:
Zur zweiten Frage gleich eindeutig "ja". Rauchen ist ein stärkerer Risikofaktor für die periphere Arteriosklerose und Hypertonus ist ein stärkerer Risikofaktor für den apoplektischen Insult
als für Herzinfarkt.

Das Problem Risikofaktor und Alter ist außerordentlich wichtig,
weil man natürlich immer vor der Frage steht, kommt man mit dem,
was man macht, nicht schon zu spät? Oder anders gefragt: hat es
bei den alten Leuten Zweck, überhaupt noch etwas zu ändern? Ist
deren Risiko nicht längst von anderen Faktoren abhängig als von

198

den bekannten Risikofaktoren, weil sie ihre Arteriosklerose
schon haben und dieser Zustand vielleicht auch unabhängig von
den bekannten Risikofaktoren fortschreitet. Dazu gibt es Befunde,
daß z.B. das Rauchen im Alter ein sehr viel kleinerer Risikofaktor ist, gemessen am relativen Risiko, sich aber trotzdem noch
ein deutlicher Effekt nachweisen läßt, wenn man das Rauchen auch
im Alter noch aufgibt (ABRAMSON JH (1977) Am J Med Sci 274:35).
Diabetes ist auch geschlechtsspezifisch ein unterschiedlich wirk-
samer Risikofaktor. Für Frauen ist das Risiko höher. Die meisten
Risikofaktoren, auch Cholesterin, haben eine deutliche altersabhängige Wirkung.

LAUE:
Eine Frage des Klinischen Chemikers an den Soziologen sozusagen:
Wir haben eine sehr interessante Diskussion hinter uns, und ich
glaube, wir konnten sehen, daß die Validität klinisch-chemischer
- und auch anderer - Befunde doch weitgehend bekannt ist, was
die Herz- und Kreislauferkrankungen angeht. Meine Frage schließt
auch Kosten/Nutzen-Überlegungen mit ein: Die Validität könnte
wesentlich besser sein, wenn wir die therapeutischen oder pro-
phylaktischen Maßnahmen verbessern könnten. Wir als Mediziner
haben eine enge Grenze der Aktionsmöglichkeiten: Wir können das
Gewicht der Population nicht beliebig reduzieren, wir können das
Rauchen nicht abschaffen. Wir können es zwar predigen, aber man
wird es zu wenig hören. Im Grunde genommen sind dies Maßnahmen,
die von anderer Seite unterstützt werden müssen, von den Soziologen oder Gesundheitspolitikern. Was können Sie da tun, um die
Validierung unserer Befunde in dieser Hinsicht noch zu verbessern?

ROBRA:
Der Ausdruck, den die Weltgesundheitsorganisation für diesen
Komplex immer benutzt, ist ganz zutreffend: Community Control
oder sogar Comprehensive Community Control. Gemeint ist die Kontrolle von Krankheit auf Gemeindeebene durch konzertierte Ak-
tion aller möglichen gesundheitsfördernden Kräfte, die Gemeinde
hier als funktionelle Einheit verstanden. Da kommt der Mediziner
tatsächlich an die Grenzen seiner Kompetenz, es müssen andere
Personen und Institutionen mitarbeiten.

Ich glaube aber, daß das Gesundheitswesen unseres Landes noch
nicht alle Möglichkeiten ausgeschöpft hat. In Hannover z.B. gibt
es in der Geschäftsstelle der allgemeinen Ortskrankenkasse eine
Lehrküche, in die alle Patienten mit ihren Angehörigen oder Kindern, je nachdem, kommen können, denen aus irgendwelchen Gründen
vom Arzt eine besondere Diät empfohlen wird. Das sind ja sehr
viele. Diese Lehrküche gibt es noch nicht sehr lange. Die Ärzte
haben das Angebot gar nicht so bereitwillig angenommen, wie man
glauben könnte. Die Ortskrankenkasse hat richtig Schwierigkeiten,
aus den Arbeitsunfähigkeitsbescheinigungen oder sonstigen Abrech-
nungsbelegen die Kandidaten für Diätberatung herauszufinden, um
sie einzuladen.

Es gibt aber auch schon Aktivitäten von Selbsthilfegruppen in
der Gesellschaft, z.B. Leute, die sich mit der Gewichtsreduktion

beschäftigen oder das Rauchen aufgeben wollen. Ein breites Feld
gesundheitsfördernder Bürgerinitiativen sollte verstärkt erschlossen werden.

RÓKA:
Am Anfang stehen die Risikofaktoren und am Ende steht der Herzinfarkt und das Bindeglied dazwischen sind die degenerativen Ge-
fäßveränderungen. Und wenn ich es richtig verstanden habe, ist
zwischen Risikofaktor und degenerativer Gefäßveränderung das
Wichtigste, daß wir unsere Endothelien in Ordnung halten. Solange wir das tun, brauchen wir uns wohl um unser Cholesterin
nicht zu kümmern. Was mich interessiert ist, ob es neue Befunde
gibt, die zwischen der degenerativen Gefäßveränderung und dem
Herzinfarkt eine Verbindung herstellen? Denn statistisch findet
man pathologisch-anatomisch sehr viel mehr Arteriosklerosen als
Infarkte.

FREICHS:
Eine Bemerkung: Ich glaube, es wird ein Fehler gemacht, wenn man
auf der einen Seite nach dem Infarkt fragt, das ist die Folgeer-
scheinung von Veränderungen - unter anderem - an den Coronarge-
fäßen - und dann auf der anderen Seite von der peripheren Gefäß-
Sklerose spricht. Das ist tatsächlich eine Erkrankung. Das hat
mich etwas überrascht, auch bei den Epidemiologen, daß man auf
der einen Seite das Folgestadium der asymptomatisch verlaufenden
Erkrankung beurteilt, und auf der anderen Seite die Arteriskle-
rose, die der Kliniker auch mit relativ einfachen Mitteln feststellen kann. Wenn man vergleichen würde periphere Ischämie,
Nekrose oder Gangrän mit dem Infarkt, dann wäre man zunächst vom
Pathophysiologischen auf derselben Höhe, und dann sähen verglei-
chende Zahlen, z.B. Rauchen als Risikofaktor, wahrscheinlich etwas anders aus.

SIEGENTHALER:
Die Frage, wie man das Endothel schützen kann, oder wie man das
macht, daß man keinen Infakrt bekommt, wenn man eine Arteriosklerose hat, kann man sicher noch nicht ausreichend beantworten. Aber ich glaube, daß doch einige konkrete Hinweise gegeben
worden sind, wie wir unsere Daten bei der Beurteilung der coronaren Herzkrankheiten besser verwenden können.

Die Problematik der ungezielten Mehrfachanalyse

Moderator: M. Werner

Aus der Sicht des Klinikers

R. Gross und K. Oette[*]

1969 haben wir uns erstmalig kritisch mit dem Problem der ungezielten Mehrfach-Analyse beschäftigt (7), nachdem gerade COLLEN
aus den USA auf der Jahrestagung der Deutschen Gesellschaft für
Medizinische Dokumentation und Statistik mit einem breiten Spektrum und Computereinsatz jährlich untersuchter Probanden berichtet hatte. HAECKEL hat kürzlich in einer ausgezeichneten Übersicht (10) das allgemeine Massen-Screening vom selektiven Screening unterschieden, ferner innerhalb solcher Screenings in Kliniken, Krankenhäusern und Praxen indiskriminierte oder ungezielte
Profile und diskriminierte oder gezielte Profile einander gegen-
übergestellt. Wir bevorzugen statt des Ausdrucks "Screening",
der - wörtlich übersetzt - eine Art von Sieb oder Raster bedeutet, den Ausdruck diskriminierte und indiskriminierte Untersuchungen, die den klinischen Gegebenheiten besser entsprechen.
Dabei beschränken wir - ganz im Sinne der tatsächlichen klinischen Programme - die Ausdehnung indiskriminierter Untersuchungen nicht nur auf klinisch-chemische und hämatologische Erhebungen. Sie machen zwar einen wichtigen, aber keineswegs den aus-
schließlichen Anteil indiskriminierter Untersuchungen aus. Auch
sind verschiedene Gruppen indiskriminierter Untersuchungen zu
unterscheiden (Abb. 1):

1. Die früher allgemein übliche und auch heute noch weit verbrei-
tete *"kleine Kombination"* von Thoraxaufnahme, EKG, BSG (ESR) Blutbild, Urin-Status, evtl. dazu eine Seroreaktion auf Lues.

2. Die heute z.B. durch die modernen 6-, 12- und 20- (oder mehr)
Kanal-Autoanalyzer sowie durch die automatischen Blutzellzählge-
räte ermöglichten breiten Fächer von z.B. 20-30 Bestimmungen.
Wir meinen dabei die z.Zt. üblichen indiskriminierten Standard-
fächer, während die laufenden Entwicklungen z.T. auf "Wahlmaschi-
nen" mit mehr oder minder diskriminierten Programmen zusteuern
und damit eine günstigere Kosten-Nutzen-Relation ermöglichen
dürften. In diesem Sinne möchten wir wie EGGSTEIN (4) für die
Zukunft die folgenden Alternativen erwarten:

a) Planlose Fächer indiskriminierter Untersuchungen
b) Diskriminierte Anforderung eines Satzes indiskriminierter
   Untersuchungen ("Spezialfächer")
c) Gezielte Untersuchungen zur Ergänzung des Absuchens von Organen oder Funktionen oder zum naturwissenschaftlichen Beweis.

---

[*]Die von uns zitierten Zahlen stammen im wesentlichen aus den von uns betreu-
ten Dissertationen von Frau Bärbel EBEL, Köln (1), Frau Hannelore HEUCHERT,
Köln, in Vorbereitung (11), Herrn Triuwigis WYMER, Köln (20), sowie Frau
Maria Elisabeth PIETSCH, Köln, in Vorbereitung (15).

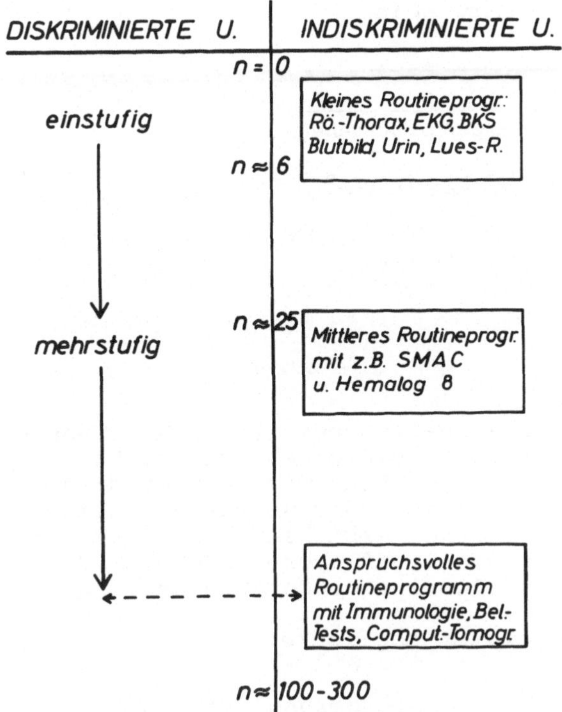

Abb. 1. Diskriminierte und indiskriminierte Untersuchungen

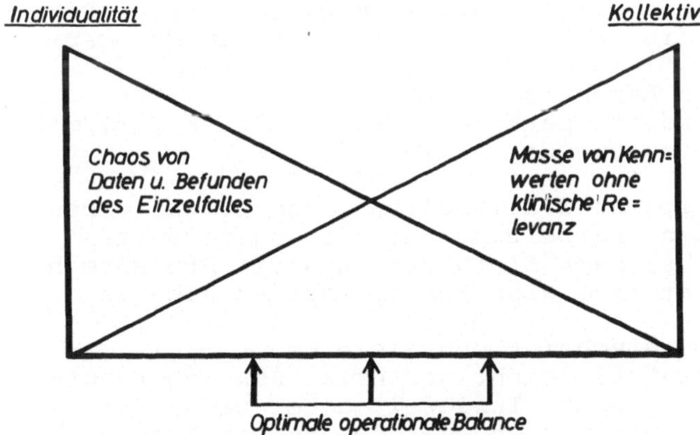

Abb. 2. Individuelle Diagnose und statistische Masse

Abb. 2. zeigt in diesem Sinne eine operationale Balance zwischen einem Chaos von Einzelbefunden und einer Masse von Kennwerten (8).

Unsere Urteile beruhen im ersten Teil auf einer *Auswertung klinisch-chemischer Profile* von 7.000 Anforderungsbögen für 16 Parameter (SMAC-Technicon). Das Zentrallaboratorium in Köln deckt z.Zt. 65-70% der klinisch-chemischen und hämatologischen Untersuchungen der Universitätskliniken. Es führte in diesem Rahmen 1977 1,7 Mio Bestimmungen durch, darunter 0,36 Mio im Rahmen dringli-

Tabelle 1. Anforderungs- und Aufarbeitungstypen in
klinischen Routinelaboratorien

Arzt	Labor	
Anforderungstypen	Analytik	Ergebnisausgabe
diskriminiert	diskriminiert	diskriminiert[a]
indiskriminiert	indiskriminiert	indiskriminiert
kombiniert	kombiniert	kombiniert

Unterstrichen = Verhältnisse in Köln
[a]kombiniert in Vorbereitung

cher oder Notfallbehandlungen (Einzelheiten bei (14)). Wie Tabelle 1 zeigt, bevorzugen wir z.Zt. ein kombiniertes System. Die
Anforderungen werden diskriminiert angegeben. Wir möchten diese
Art der Anforderung als teildiskriminiert oder selektiv bezeichnen. Mit anderen Worten: Der anfordernde Arzt kann keine Gesamt-
profile oder Teilprofile etwa für den Stoffwechsel oder für die
Leber bestellen, sondern muß jede einzelne gewünschte Untersuchung ankreuzen.
Dabei gibt es die bereits aufgezeigten Möglichkeiten (Tabelle 1):

1. Breite indiskriminierte Fächer als Anforderung durch den klinischen Untersucher
2. Diskriminierte Anforderungen durch den klinischen Untersucher.
   Das Labor macht mit einem Multikanalsystem evtl. eine größere
   Zahl von Bestimmungen als angefordert. Es teilt dem Untersucher entweder:
       nur die angeforderten Ergebnisse – oder:
       etwaige nicht angeforderte pathologische Resultate mit, min-
       destens bei Erstuntersuchungen.

Die Verhältnisse in Köln zeigen die Tabellen 1 und 2. Wir geben
z.Zt. aus Gründen der Datenverarbeitung nur die angeforderten
Ergebnisse aus, streben aber nach Einführung unseres Prozeßrech-
ners für das Zentrallaboratorium eine kombinierte Ausgabe an.

Die *diskriminierte Anforderung* erscheint uns als eine *wichtige Maßnahme der Selbstbeschränkung* gegenüber leicht geschriebenen, aber auf-
wendigen "Over-all-Anforderungen". Inwieweit dabei nicht durch
differentialdiagnostische Vermutungen oder gewünschte Ausschlüsse
bestimmte Bestimmungen mit anderen Untersuchungen, etwa aus
Sicherheitsgründen, gemischt werden, ist schwer zu erfassen. Für
uns war der Vergleich von 20 internistischen und chirurgischen
Krankenstationen recht wertvoll. Wie Tabelle 2 zeigt, gibt es
Stationen und Ärzte, die sozusagen "fast immer alles" verlangen,
und solche, die sich auf wenige gezielte Untersuchungen beschränken. Eine arbitrarische Grenze möchten wir bei etwa 60% der möglichen Untersuchungen ansetzen. Selbstverständlich hängt die Art
der geforderten Bestimmungen vor allem auch vom unterschiedlichen Krankengut und der klinischen Dignität der geforderten Untersuchungen ab. Dabei gehören die Reagentien-teuren Glycerid-

Tabelle 2. Häufigkeiten von Serumuntersuchungen im
Aufnahmeprofil von 20 Stationen der Medizinischen
und Chirurgischen Kliniken der Universität Köln

In % der Stationen	Angeforderte Untersuchungen
100	Harnstoff Kreatinin GOT GPT
95-81	Na K Gesamteiweiß Glucose AP
80-61	Bilirubin γ-GT Ca
60-41	Cl Harnsäure Glyceride Cholesterin LDH
40-21	SP Amylase GLDH LAP
< 20	CPK SP-th CHE Lipase Bilirubin dir. PO_4

bestimmungen in den mehr diskriminierten Bereich, während die
meisten breit angeforderten Bestimmungen wenig Reagentienkosten
verursachen und im SMAC-System sozusagen mit anfallen. Es kann
aber darüber hinaus keinem Zweifel unterliegen, daß gerade bei
jüngeren Ärzten das Profildenken zunimmt und daß ein sehr breiter Fächer - von seltenen Problemfällen abgesehen - mehr die
Ignoranz oder Eile des Anforderers kennzeichnet.

Umgekehrt sind 2 Fragen unter den Aspekten der neueren Technologie anders zu beantworten als etwa vor 10 Jahren (14):

1. Ist eine ausschließliche diskriminierte Anforderung sinnvoll?
   Verzichtet sie nicht auf Daten, die bei einer günstigen Nut-
   zen/Kosten-Analyse das differentialdiagnostische Spektrum erweitern würden?
2. Werden bei der Verwendung diskriminierter Anforderungen und
   gleichzeitigen Multi-Kanal-Systemen nicht auch klinisch be-
   deutsame Daten verworfen?

Der *Wert zahlreicher Untersuchungen* liegt für die Kliniken nicht nur
in der *großen Zahl einzelner Werte*, besonders hinsichtlich des Blutes,
des Stoffwechsels, der Leber-, der Nierenfunktion. Überraschende
pathologische Befunde sind im Bereich der Klinischen Chemie in
erster Linie für den Stoffwechsel und für die Leberfunktionen
(19), in zweiter Linie für die Niere und das Pankreas zu erwarten.

Der Kliniker verwendet darüber hinaus die technischen Daten für
seine Differentialdiagnostik in 2 Richtungen, die heuristisch
möglichst scharf zu trennen sind, obwohl sie in der Praxis oft
vermischt werden und sogar vermischt werden müssen:

1. Der *Mustererkennung* ("Pattern Recognition"). In diesem Sinne
   sind indiskriminierte Labordaten u.ä. Mosaiksteine, die zusammen das gesuchte Bild, eben die Diagnose, erkennen lassen
2. Dem *Ausschlußverfahren:* In diesem Sinne können technische Daten
   Ausschlußkraft haben, die zu einer fortwährenden Einengung
   der Arbeitshypothese bis zur endgültigen Diagnose führen.

Man kann aber auch weitere Aufschlüsse aus einem *Vergleich der
verschiedenen Parameter* gewinnen. Mathematisch ausgedrückt lautet
dies: Die *korrelierten Werte* sind oft als positive und negative Ge-
wichte in der Differentialdiagnostik wertvoller als einzelne
Parameter für sich allein (9). Sie beinhalten aber auch Bestimmungen, z.B. bei den Leberenzymen, die bei aller Notwendigkeit
der Erfassung von Partialfunktionen, vor allem im Grenzbereich
des Pathologischen, im Grunde nur das bestätigen, was bereits
mit anderen Bestimmungen qualitativ und meist auch quantitativ
charakterisiert wurde.

Unter der Voraussetzung einer Normalverteilung bilden zwei Werte
zusammen gewöhnlich Ellipsen (dreidimensional : Ellipsoide), wie
wir am Beispiel der Blutdruckwerte darstellen (Abb. 3).

Diesen korrelierten Werten haften zwei Nachteile an:

1. Es ist für das menschliche Gehirn schwierig, sich Korrelatio-
   nen vorzustellen, die aus mehr als 3 Parametern bestehen.
   Etwas allgemeiner ausgedrückt meinte HAECKEL (10) dazu, daß
   es mit zunehmender Zahl von Informationen für das menschliche
   Gehirn immer schwieriger wird, diese zu integrieren, ja, daß
   es Ärzte gibt, die unter diesen Aspekten pathologische Ergebnisse einfach ignorieren (16).
2. Wie MURPHY (13) zeigen konnte, führen logisch und medizinisch
   voneinander unabhängige Parameter zu immer kleineren Normal-
   bereichen (Tabelle 3), so daß er die maliziösen Schlußfolgerungen zog:

   a) "Gesund ist eine Person, die nicht genügend untersucht
      wurde" - und:
   b) "Vielleicht gibt es sogar ein Segment der Bevölkerung, bei
      dem auch mit noch so vielen Tests der Wert Null nicht er-
      reicht werden kann".

Gerade ein breiter Fächer von Labordaten erfordert auch eine ge-
naue *Kennzeichnung des Normalbegriffes*. Da wir kürzlich dazu schon an
anderer Stelle eingehend Stellung genommen haben (9), erübrigen

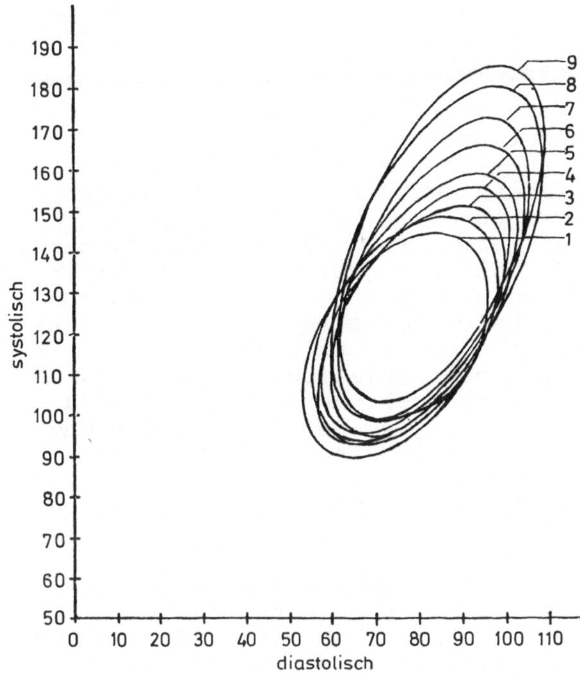

Abb. 3. Korrelierte Werte.
95%-Ellipsen des systolischen
und diastolischen Blutdrucks
für Frauen in Abhängigkeit
vom Alter. Werte in mm Hg.
VAN EINMEREN (zitiert nach
(11)). Altersklasse 1: 15-19
Jahre, Altersklasse 9: 55-59
Jahre

Tabelle 3. Abnahme der Wahrscheinlichkeit,
"normal zu sein" mit der Anzahl durchge-
führter (unabhängiger) Tests (nach MURPHY (13))

Zahl der Tests	Wahrscheinlichkeit "normal zu sein"
1	0,9500
2	0,9025
5	0,7738
20	0.3585
100	0,0059
∞	0,0000

sich hier weitere Ausführungen. Einzelheiten können ggf. in der
Diskussion erörtert werden. Während aber der Kardiologe beim
EKG, der Röntgenologe bei der Deutung seiner Bilder, der Endo-
skopiker bei der Beschreibung seiner Befunde, der Pathologe bei
der Beurteilung von Biopsien - durch die verbale Darstellung be-
günstigt - längst eine Grauzone fraglich pathologischer oder
überprüfungsbedürftiger Befunde eingeführt haben, werden bei den
an digitale Daten gebundenen Laborergebnissen immer noch Normalbereiche benutzt, die in dieser Form - wie auch FEINSTEIN (5) und
MURPHY (13) immer wieder betonten - mehr Verwirrung als Klarheit
schaffen. Dies gilt ganz besonders, wenn sie *nicht* auf einem Kol-

lektiv von Gesunden *und* Kranken beruhen, sondern auf dem bekannten 2s-Bereich, dessen meist falsche Voraussetzungen wir an anderer Stelle eindringlich hervorgehoben haben (9).

Insgesamt ist zu erwarten, daß mit mehr Tests, also letztlich einer Erhöhung der Empfindlichkeit, die *falsch-positiven Ergebnisse* zunehmen. Wir müssen uns daher auch fragen, ob gleichzeitig die Zahl der *falsch-negativen Ergebnisse* abnimmt, oder ob nicht sogar neue Syndrome auf solche Art erst entdeckt werden (2). In der noch näher zu besprechenden Studie von Frau PIETSCH aus unserem Arbeitskreis (15) wurden bei 700 Patienten verschiedener Kliniken mit 13.140 klinisch-chemischen und anderen technologischen Untersuchungen 19 Fälle eruiert, bei denen eine sonst nicht entdeckte Störung durch die Laboruntersuchung manifestiert wurde – in absteigender Reihenfolge: Diabetes mellitus, Hyperlipidämie, Hyperuricämie, Harnwegsinfekt, Eisenmangel. Bezogen auf die Zahl der Patienten bedeutete dies 2,7%, bezogen auf die Zahl der Untersuchungen 0,14%. Hier wäre auch die Studie anzuführen, nach der ein breites Screening in 2 Allgemeinpraxen Londons bei 7.229 Patienten innerhalb von 5 Jahren keinen Einfluß auf Mortalität, Morbidität, Krankenhausaufenthalt und Praxisbesuche hatte (12).

Um eigene Urteile neueren Datums zu gewinnen, hat Frau PIETSCH die Diagnosewege und die technischen Daten an einem auslesefreien Krankengut aus den Kölner Universitätskliniken von 1977 zusammengestellt. Die Zusammensetzung der Kranken zeigt Tabelle 4.

Tabelle 4. Eigene Studie über die Verteilung der Laboruntersuchungen (Nach PIETSCH)

		n =
Chirurgische Univ. Klinik	operativ, station.	200
Urologische Klinik	operativ, station.	50
Medizinische Klinik	konservativ, station.	300
Medizin. Poliklinik	konservativ, ambul.	100
Urologische Poliklinik	konservativ, ambul.	50
	zus.	700

Wir haben bewußt dieses scheinbar inhomogene, aber auslesefreie Krankengut gewählt, um einerseits die Besonderheiten der Inneren Medizin und der operativen Fächer, um andererseits die Besonderheiten bei den stationären Patienten und bei den ambulanten Patienten herauszuarbeiten (Abb. 4, 5 und 6). In den meisten Fällen wurde eine Basisuntersuchung durchgeführt, die meist aus 20-30 Parametern besteht. Zu den weiteren Untersuchungen entnahmen wir den Krankengeschichten und dem Verlauf, ob die Untersuchungen diskriminiert, d.h. unter bestimmten klinischen Fragestellungen, oder indiskriminiert, sozusagen im Rahmen eines Absuchens des Horizontes erfolgten (Abb. 4). Die in die chirurgischen Kliniken (Abb. 5) eingewiesenen Patienten kamen überwiegend

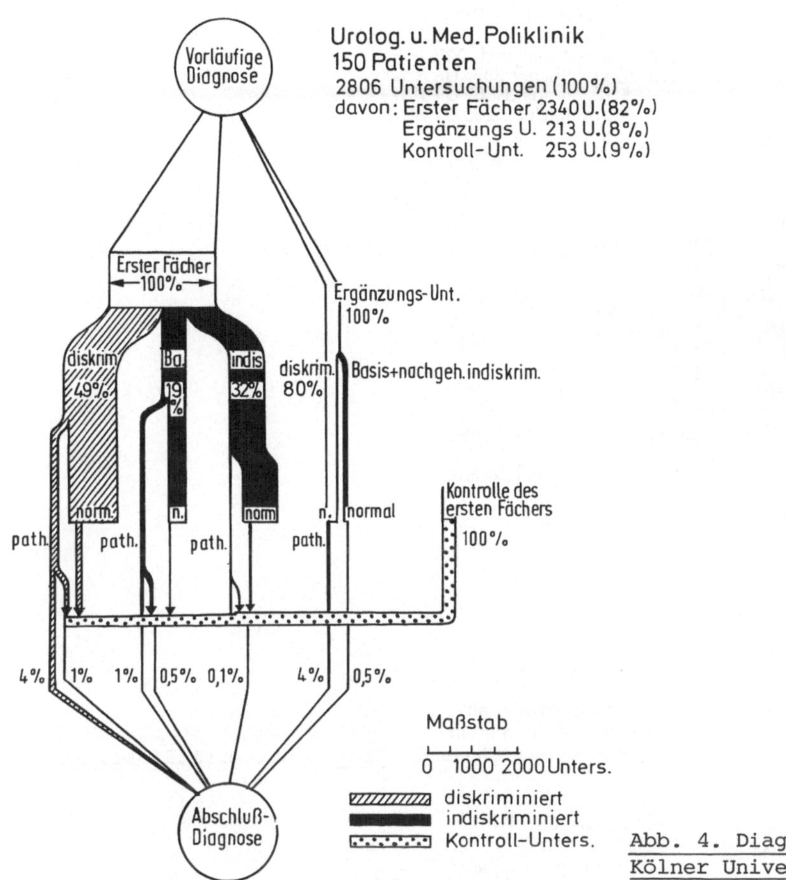

Abb. 4. Diagnosewege an den Kölner Universitätskliniken

mit sicheren bzw. wahrscheinlichen Diagnosen zur Operation oder
nach Unfällen. Deshalb gelten die dort vorgenommenen Untersuchungen manchmal der Sicherung der Diagnose, meist aber der Opera-
tionsvorbereitung (etwa hinsichtlich Nierenfunktion und Elektrolyten) und den Bedürfnissen des Anaesthesisten.

In der Medizinischen Klinik (Abb. 6) handelt es sich bei den ausschließlich bewerteten Erstuntersuchungen überwiegend um diagnostische Probleme. Deshalb ist die Zahl der gezielten (diskriminierten) und der ungezielten (indiskriminierten) Einzeluntersuchungen über die Basisuntersuchungen hinaus relativ groß. Ein be-
trächtlicher Teil des Laboraufwandes fiel auf *Kontrollen* von Resultaten, die entweder (aus unterschiedlichen Gründen) offenkundig
falsch waren oder überraschten oder deren differentialdiagnostische Bedeutung so groß war, daß man sozusagen auf 2 Beinen stehen wollte, schließlich auf die differentialdiagnostisch bedeut-
same erste Kontrolluntersuchung des Verlaufes für die "Trend"-
Beurteilung. Diese Gruppe verschieden motivierter Kontrollen
machte bei den gesamten Untersuchungen rund 16% in der Inneren
Medizin, rund 18% in den chirurgischen Abteilungen und rund 12%
in der Urologie aus.

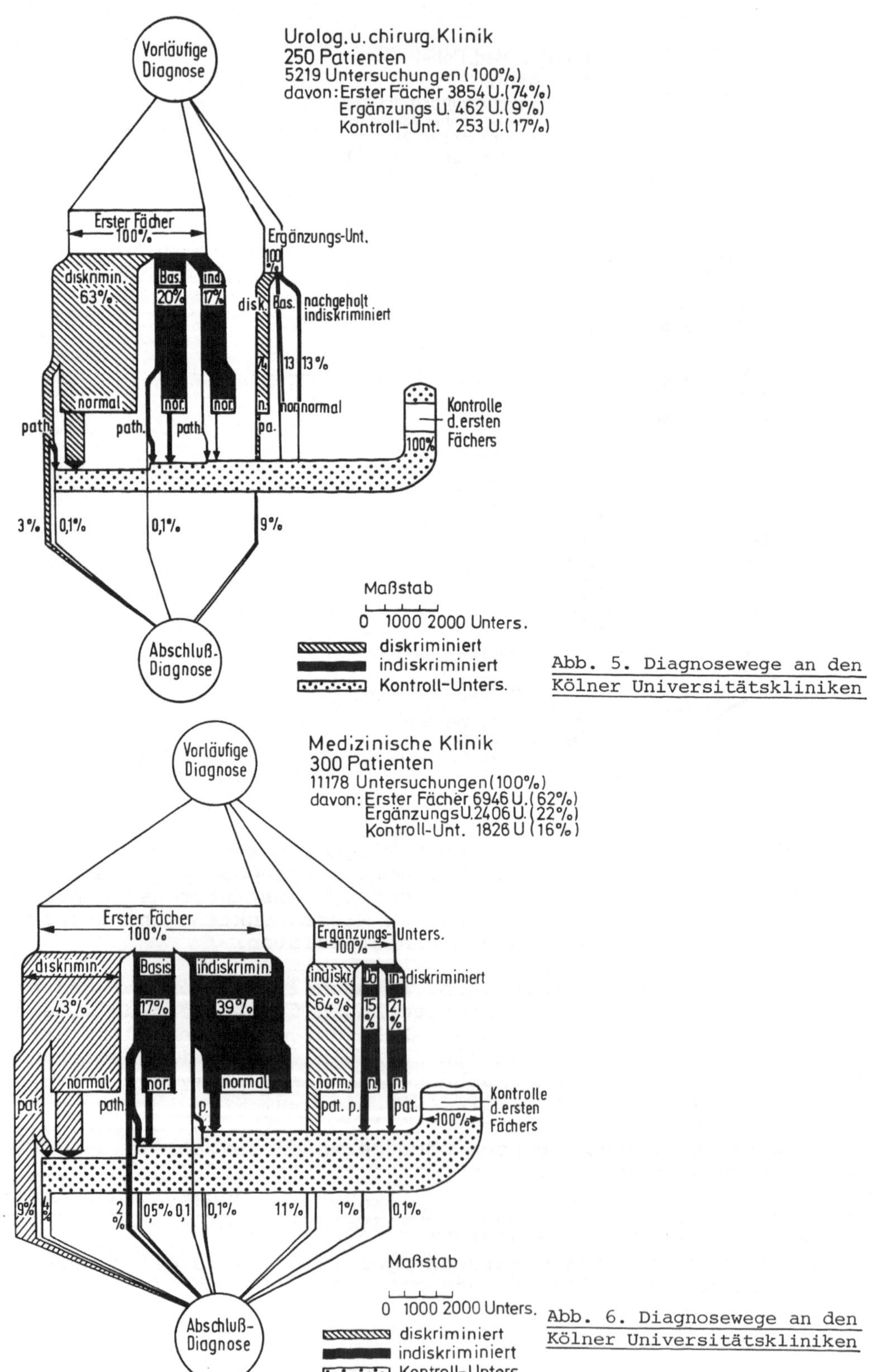

Abb. 5. Diagnosewege an den Kölner Universitätskliniken

Abb. 6. Diagnosewege an den Kölner Universitätskliniken

Tabelle 5. Ergänzende Untersuchungen an 700 internist.,
chirurg. u. urolog. Kranken. (Nach PIETSCH)
Nach dem "1. Profil", % (ohne Kontrollen)

% aller Untersuchgn. ohne Kontrollen	gesamt	diskrim.	indiskrim.
Medizin. Kliniken u. Polikliniken	22,3	14,8	7,5
Chirurg. Kliniken	12,1	8,9	3,2
Urologie: Klinik u. Poliklinik	3,5	2,7	0,8

Besonders interessant waren die *Untersuchungen*, die "ergänzend",
d.h. sozusagen *im 2. Durchlauf* durchgeführt wurden. Hier kann man
davon ausgehen, daß diskriminierte Untersuchungen vorläufige
Diagnosen bestätigen, erweitern oder abgrenzen sollen, während
indiskriminierte ergänzende Untersuchungen die Unsicherheit nach
dem ersten Durchlauf, das Gefühl, auf etwas Neues zu stoßen,
kennzeichnen. Die ergänzenden Untersuchungen (Tabelle 5) machten
in der Inneren Medizin (Klinik u. Poliklinik) rd. 22% der gesamten Untersuchungen ohne die Kontrollen aus, davon rd. 8% indiskriminierte, in der Chirurgie rd. 12%, davon rd. 3% indiskriminierte, in der Urologie rd. 3%, davon knapp 1% indiskriminierte.

In der Inneren Medizin haben somit die ergänzenden Untersuchungen ein größeres Gewicht als in den operativen Fächern. Sie werden auch häufiger ergänzt durch eine Ausdehnung auf indiskriminierte Untersuchungen - mit anderen Worten: durch einen neuerli-
chen und breiteren Fächer nach einem ersten erfolglosen oder
nicht voll zufriedenstellenden diagnostischen Ablauf.

Gerade dazu bedarf es aber des Hinweises, daß in der Kölner
Medizinischen Klinik über 43% der Patienten weitere Krankheiten,
d.h. neben der Hauptdiagnose noch Nebendiagnosen hatten, darunter 16% zwei oder mehr. KOLLER schätzte für Mainz die Zahl der
Nebendiagnosen für die Innere Medizin auf rund 70%, für die
Chirurgie und für die Dermatologie auf 25% (Zit. bei (1)). FRANKE
(6) unterscheidet voneinander abhängige "Kombinationskrankhei-
ten" und "zunächst voneinander unabhängige Begleitkrankheiten".
Er kam an der Würzburger Poliklinik mit zunehmendem Alter der
Patienten auf bis zu 9 Diagnosen. Von den 60-70jährigen hatten
weniger als 10% eine oder zwei Diagnosen. Mehrfachkrankheiten
- deren wechselseitige Abhängigkeit oder Interferenz im Einzelfall oft schwer zu beurteilen ist - haben in unserem Kontext 2
Konsequenzen:

1. Sie machen es schwierig, verschiedene Befunde, wie man so
   sagt, "unter einen Hut" zu bringen
2. Sie sprechen für einen breiteren Fächer indiskriminierter Untersuchungen, um auch Nebenbefunde und Mehrfachkrankheiten
   nicht zu übersehen.

Tabelle 6. Hauptaufnahmeursachen bei 5000 Kranken
Med. Univ. Klinik Köln (1967-1970) (Nach EBEL)

Zur Beobachtung auf Erkrankung	17,0%
Akute Erkrankung oder Exacerbation	41,1%
Chronische Erkankung	40,4%
Kontrollen n. überstand. Erkrankung	1,5%

Ergebnisse bei 5000 Kranken

Geheilt	11,0%
Gebessert	43,4%
Unverändert	28,0%
Verschlechtert	0,8%
Verstorben	16,8%

Tabelle 7. Kriterien für Leistungsfähigkeit in
Hauptdiagnose

1. Kein patholog. Befund

2. Pathognomonisch od. wesentl. f. Hauptdiagnose

3. Differentialdiagn. Hinweis auf Hauptdiagnose

4. Unspezifischer Befund

5. Hinweis auf Nebendiagnose(n)

6. Von Hauptdiagnose ablenkend

Lassen Sie uns vor dem Versuch einer Zusammenfassung noch einige
Daten bringen, die auslesefrei aus 5.000 Kranken der Medizinischen Universitätsklinik in Köln in den 70er Jahren erarbeitet
wurden. Tabelle 6 gibt zunächst einen Überblick über die ausge-
werteten Kranken, die Hauptursachen stationärer Behandlung und
die klinischen Ergebnisse (1, 20). Tabelle 7 zeigt die Kriterien,
die wir der diagnostischen Leistungsfähigkeit der Methoden zugrunde gelegt haben.

Tabelle 8 zeigt die Ergebnisse für die heute noch gebräuchlichen
Methoden, allerdings ohne die neuesten technischen Entwicklungen.
Wenn wir die Kolonnen 2) und 3), d.h. pathognomonische Ergebnisse
und wesentliche differentialdiagnostische Hinweise auf die Hauptdiagnose zusammenfassen, so ergibt sich ein von den Kennern er-
wartetes Bild: Am meisten leistet unverändert die persönlich und
sorgfältig erhobene Anamnese, dies allein schon im Hinblick auf
den hohen Anteil psychosomatischer Störungen und Hinweise. Bekanntlich wird die diagnostische Leistungsfähigkeit von Anamnese
und unmittelbarer Untersuchung in der Hand von Geübten auf 60-90%
geschätzt. Wir sollten aber nicht vergessen, daß es sich dabei
häufig nur um *Hinweise* handelt, die des *Beweises* mit naturwissenschaftlichen Methoden bedürfen, im Falle der Klinischen Chemie,
der Immunologie, der Endoskopie, der Biopsien, also diskriminierter zusätzlicher Untersuchungen.

Tabelle 8. Leistungsfähigkeit verschied. Methoden bei 5000 Kranken.
(Nach WYMER)

	1	2	3	4	5	6	2+3 =
Anamnese	O	46,9	46,6	2,7	2,0	1,8	93%
Unmittelb. Untersuchg.	5,1	19,3	60,2	4,4	10,6	0,4	80%
Klin. Chemie	21,4	18,7	31,4	14,4	14,0	0,1	50%
Radiologie	20,3	22,3	26,0	3,1	28,0	0,3	40%
EKG	39,1	12,7	16,3	13,1	17,0	1,2	29%
Serologie Immunolog.	83,4	5,4	2,5	3,2	5,3	0,1	8%
Bakteriologie	43,5	13,8	8,2	2,0	32,0	0,2	22%
Biopsie	12,3	53,1	9,8	6,7	17,8	0,3	63%
Endoskopie	30,8	32,3	15,6	2,0	19,4	O	48%

Bedeutung der Kolonnen siehe Tabelle 7

Selbstverständlich bringen strenge organgebundene Methoden - in unserem Falle z.B. das EKG - eine große Zahl von normalen Ergebnissen oder von für die Hauptdiagnose unwesentlichen Nebenbefunden. Ebenso selbstverständlich bringt die heute praktisch an allen Organen mögliche Biopsie, wiederum als diskriminierte Methodik, eine hohe Ausbeute an sicheren oder weiterführenden Ergebnissen.

In dieser Auflistung steht die *Klinische Chemie* nach ihrer Rangordnung etwa in der Mitte. Bei den Patienten eines Krankenhauses - und um diese handelt es sich hier - bringt der Laborfächer in je etwa 1/4 normale oder irrelevante Befunde. In etwa 50% tragen sie zusammen mit Immunologie, Bakteriologie u.a. die Diagnose. Dies hat zur Konsequenz, daß ein Laborfächer genügend breit, in der Klinik eine Mehrfachanalyse, sein sollte. Allerdings leisten auch hier nach unseren Beobachtungen ungezielte Untersuchungen weniger als gezielte. Gegenüber unserer Statistik kommt noch hinzu, daß noch vor 10 Jahren in der Klinischen Chemie Sensitivität und Spezifität weitgehend komplementär waren, während es heute in vielen Bereichen ebenso sensible wie spezifische Tests gibt.

Zusammenfassung

1. Hinsichtlich der Gesamtpopulation neigen die meisten Autoren heute aufgrund der bisherigen Erfahrungen sowie einer Nutzen/ Kosten-Analyse zur Zurückhaltung gegenüber dem sogenannten Massen-Screening, das optimistische Erwartungen der 60er und 70er Jahre nicht erfüllt hat.

2. Für die Krankenhäuser und für die meisten Praxen ist die Frage diskriminierter oder indiskriminierter Untersuchungen schon lange kein qualitatives, sondern ein quantitatives Problem. Es wird bestimmt durch die Belästigung bzw. Gefährdung der Kranken, durch die arztspezifische diagnostisch-therapeutische Taktik, durch eine vernünftige Nutzen/Kosten-Relation, durch die Vermeidung eines unübersehbaren oder für die diagnostisch therapeutische Entscheidung nutzlosen Datenflusses.

3. Unter diesem Konzept gehören heute zu einer Standard-Untersuchung 20-30 technologische Parameter. Die diskriminierte Anforderung schützt vor einer Überziehung der technischen Möglichkeiten. Sie zwingt den Anforderer zur Akkumulation, Ordnung und Bewertung der bisherigen Befunde.

4. In Verbindung mit der Anamnese führen diese 20-30 Untersuchungen meist zur Hauptdiagnose oder zeigen wenigstens die zu verfolgenden Richtungen an. Ihre Bedeutung liegt aber ebenso in ihrer Ausschlußkraft.

5. Die in der Inneren Medizin besonders häufigen, aber auch.in anderen Fächern vorkommenden Zusatz- oder Nebendiagnosen mit ihrer unterschiedlichen wechselseitigen Interferenz werden durch ein breiteres indiskriminiertes Profil besser erfaßt.

6. Wo Multikanalsysteme in der Klinischen Chemie benutzt werden, sollten möglichst auch pathologische Resultate nicht angeforderter Untersuchungen dem verantwortlichen Arzt mitgeteilt werden - zumindest bei Erstuntersuchungen und beim zweiten Durchlauf.

7. In seltenen Fällen können isolierte, manchmal langfristig unklare Allgemeinsymptome wie Leistungsminderung, Depression, Kopfschmerzen, Appetitlosigkeit, Gewichtsabnahme, Fieber, Nachtschweiße, Exantheme, Haarausfall, Nachlassen der Sexualfunktionen u.a. a priori oder nach einem ersten vergeblichen diagnostischen Anlauf einen breiten Fächer indiskriminierter technologischer Untersuchungen erforderlich machen.

8. Eine sogen. "Breite Latte" oder Gruppenprofile von vornherein zu verlangen, ist z.Zt. nicht vertretbar und meist ein Hinweis auf mangelnde Kenntnisse, mangelnde Beschäftigung mit dem Kranken oder mangelnde Fähigkeit zur medizinischen und logischen Bewältigung der bereits vorliegenden Informationen. Unnötige Untersuchungen belasten die Laboratorien und technischen Einrichtungen. Sie führen außer der Kostenexplosion und der Minderung der Qualität zur Verzögerung notwendiger Untersuchungen an anderen Kranken und damit zum Verstoß gegen das Grundprinzip der Krankenversicherung: die Solidargemeinschaft.

Literatur

1. EBEL B (1974) Statistische Erhebungen an 5000 Aufnahmen der Medizinischen Universitätsklinik Köln (Verteilung der Hauptdiagnosen u.a.) Inaug Diss Köln

2. Editorial (1978) Should diagnostic testing be regulated?
   New Engl J Med 299:947
3. Editorial (1979) Sperrfeuer gegen die Testbatterie? Dtsch
   Ärzteblatt 76:960
4. EGGSTEIN M (1978) Persönl Mittlg
5. FEINSTEIN AR (1977) Clinical Biostatistics. St Louis, Mosby
6. FRANKE H (1978) Mehrfachkrankheiten. Intern Praxis 18:1
7. GROSS R (1969) Medizin. Diagnostik - Grundlagen und Praxis.
   Springer, Heidelberg
8. GROSS R (1978) Diagnostik und Therapie mit Vernunft. Einführung. Verh Dtsch Ges Inn Med 84:210
9. GROSS R, WICHMANN E (1979) Was ist eigentlich normal? Med
   Welt 30:2
10. HAECKEL R (1979) Die Bedeutung von Klin.-chem. Mehrfach-Un-
    tersuchungen bei Screening-Programmen. Dtsch Ärzteblatt
    76:713
11. HEUCHERT H (in Vorbereitung) Inaug Diss Köln
12. HOLLAND WW, CREESE AL, D'SOUZA et al (1977) A controlled
    Trial of multiphasic Screening in middle age: Results of the
    South-East London Screening Study. Intern J Epidem 6:357
13. MURPHY EA (1976) The Logic of Medicine. Johns Hopkins Univ
    Press, Baltimore
14. OETTE K, HEUCHERT H (im Druck) Die Vielfachanalyse im Organi-
    sationsablauf eines Labors. Technicon Symp 1978
15. PIETSCH ME (in Vorbereitung) Inaug Diss Köln
16. SCHNEIDERMAN LJ (1972) The "abnormal" Screening Laboratory
    Results. Arch Int Med 129:88
17. Special Issue (1978) Medical Technology. The Sciences 12
18. WEBER KH (1979) Schwanengesang des Zentrallabors? Dtsch
    Ärzteblatt 76:591
19. WHITEHEAD TP, WOOTTON JDP (1974) Biochemical profiles for
    hospital patients. Lancet 1974, II:1439
20. WYMER T (1976) Statistische Erhebungen an 5000 Fällen der
    Medizin. Univ Klinik Köln (Krankheitsverlauf u.a.) Inaug
    Diss Köln

Aus der Sicht des Klinischen Chemikers

R. Haeckel

<u>Einleitung</u>

1969 schrieb GROSS, daß "die Entscheidung zwischen diskriminierter und indiskriminierter Bestellung von Labordaten" im Grunde schon gefallen sei. Die gebräuchliche Kombination von Blutsenkung, evtl. Elektrophorese, Lues-Reaktion, Blutbild, Urinstatus ist bereits ein Klein-Modell indiskriminierter Untersuchung. Alles weitere sei nur noch eine Frage der Laborkapazität (1). 10 Jahre danach besteht heute aber immer noch eine heftige Kontroverse zwischen beiden Standpunkten.

Vor über einem Jahrzehnt wurden in erster Linie mit dem Autochemist, dem Vickers 300 und der SMA-Serie der Firma Technicon die Mehrfachanalysen in zahlreichen Laboratorien weltweit eingeführt. Die größten Geräte erstellen zur Zeit 6000-8000 Untersuchungen pro Stunde und benötigen pro Profil nur noch wenige 100 µl Serum. Die ersten Mehrkanalgeräte enthielten ein fixes Profil, das auch als indiskriminiert bezeichnet wird. In letzter Zeit werden zunehmend selektive Mehrkanalgeräte entwickelt, bei denen die Tests für jede Probe frei gewählt werden können. Alle Mehrkanalgeräte sind beim derzeitigen Stand der Technik vollmechanisiert. Werden alle Tests simultan analysiert, erfolgt ein internes Probensplitting (z.B. SMA-Serie, Prisma, usw.). Werden die einzelnen Analysen successiv ausgeführt, erfolgt das Probensplitting extern (z.B. ACA von DU PONT).

Unter Mehrfachanalyse wird meistens weniger die wiederholte Bestimmung einer einzelnen Kenngröße, als vielmehr Analysen verschiedener Parameter aus der gleichen Probe (Abb. 1) verstanden. Werden diese mit einem einzelnen Gerät, einem sogen. Mehrkanalgerät bestimmt, spricht man von Mehrkanalanalysen. Bei Profiluntersuchungen kann eine Testgruppe an verschiedenen Geräten, bzw. Meßplätzen (z.B. auch Mehrkanalgeräten) durchgeführt werden. Ein bestimmtes Profil kann einerseits in einem Mehrkanal-Programm enthalten sein, andererseits aber auch zusätzlich noch weitere Tests umfassen. Profiluntersuchungen können gezielt oder ungezielt durchgeführt werden.

<u>Indikationen für gezielte Profile</u>

Ein gutes Beispiel für ein gezieltes Profil ist die Blutgasanalyse, bei der im allgemeinen mehrere Größen stets in einem Arbeitsgang bestimmt werden (pH-Wert, pO_2, pCO_2, Hb-Konzentration). Aus den Meßwerten können dann noch andere Größen, wie z.B. Basen-

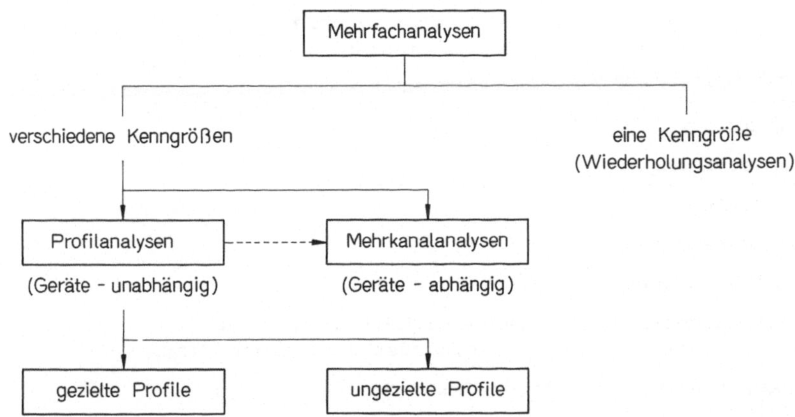

Abb. 1. Die Beziehung zwischen den Begriffen Mehrfach-, Profil- und Mehr-kanalanalysen

abweichungen, berechnet werden. Im allgemeinen erfaßt das geziel-te Profil die Funktionsstörung eines bestimmten Organs, oder, wie bei der Blutgasanalyse, einer pathophysiologischen Einheit. Die einzelnen Parameter ergänzen sich oft in ihrem Informations-gehalt.

Indikationen für ungezielte Profile

Bei ungezielten Profilen werden im allgemeinen mehrere Einzel-tests oder auch gezielte Profile zu einer Testgruppe kombiniert, die mehrere Erkrankungen, Funktionseinheiten, bzw. Risikofakto-ren erfaßt. Da die Ziele meist komplex und zudem diffus sind, möchte ich diese Profile im Gegensatz zu den gezielten als unge-zielte bezeichnen. Ungezielte Profile werden grundsätzlich aus zwei verschiedenen Gründen durchgeführt:

1.   Präventivmedizinisches Screening
1.1 Früherkennung
1.2 Erfassung von Risikofaktoren

2.   Rationalisierung der Diagnostik

Ungezielte Profile sind nicht indiziert zur Verlaufskontrolle und Therapieüberwachung.

Vor- und Nachteile von ungezielten Mehrfachanalysen

Die Zusammenstellung von ungezielten Profilen bewirkt eine Ra-tionalisierung der Laboratoriumsdiagnostik auf mehreren Ebenen (Tabelle 1). In der präanalytischen Phase werden Probennahmen reduziert. Dieses bedeutet eine Schonung des Patienten, eine Arbeitsreduzierung für das Stationspersonal, eine Verringerung

Tabelle 1. Mögliche Vorteile von ungezielten Mehrfachanalysen (Simultanstrategie) im Vergleich zu gezielter Testanforderung (sequentielle Strategie)

1. Weniger Blutentnahme

2. Weniger Probenverwechslungen

3. Weniger Probensplitting

4. Vereinfachung der Datenverarbeitung

5. Gewinnung von Nebendiagnosen

6. Gewinn an Informationsgehalt und Zuverlässigkeitsgrad (z.B. durch Plausibilitätskontrolle) bei von einander abhängigen Tests

7. Hohe Empfindlichkeit: hoher Predictive Value der "negativen" Testergebnisse (2)

8. Beschleunigung der Diagnostik (?)

9. Einsparung an Kosten (?)

von Verwechslungsgefahren und Transportproblemen. Im Laboratorium wird die Probenverteilung vereinfacht, der wirtschaftliche Einsatz von Mehrkanalgeräten ermöglicht und schließlich die Befundung bis zur Bereitstellung der Befunde am Patienten erheblich rationalisiert. Schließlich können sich mehrere Tests in ihrer Aussage ergänzen und zu einem Gewinn an Information und Zuverlässigkeit führen (z.B. bei der simultanen Bestimmung von Kreatinin und Harnstoff, oder von verschiedenen Leberenzymaktivitäten).

Werden mehrere von einander unabhängige Tests zur Erkennung einer Krankheit simultan, anstatt sequentiell angefordert, erhöht sich die Empfindlichkeit (2). Dadurch kann der Predictive Value bei negativen Testergebnissen ebenfalls ansteigen. Andererseits bewirkt der Gewinn an Empfindlichkeit gleichzeitig einen Verlust an Spezifität, das bedeutet eine hohe Anzahl von falsch positiven Ergebnissen. Außerdem ist die Simultanstrategie nur um dem Preis von zahlreichen überflüssigen Untersuchungen möglich (Tabelle 2). Wäre das Problem lediglich auf die Alternative "erforderlich" und "überflüssig" beschränkt, wäre es rein wirtschaftlicher Natur und einfach in Zahlen auszudrücken. Es wird aber dadurch kompliziert, daß sich unter den zunächst überflüssig erscheinenden Resultaten "unerwartet" pathologische befinden.

Tabelle 2. Nachteile der Simultanstrategie mit ungezielten Mehrfachanalysen

1. Hohe Zahl von falsch positiven Testergebnissen

2. Redundante oder irrelevante Informationen

3. Höhere Kosten (?)

4. Methodische Kompromisse (bei Mehrkanalanalysen)

Tabelle 3. Prozentsatz "normaler" Profile bei Screening-Untersuchungen.
Aus (4)

Autor	Anzahl der Profile	Anzahl Tests pro Profil	Prozentsatz normaler Profile
JUNGNER	58.000		41.8
RARDIN	1.084		45.3
YEDIDIA et al.	21.217		59.0
CCI	2.024		36.7
BELLIVEAU		18	56.8
DAUGHADAY et al.	1.869	12	60.0
HARM et al.			
bei Gesunden		12	61.0
bei Patienten		12	65.5
Bei Annahme einer Binomialverteilung		20	36
$P(x) = P^n$		12	54

In Tabelle 3 wurden aus verschiedenen Studien die gefundenen
Prozentsätze an pathologischen Befunden zusammengestellt. Mit
der Größe des Profils nimmt der Anteil an "unerwarteten" positiven Einzelwerten zu, bzw. der Prozentsatz an "normalen" Profilen
(bei denen alle Einzelergebnisse im Referenzbereich liegen) ab.
Die angegebene theoretische Formel gilt nur für voneinander unabhängige Tests mit normal verteilten Ergebnissen. HARM et al.
(3) haben gezeigt, daß bei dem von ihnen verwendeten 12-fach-
Analysen-Programm etwa 39% der untersuchten Proben von vermutlich Gesunden "unerwartet" pathologische Ergebnisse hatten. Ange-
sichts dieser hohen Anzahl von unerwartet pathologischen Ergebnissen bei ungezielten Profiluntersuchungen wird vielfach vermutet, daß diese einen erheblichen Nutzen für die Diagnostik erzielen. Eine kürzlich publizierte Zusammenstellung verschiedener
umfassender Studien (4) hat jedoch gezeigt, daß der Nutzen von
ungezielten Profiluntersuchungen bisher nicht überzeugend demonstriert werden konnte, und zwar sowohl für den stationären als
auch ambulanten Bereich.

Gründe für das Versagen von ungezielten Profiluntersuchungen

Im folgenden soll nun nach Erklärungen gesucht werden, warum ungezielte Profiluntersuchungen die gewünschten Effekte nicht zeigen. Dabei wird von folgenden Hypothesen ausgegangen: Die simultane Durchführung von klinisch-chemischen Untersuchungen der
"Basisroutine" (von z.B. 20 Tests) bei der Aufnahme von Patienten führt zu keiner wesentlichen Rationalisierung der Diagnostik.

Tabelle 4. Kriterien, die für ein effektives Screening-Programm gefordert werden müssen. Aus (4)

1. Es muß sich um ein bedeutendes Gesundheitsproblem handeln

2. Der Test muß zumutbar sein

3. Die zu erkennende Erkrankung sollte ein erkennbares latentes oder früh-symptomatisches Stadium aufzeigen

4. Die Diagnose sollte gesichert werden können. Die diagnostische Strategie bei Vorliegen eines "pathologischen" Befundes muß festliegen

5. Eine Frühbehandlung muß möglich sein und den späteren Verlauf und die Prognose günstig beeinflussen können. (Ausnahme: Screening für genetische Erkrankung dient zur eventuellen Vorsorge). Ein Screening zur reinen Früherkennung ist nicht gerechtfertigt. Eine Therapie-Kontrolle sowie eine Sicherung des Erfolges sollte gewährleistet sein

6. Die diagnostischen (Empfindlichkeit, Spezifität, Vorhersagewert) und analytischen (Präzision, Richtigkeit) Zuverlässigkeitskriterien müssen bekannt sein. Die Prävalenz der zu erkennenden Krankheit ist zu beachten

7. Die Kosten eines behandlungsbedürftigen Falles (einschließlich der Kosten für Diagnose und Behandlung) müssen ökonomisch in einem ausgewogenen Verhältnis zu den möglichen Gesamtausgaben für das Gesundheitssystem stehen

Die Ursachen sind vielschichtig. Die geringe Verwendbarkeit der Daten scheint

einerseits in einer mangelnden Eignung der verwendeten Tests für Screeningzwecke bzw. in einer ungenügenden Definition der Entscheidungsgrenzen
andererseits aber auch an einer Überforderung der befundenden Ärzte zu liegen.

Diese beiden Ebenen sollen näher erläutert werden. Für effektive Screening-Tests werden heute die in Tabelle 4 zusammengestellten Kriterien allgemein akzeptiert. Sie wurden im wesentlichen von WILSON und JUNGNER (5) im Auftrag der Weltgesundheitsorganisation erarbeitet. Kosten-Nutzen-Analysen für ungezielte Mehrfachanalysen-Programme wurden bisher nicht in systematischer und umfassender Weise untersucht (4).

Das wichtigste Kriterium ist die Frage, ob ein Screening-Programm tatsächlich das Endresultat evident verbessern kann, im Sinne einer sekundären Prävention oder einer günstigen Beeinflussung des Krankheitsverlaufes. Hat die Behandlung von Risikofaktoren einen signifikanten Einfluß auf die Entwicklung einer Erkrankung? Selbst wenn ein Verhütungsprogramm bekannt ist, muß die Frage geklärt werden, ob damit gerechnet werden kann, daß das Programm eingehalten wird, insbesondere dann, wenn noch keine Symptome vorliegen. Kann das Verhalten der Patienten effektiv geändert und kontrolliert werden?

Die analytischen und diagnostischen Zuverlässigkeitskriterien wurden bereits ausführlich diskutiert. Sie sind für viele Screening-Untersuchungen nicht ausreichend bekannt. Möglicherweise werden auch für viele Erkrankungen, bei denen die Durchführung von

Screening-Untersuchungen sinnvoll erscheint, neue Tests mit gün-
stigeren Zuverlässigkeitskriterien benötigt. Oft wird übersehen,
daß die Prävalenz für viele gesuchte Erkrankungen sehr gering
ist. Die meisten Untersucher haben besonders auf das Grenzwertproblem hingewiesen. Wahrscheinlich müssen für Screening-Untersuchungen neue Entscheidungsgrenzen festgelegt werden, die mit
den üblichen Normal-, bzw. Referenzbereichen nicht identisch
sein müssen.

Als ein Grenzwertproblem kann auch das Phänomen der Regression
zum Mittelwert (regression toward the mean) betrachtet werden,
das oft nicht ausreichend bekannt ist. Es besagt, daß bei Wieder-
holungsanalysen von sogenannten falsch pathologischen Resultaten,
diese mit einer hohen Wahrscheinlichkeit im sogenannten Normalbereich liegen. Bei "regression toward the mean" handelt es sich
um eine Kombination des Einflusses von analytischer und biologischer Variation. FRANCIS GALTON prägte 1886 als erster diesen
Begriff (6), als er zeigte, daß die Kinder großer Eltern im
Durchschnitt kleiner als deren Eltern sind (Abb. 2). Regression
toward the mean bedeutet immer, daß die Steigerung der entsprechenden Regressionsgeraden unter 1.0 liegen muß.

Möglicherweise ist die Beurteilung der Effektivität von Screen-
ing-Programmen zur Zeit auch deswegen schwierig, weil die Kriterien entweder zu unempfindlich (wie z.B. die Mortalität) oder
schwer objektiver (wie z.B. eine Eigeneinschätzung der Arbeits-
fähigkeit oder des Gesundheitszustandes durch den Patienten)
sind.

Zusammenfassend kann festgestellt werden, daß die heute für ein
effektives Screening-Programm akzeptierten Kriterien nicht oder
nur ungenügend erfüllt werden. SCHNEIDERMAN et al. (8) stellten
fest, daß die meisten pathologischen Ergebnisse bei ungezielten
Profiluntersuchungen überhaupt nicht beachtet werden. Außerdem
würde untersucht, warum die Ärzte den abnormen Screening-Befun-
den nicht nachgingen. WHITEHEAD (9) hat ferner auf das mangelnde
Verständnis über biochemische Veränderungen bei vielen Ärzten
hingewiesen. Durch die Vielzahl an Informationen ergeben sich

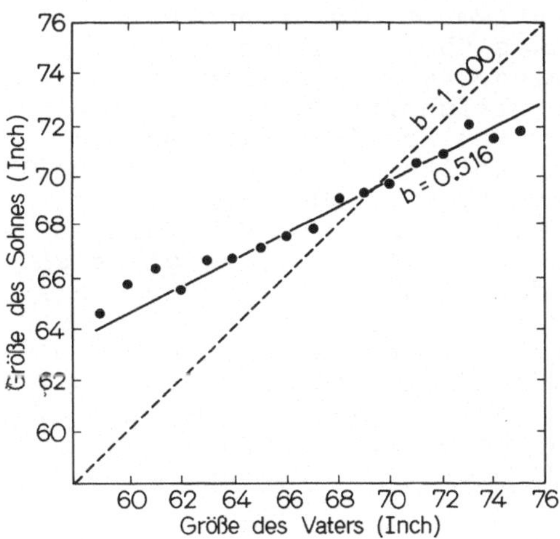

Abb. 2. Die Beziehung zwischen den
Körpergrößen von Eltern und deren
Kindern (Phänomen der Regression
zum Mittelwert). Aus (7)

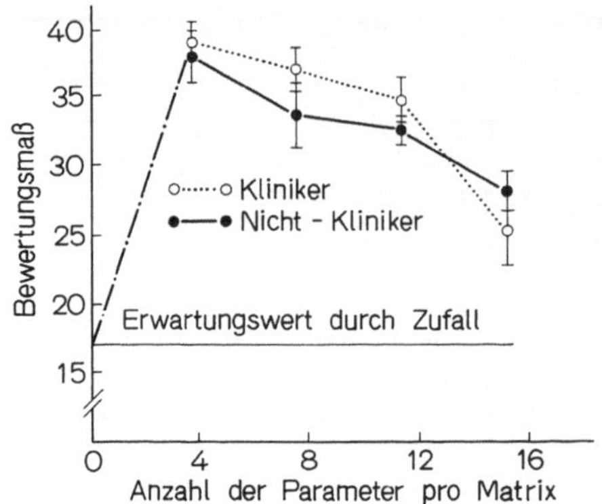

Abb. 3. Vergleich zwischen Klinikern und Nicht-Klinikern bei der Mustererkennung in Abhängigkeit von der Anzahl der zu erfassenden Kenngrößen. Aus (11)

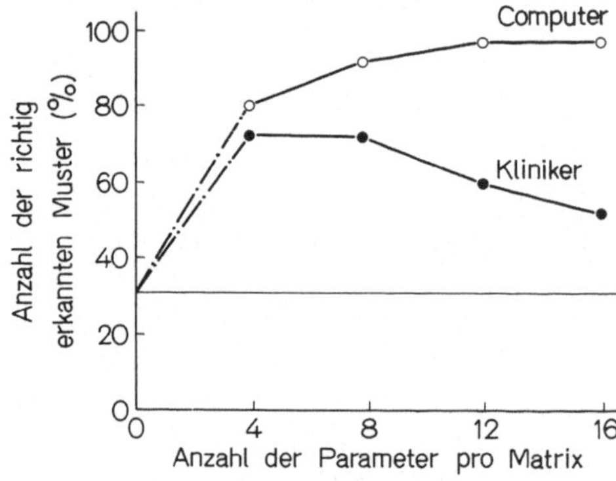

Abb. 4. Vergleich zwischen Klinikern und einem Computersystem bei der Mustererfassung in Abhängigkeit von der Anzahl der zu erfassenden Kenngrößen. Aus (11)

zunehmend Schwierigkeiten, alle technischen Daten in ein zusammenhängendes Bild zu integrieren.

Andere Autoren (10) behaupten, daß Ärzte ihre Diagnosen eher auf der Basis weniger Symptome stellen als alle zur Verfügung stehenden Informationen zugrunde zu legen. Ferner seien viele nicht in der Lage, die bei der herkömmlichen Befragung und Untersuchung gewonnenen Daten wahrscheinlichkeitstheoretisch zu analysieren (1). Dieser Behauptung liegt ein etwas theoretisches Experiment zugrunde, bei dem 11 Kliniker mit mindestens 5-jähriger Berufserfahrung, 11 Nicht-Kliniker mit vergleichbaren geistigen Fähigkeiten und ein Computersystem ein Muster aus 16 Merkmalen zur Diagnose einer Appendicitis erkennen sollten. Dem Computermodell lag ein modifizierter BAYES'scher Ansatz zugrunde. Während die Kliniker gegenüber den Nicht-Klinikern nur bei der Kombination von wenigen Parametern besser abschnitten (Abb. 3), zeigte sich das Computersystem mit der Zunahme der eingesetzten Befunde als überlegen (Abb. 4). Die Tatsache, daß die anfallenden Daten nicht effektiv genug verwertet werden können, läßt aber noch nicht den Schluß zu, daß sie generell nutzlos sind. Es ist unklar, ob die Daten an sich wertlos sind oder sie sich vom Arzt - aus welchen Gründen auch immer - nicht effizient verwerten lassen.

Konsequenzen

Die zukünftige Forschung muß auf zwei Ebenen ansetzen, die eine
betrifft die analytischen und diagnostischen Zuverlässigkeitskriterien, die andere unmittelbare Interpretationshilfen für
den Arzt. Auf der ersten Ebene müssen in erster Linie die diagnostische Empfindlichkeit und Spezifität verbessert werden.
Außerdem sollte mit Hilfe der Informationstheorie auch ein opti-
maler Kompromiß zwischen Informationsgewinn durch Erweiterung
und Redundanzabnahme durch Reduzierung der Testanzahl in einem
Profil erzielt werden (Optimierung des Profilumfangs).

Diagnostische Zuordnungsmodelle werden in deterministische und
probabilistische Verfahren (12, 13) eingeteilt (Tabelle 5).
Außerdem wurden in letzter Zeit zunehmend optimierte Strategien
für mehrstufige Diagnostikprozesse (sequentielle Diagnostikprozesse, Stufendiagnostik) entwickelt.

Das einfachste deterministische Modell stellt eine Liste der
wichtigsten Ursachen nach Pathomechanismen geordnet dar. Krankheitslisten lassen sich auch gewichten, z.B. nach Häufigkeit.
Reine Krankheitslisten haben sich in der Praxis nicht überzeugend bewährt, wenn gleichzeitig mehrere Parameter beurteilt werden (14). Dann ist zumindest eine Auswahl der wahrscheinlichsten
Differentialdiagnosen zu treffen. REECE und HOBBIE (15) haben
ein Computerprogramm entwickelt, das abnorme Werte aus einer ungezielten 12-fach-Analyse bestimmten Diagnosen zuordnet. Das
System enthält 93 Diagnosemöglichkeiten. Tabelle 6 zeigt den
Computerausdruck für einen 60jährigen Mann mit chronischer Glomerulonephritis. CROFT (16) hat in einer vergleichbaren Studie

Tabelle 5. Diagnostische Zuordnungsverfahren

1.	Deterministische Verfahren
1.1.	Beschreibende Verfahren (descriptive procedures)
1.1.1	Symptomenliste (obligatorische, fakultative Symptome)
1.1.2	Symptomenliste mit subjektiver Gewichtung (Consensus)
1.2.	Schließende Verfahren (conclusive procedures)
1.2.1	Entscheidungsbaum-Verfahren (decision tree procedures)
1.2.2	Logistische Verfahren (mit Hilfe der BOOLE'schen Algebra)
2.	Probabilistische Verfahren
2.1.	Mustererkennung (pattern cognition)
2.1.1	Clusteranalyse
2.1.2	Faktorenanalyse
2.2	Musterklassifikation (pattern recognition)
2.2.1	Symptomenliste nach Häufigkeit gewichtet
2.2.2	BAYES'sches Verfahren
2.2.2.1	Diskriminanzanalyse
2.2.2.2	Parameterfreie Klassifikationsverfahren
2.2.2.2.1	Kernschätzung der Verteilungsschichten
2.2.2.2.2	Einsatzregeln (z.B. Reihenapproximation der Likelihood-Funktionen)

Tabelle 6. Computerausdruck nach HOBBIE u. REECE bei einem 60jährigen
Patienten mit Glomerulonephritis. Aus (15)

M   06-17 Run No. 152
Age 60 male
Normal ranges assume patient is walking

Test results

Calcium	7.7	Phosphorus	4.2	Glucose	109.0
Bun	37.0	Uric acid	5.6	Cholestrol	177.0
Total Prot	5.4	LDH	149.0	SGOT	27.0
Albumin	2.8	Bilirubin	.4	Alk Ptase	86.0

Abnormal Test		Value	Normal range
Calcium	LO	7.7	8.6 - 10.2
Phosphorus	HI	4.2	2.2 - 4.1
Bun	HI	37.0	7.0 - 25.0
Total Prot	LO	5.4	6.1 - 7.7
Albumin	LO	2.8	3.3 - 5.1

Possible diagnostic problems

Renal insufficiency
LO: Calcium   Total Prot   Albumin
HI: Phosphorus   Bun

Prerenal Azotemia (CHF, shock, etc.)
LO: Calcium   Total Prot   Albumin
HI: Phosphorus   Bun

Pancreatitis
LO: Calcium   Total Prot   Albumin
HI: Bun

Malabsorption or Malnutrition
LO: Calcium   Total Prot   Albumin

Regional Enteritis
LO: Calcium   Total Prot   Albumin

Nephrotic syndrome
LO: Total Prot   Albumin
HI: Bun

Ulcerative Colitis, intestinal obstruction, etc
LO: Calcium   Total Prot   Albumin

Leukemia or other myeloproliferative disorders
LO: Calcium   Total Prot   Albumin

---

mit 10 mathematischen Modellen gezeigt, daß in 92-98% die richtige Diagnose gestellt wird, wenn lediglich zwischen 2 Krankheiten
zu unterscheiden ist, jedoch nur noch in 51 bis 64% der Fälle bei
20 möglichen Krankheiten und einem Profil von 50 verschiedenen
Symptomen. Der Versuch, allein aus Labordaten sogen. "Computerdia-
gnosen" zu erstellen, hat nicht den gewünschten Erfolg gezeigt.
Statt dessen sollten Hinweise auf Pathomechanismen in Verbindung
mit Empfehlungen für weitere diagnostische Maßnahmen, die mit

der größten Wahrscheinlichkeit zur weiteren Klärung des Pathomechanismus führen, erarbeitet werden. ANDERSON et al. (17)
haben das Programm von REECE und HOBBIE daher erweitert, indem
sie jeweils den "next logical test" empfehlen (Tabelle 7).

Ein anderer Weg besteht in der Entwicklung von Entscheidungs-
bäumen (Tabelle 5), d.h. von diagnostischen Strategien, die sowohl Station als auch Laboratorium anleiten, wie bei Auftreten
eines unerwartet pathologischen Wertes vorzugehen ist. Der Begriff Strategie wird in der Entscheidungstheorie definiert als
eine Regel zu einer auf einer getroffenen Beobachtung basierenden
Aktionsauswahl (18). Aus zwei möglichen Aktionen und zwei möglichen Beobachtungen ergeben sich vier Strategien. Eine solche Strategie für eine unerwartet gefundene Hypouricämie wurde in Abbildung 5 entworfen. Wird eine signifikante Hypouricämie festgestellt, wird vom Labor die Frage nach der häufigsten Ursache auf
dem Befundzettel gestellt. Scheiden medikamentöse Senkung der
Harnsäurekonzentration sowie Mangelernährung und schwere Lebererkrankung aus, sollte vom Arzt eine Bestätigungsanalyse veranlaßt
werden. Wird eine Hypouricämie bestätigt, wird vorgeschlagen,
den Harnsäure/Creatinin-Quotienten im 24-Stunden-Urin bestimmen
zu lassen, dessen Ergebnis weitere differentialdiagnostische
Maßnahmen initiieren kann. Diese Strategie sollte gemeinsam vom
anfordernden Arzt und dem Zentrallaboratorium verfolgt werden.
Steht dem letzteren eine flexible EDV mit entsprechenden Kapa-
zitäten zur Verfügung, sollte diese so viele Hilfestellungen
als möglich liefern und auch Folgeuntersuchungen bereits im Laboratorium initiieren. Das gezeigte Beispiel einer diagnostischen Strategie geht bewußt nur von einem Parameter aus. Steht
zur Beurteilung ein Profil zur Verfügung, wird das Schema zwangs-
läufig wesentlich komplizierter.

Eine einfache Verknüpfung von Parametern wird schon lange mit
Hilfe von Quotientenbildung empfohlen (Tabelle 8). In der Praxis
finden diese Quotienten trotz ihres anerkannten Nutzens keine
breite Anwendung. Der reine Zahlenwert nutzt vielen Ärzten, die
sich nicht auf dem entsprechenden Gebiet spezialisiert haben,
wenig, solange nicht eine Interpretation zu dem Befund mitgelie-
fert wird. Im Rahmen einer EDV-unterstützten Strategie dürften
daher diese Quotienten von pragmatischem Nutzen sein.

Ein häufig angewandtes probabilistisches Verfahren ist die Diskriminanzanalyse. FRASER und HEALY (19) haben aus den Daten
einer Fünffachanalyse 2 diskriminante Funktionen entwickelt, mit
deren Hilfe 4 Gruppen zur Deutung einer Hypercalcämie unterschieden werden können (Abb. 6).

Beim derzeitigen Mangel an standardisierten Krankheitsbegriffen
und Symptomen sowie an großen Datenpools erscheint es am zweck-
mäßigsten, pragmatisch vorzugehen und diagnostische Strategien
zu entwickeln, bei denen sowohl deterministische, wie z.B. Entscheidungsbäume, als auch probabilistische Verfahren kombiniert
werden. Danach müßte der Nutzen von ungezielten Mehrfachanalysen
nochmals untersucht werden, bevor eine endgültige Entscheidung
gefällt werden kann. Ich glaube, daß es eine dringende Aufgabe
ist, solche diagnostischen Strategien in Zusammenarbeit von Kli-

Tabelle 7. Liste von "next logical steps" bei verschiedenen Diagnosen. ANDERSON et al. (17)

Category	% Correct[a]	Next Logical Test
Acromegaly	66	Somatotropin
Acute hepatitis	83	Hepatitis-associated antigen, SGPT
Acute and chronic inflammation	66	Fibrinogen; fibrin split products, if low
Adrenal insufficiency	44	Serum cortisol
Carcinoma	60	Fibrinogen; fibrin split products, if low
Cushing's disease	50	Serum cortisol
Degenerative vascular disease	70	Lipoprotein electrophoresis
Diabetic acidosis	100	Serum osmolality
Diabetes mellitus	90	Serum osmolality, β-hydroxybutyrate
Hyperparathyroidism	70	Run atomic absorption for calcium as confirmation
Hyperlipoproteinemia	100	Lipoprotein electrophoresis
Hyperthyroidism	100	Thyroid-stimulating hormone, antithyroid antibodies
Hypothyroidism	44	CPK and isoenzymes, TSH, antithyroid antibodies
Infectious mononucleosis	36	Serologic testing, e.g., Monospot
Leukemia	100	Muramidase
Lymphoma	33	Lactic dehydrogenase isoenzymes
Malabsorption/malnutrition	50	B_{12}, folate, prothrombin time
Metastatic tumor in bone	79	Alkaline phosphatase isoenzymes
Metastatic tumor in liver	73	5'-nucleotidase, γ-glutamyl transpeptidase
Multiple myeloma	58	Protein electrophoresis and immunoelectrophoresis
Myocardial infarction	50	CPK and isoenzymes
Obstruction of common bile duct	100	Direct bilirubin
Pancreatitis	50	Amylase, lipase
Paget's disease	81	Alkaline phosphatase isoenzymes
Pernicious anemia	64	B_{12}, folate, haptoglobin
Prerenal azotemia	100	Creatinine
Pseudohypoparathyroidism	100	Parathormone
Renal insufficiency	100	Creatinine
Tissue necrosis	80	Fibrinogen; fibrin split products, if low

[a]Based on data from all three patient categories.

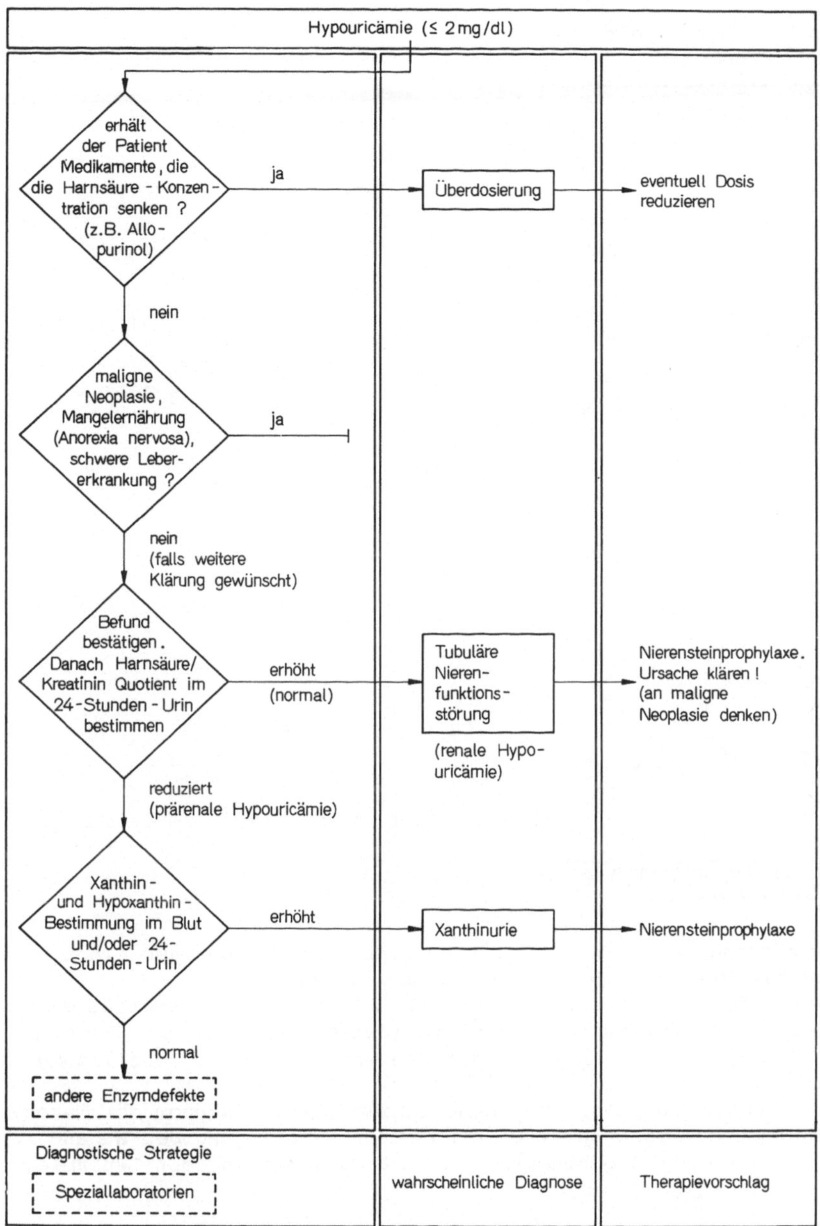

Abb. 5. Diagnostische Strategie zur Abklärung einer Hypouricämie

nikern, Klinischen Chemikern, Bio-Mathematikern und Datenverarbeitungsfachleuten zu entwickeln. Ohne solche Strategien und ohne Optimierung der diagnostischen Zuverlässigkeitskriterien kann der mögliche Nutzen von ungezielten Mehrfachanalysen kaum realisiert werden.

Tabelle 8. Beispiele für abgeleitete
Größen bei Mehrfachanalysen

---

1. Enzymaktivitäts-Quotienten
1.1 GOT/GPT
1.2 CK/GOT
1.3 (GOT + GPT)/GLDH
1.4 γ-GT/GOT
1.5 CK-MB/CK (%)

2. Elektrolyte
2.1 Gamble-Diagramm
2.2 Chlorid/Phosphat

3. Harnstoff/Kreatinin-Quotient

4. Triglyceride/Cholesterin-Quotient

5. Protein/Albumin-Quotient

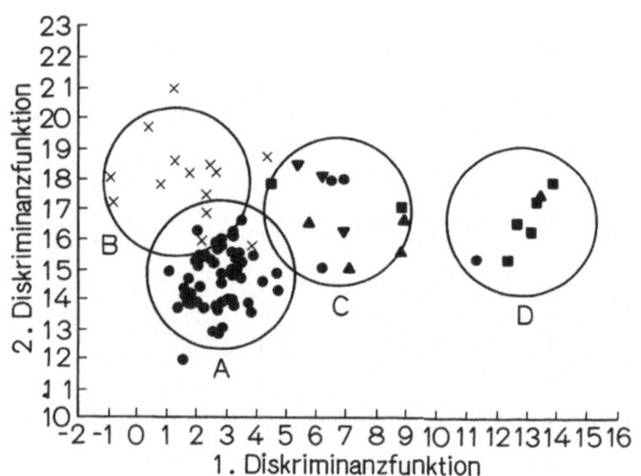

Abb. 6. Differenzierung von verschiedenen Hypocalcämie-Gruppen aus einer
Fünffach-Analyse mit Hilfe der Diskriminanzanalyse. Aus (17).
(A) Hyperparathyreoidismus mit normaler und (B) mit erhöhter Aktivität der
alkalischen Phosphatase, (C) Erkrankungen mit geringem Anstieg und (D) mit
starkem Anstieg der Harnstoff- und Phosphat-Konzentration ohne Beteiligung
der Nebenschilddrüse.
Symbole: · Adenom oder Hyperplasie der Nebenschilddrüse, x Adenom der Nebenschilddrüse und Knochenerkrankung, ▼ Carcinom ohne Beteiligung der Nebenschilddrüse, ■ Carcinom mit Knochenmetastasen, ▲ Myelomatose oder Leukämie,
o Sarcoidose.

Literatur

1. GROSS R (1969) Medizinische Diagnostik, Grundlagen und Praxis.
    Springer Verlag, Berlin
2. GALEN RS (1979) in: Proceedings of the First Arnold O. Beck-
    man-Conference in Clinical Chemistry (ed. DS YOUNG et al.),
    69-105

3. HARM K, VOIGT KD, REHPENNING W, DOMESLE A (1978) Investiga-
   tions concerning the frequency of falsely positive values in
   biochemical profiling. 4 Colloque International "Biologie
   Prospective", Pont-à-Mousson, 2-7 Octobre
4. HAECKEL R (1979) Dt Ärzteblatt 76:713-720
5. WILSON JMG, JUNGNER G (1968) Prinziples and Practice of
   Screening for disease. World Health Organization, Genf
6. GALTON F (1886) J Anthrop Inst 15:246-263
7. GARDNER MJ, HEADY JA (1973) J Chron Dis 26:781-795
8. SCHNEIDERMAN LJ, DESALVO DSL, BAYLOR S, WOLF PL (1972) Arch
   Intern Med 129:88-90
9. WHITEHEAD DP, WOOTTON IDP (1974) Lancet II/1439-1443
10. SCHEINOK PA, RINALDO JA (1967) Comput Biomed Res 1:221-236
11. DE DOMBAL FT, HORROCKS JC, STANILAND JR, GUILLON   (1972)
    Meth Inform Med 11:32-37
12. KOLLER S (1967) Klin Wschr 45:1065-1072
13. VICTOR N (1973) Meth Inform Med 12:238-244
14. BUTTON KF, GAMBINO RS (1973) Comput Biol Med 3:131-136
15. REECE RL, HOBBIE RK (1972) Am J Clin Path 57:664-675
16. CROFT DJ (1972) Comput Biomed Res 5:351-367
17. ANDERSON CT, CEMBROWSKI GS, TOREN EC (1976) Amer J Clin
    Path 65:234-242
18. JACOBS JF, DAVIS RF, DAKERMAN S (1972) J Ass Adv Med Instrum
    6:37-42
19. FRASER P, HEALY M (1971) Lancet I:1314-1319

Diskussion

LAUE:
Seit 10 Jahren diskutieren wir nun das Problem der diskriminierten und indiskriminierten Analyse. Seitdem die Apparate da sind,
ist dieses Problem auf dem Tisch, und wir werden damit nicht
fertig. Meine provokative Frage ist: Im Grunde genommen ist auch
das Erheben der Anamnese und des körperlichen Befundes immer
eine indiskriminierte Untersuchung gewesen, die vom Kopf bis zu
den Füßen alle Organe einschließt. Wie kommt es nun, daß dort
die indiskriminierte Analyse gar nicht diskutiert wird und hier
wird sie in Frage gestellt?

GROSS:
Das war eine sehr intelligente Frage, Herr LAUE, die für den
Kliniker schwierig zu beantworten ist. Anamnese und Befunderhe-
bung sind keineswegs rein indiskriminiert, sondern es ist eine
Mischung von indiskriminiert und diskriminiert. Wenn Sie den
Patienten etwa fragen: "Was essen Sie pro Tag? Wie schlafen
Sie?", dann ist das eine indiskriminierte Anamnese. Die Frage
"Was haben Sie für Beschwerden?" - und so fangen wir gewöhnlich
an - führt bereits in bestimmte Richtungen. Wenn der Patient
beispielsweise sagt: "Ich habe jeden Abend Ödeme", dann werden
Sie sich um die Unterschenkel ganz anders kümmern in Bezug auf
etwaige latente Thrombosen, als wenn er sagt: "Ich habe am Bein
überhaupt keine Beschwerden." Insofern ist auch die Anamnese und
die klinische Untersuchung eine Mischung von diskriminierten und
indiskriminierten Befunden. Der Unterschied liegt lediglich darin, daß Sie mit den Labordaten harte Daten liefern, während wir
mit den klinischen Daten weiche Daten liefern.

SIEGENTHALER:
Herrn LAUE möchte ich sagen, es gibt natürlich noch viele harte
Daten: z.B. Echokardiographie, Angiographie, etc. Wenn Sie in
der Klinik alle harten Daten auskosten wollen, werden Sie überhaupt nicht mehr mit der Untersuchung fertig. Man muß in allen
Sektoren die Daten anvisieren, die zu dem jeweiligen Zustands-
bild etwas bringen.

DENGLER:
Direkt zu Herrn LAUE: Ich gebe Ihnen recht, daß die klinische
Untersuchung etwas Ähnliches ist wie "Indiskriminiertes mit Auf-
merksamkeitszuwendungen", wie Herr GROSS gesagt hat. Aber unter-
stellen wir, sie ist indiskriminiert. Es ist heute nach meiner
Erfahrung bereits eine enorme Seltenheit, und das spricht für
Ihre These, daß Sie z.B. vergrößerte Lymphknoten finden, die der
Patient nicht schon kennt. Das Erlebnis, bei der Untersuchung
etwas entdeckt zu haben, von dem der Patient gar nichts weiß,

ist so selten, daß Sie mit Ihrer Frage der indiskriminierten
Analyse zweifellos recht haben. Aber Sie müssen es noch tun,
denn irgendwann hat jemand wirklich etwas nicht entdeckt.

GROSS:
Ich glaube, wir sollten die Diskussion dadurch vereinfachen, daß
wir uns völlig einig werden über das, was wir unter diskriminiert
und indiskriminiert verstehen. Ich darf das Beispiel von Herrn
GUDER aufgreifen, daß z.B. der Anaesthesist bestimmte Parameter
braucht, um seine Narkose durchzuführen. Er bestellt sehr klar,
was ihm aufgrund seiner Kenntnisse von Narkosezwischenfällen
usw. bekannt ist (z.B. Pseudocholinesterase und Elektrolytpro-
gramm), das sind diskriminierte Daten. Zu einem Basisprogramm
zählen eine Anzahl von klinisch-chemischen Basisdaten, die bei
jedem Patienten erhoben werden müssen. Darüber hinaus habe ich
dann entweder aufgrund meiner differentialdiagnostischen Erwägungen bestimmte Richtungen weiter zu verfolgen; das sind diskriminierte Untersuchungen. Habe ich aufgrund dieser Kenngrößen,
die sowohl anamnestisch-klinischer wie auch klinisch-chemischer
Natur sein können, keine Vorstellung, was dem Patienten fehlen
könnte, dann mache ich einen breiten Fächer indiskriminierter
Untersuchungen.

EGGSTEIN:
So ist es! Wir machen doch längst einen Kompromiß und kombinie-
ren diskriminierte und indiskriminierte Analytik. Und Herr SIE-
GENTHALTER, Sie machen es auch. Herr HAECKEL, wenn Sie sagen,
ungezielte Analysen werden z.B. in der Präventivmedizin gemacht
oder werden zur diagnostischen Rationalisierung gemacht, dann
sind die Untersuchungen eben schon diskriminiert und gezielt.
Gezielt im Hinblick auf die Fragestellung Präventivmedizin oder
rationelle Diagnostik. Analysen, bei denen man einfach Blut oben
reinschüttet und meldet, was unten rauskommt, darf es einfach
nicht geben. Die Sache muß präzisiert werden und sie wird es
auch: Vor einem Jahre habe ich eine Umfrage gemacht. Damals sind
17 SMAC in Deutschland gestanden. 15 davon waren in Praxisgemein-
schaften oder in irgendwelchen LVA-Einrichtungen installiert.
Nur zwei Universitätskliniken hatten einen SMAC!

Zum Zweiten: Man kann sagen, eine Multianalyse ist deshalb gezielt, weil die Zielsetzung aus dem Laborbereich stammt. Herr
HAECKEL, warum legen Sie nicht Wert auf redundante Größen, die
intralaboratoriell, das, was Herr KELLER als Fehlermöglichkeit
aufgezeigt hat, schon erkennen lassen? Dann sind Ihre Laborwerte
nicht mehr den unberechtigten Zweifeln der jüngsten Assistenten
ausgesetzt. Ob Sie diese Werte dann weitergeben, ist eine andere
Sache.

Sie können die Vielfachanalysen auch unter klinisch-diagnosti-
schem Aspekt verwerten und nach der klinischen Wertigkeit fragen. Eine Wertekombination bringt mehr als nur die einzelnen
parallel ermittelten Daten, auch wenn diese Wertekombinationen
erst sinnvoll ausgeschöpft werden, wenn eine multivariate Behandlung dieser Werte erfolgt.

HAECKEL:
Ich möchte nur zu zwei Punkten ein Statement abgeben: Ich habe
den Nutzen, den wir aus Redundanz und eventuell sogar irrelevan-
ten Daten ziehen, lediglich auf einem Dia erwähnt, wo ich die
Nutzen der Mehrfachanalyse aufgezeigt habe. Ich habe diesen
Punkt deswegen nicht stärker in den Vordergrund gestellt, weil
dieser Nutzen nirgends objektiv nachgewiesen wurde. Es klingt
plausibel, was Sie sagen, und ich bin auch völlig Ihrer Meinung,
aber ich konnte keine publizierten Daten zeigen. Bei der Defini-
tionsfrage bin ich nicht ganz Ihrer Meinung. Man sollte das
Basisprogramm, z.B. 20 Tests, nicht als gezielt bezeichnen, auch
wenn sich gezielte einzelne Fragestellungen dahinter verbergen.
Wahrscheinlich können wir in der Klinik, zumindest in den nächsten 10 Jahren, nicht für jeden Bereich gezielte Profile anbieten, sondern wir werden mit einem großen Profil, und vielleicht
einigen kleineren Profilen arbeiten müssen. Herr GROSS unterscheidet drei Ebenen: einmal selektiv oder diskriminiert, dann
hat er Gruppen, die ich als gezieltes Profil bezeichnen möchte,
und schließlich das Basisprogramm, das indiskriminierte Profil.
Man wird in der Klinik nicht mehrere, sondern nur ein indiskriminiertes Programm fahren können, und wird mit diesem mehrere
Gruppen bedienen müssen. Dabei kommen viele Fragestellungen zusammen. Weil diese diffus sind, sollte man, um abzugrenzen, von
ungezielt sprechen.

BÜTTNER:
Wir brauchen ein gewisses Maß an redundanten Daten zur Sicherung.
Die Frage ist: Wieviel Redundanz? Das Maximum an Redundanz können wir uns sicherlich nicht leisten. Man muß also herausfinden,
wo das Optimum liegt. Es ist eine sehr schwierige Frage, und
noch haben wir, meines Erachtens, zu wenig Erfahrung auf diesem
Gebiet. Ganz simpel kann man es an einzelnen, konkreten Beispielen überprüfen. Wenn ich Harnstoff und Kreatinin gleichzeitig
bestimme, kann ich das mit Methoden, wie Herr EGGSTEIN gezeigt
hat, gegeneinander checken, und habe damit eine Überprüfungsmög-
lichkeit im Labor. Da ist diese Redundanz bis zu einem gewissen
Sinn sinnvoll und so müßte man das im Grunde genommen überall
prüfen. Ich weiß, Ihr Standpunkt ist: viel Redundanz. Auf der
anderen Seite kostet das Geld und beschwört die Gefahr der Informationskrise noch mehr.

KNEDEL:
Ich möchte dazu ganz grundsätzlich etwas sagen: Wodurch ist dieses indiskriminierte Verfahren überhaupt ausgelöst worden? Es
ist durch die Technologie, die uns vorgegeben wurde, eingeführt
worden. Die Industrie hat es möglich gemacht, Kanal auf Kanal
zu summieren. Worauf es ankommt, ist doch etwas völlig anderes:
Ob indiskriminiert oder diskriminiert ist keine Frage der Dik-
tion. Eine indiskriminierte Anforderung hat für mich nur Gültigkeit, wenn sie sich aus einer Zahl von gezielt diskriminierten
ärztlich notwendigen Einzelanforderungen zusammensetzt. Und dies
kann zwischen wenigen Parametern und vielen Parametern variieren;
ich akzeptiere, wenn für jeden einzelnen eine Überlegung und
eine Kausalität gegeben ist. Und danach müssen wir uns in unseren ganzen Verfahren richten. Wir müssen korrekt durchführbare
Methoden zu einem gezielten ärztlich fundierten Programm zusam-

menfassen und müssen die Verarbeitung technisch lösen. Herr
GROSS, Sie haben gesagt: "Gut, die Daten fallen an." Nun muß
ich hier darauf hinweisen, daß große Datenmengen nur exakt genutzt werden können, wenn diese Durchsatzdaten in EDV-Systemen
beherrscht werden können. Es gibt heute weltweit kein geeignetes, käufliches Prozessorsystem, das mit einem validen Programm
arbeitet und mehr als 10 000 Meßdaten während eines Arbeitstages
durchsetzen kann. Außerdem: die Datenreduktion kostet Geld, die
Datenpräsentation, die Datenhaltung, die Langzeitspeicherung
kostet enorme Mengen Geld. Auch das müssen Sie in die Kosten-
Analyse mit einbringen. Man muß von technologischer Seite ein
suffizientes System aufbauen und dieses auf die ärztlichen Er-
fordernisse abstellen, dabei aber alle Voraussetzungen äußerst
kritisch abwägen.

DELBRÜCK:
Ist es richtig verstanden, daß aus der Sicht des Klinikers nicht
nur die gezielt angeforderte Einzelanalyse als diskriminiertes
Untersuchungsverfahren verstanden wird, sondern vielmehr auch
eine, auf eine bestimmte diagnostische Fragestellung hin ausge-
richtete Mehrfachanalyse? Wenn dies der Fall ist, ergeben sich
zwei wesentliche Konsequenzen:

Eine gezielte Mehrfachanalyse bedeutet für die Klinik einen
höheren diagnostischen Informationswert, erfordert aber auch
eine sehr differenzierte Indikationsstellung für die jeweilig
adäquaten Analysenspektren. Auf der Laboratoriumsseite tritt
die Forderung nach einer größeren Flexibilität von Vielfachana-
lysatoren in den Vordergrund, die die Erarbeitung spezieller,
also diskriminierter und nicht indiskriminierter Befundmuster
erlauben. Wenn es gelingt, die ökonomischen Vorteile der Mehrfachanalyse zu erhalten und gleichzeitig die Geräte so auszu-
statten, daß sie wahlweise ein kleines, ein mittleres und ein
großes, für den individuellen Fall vom Arzt angegebenes Analy-
senspektrum auszuführen erlauben, wird nicht nur die Effizienz
größer, sondern ein wesentlicher Schritt zum Abbau redundanter
Information getan. Der klassische Vielfachanalysator mit fest
gekoppeltem Standardanalysenprogramm kann diesen Anforderungen
nicht entsprechen. Sowohl in der Entwicklung von neuen Analysen-
geräten wie in der Entwicklung der Laboratoriumsstrukturen muß
darauf hingearbeitet werden, daß mit kleineren Geräten flexibel
auf die ärztlichen Anforderungen mit vielfältigen Befundmustern
geantwortet werden kann. Ein Laboratorium sollte von sich aus
keine indiskriminierten Mehrfachanalysen mehr anbieten und schon
gar nicht durch Unterdrückung vorher unnötig produzierter Analy-
senergebnisse eine Datenreduktion herbeiführen.

GUDER:
Ich glaube, daß das indiskriminierte Untersuchen in der Klinik
historische Gründe hat, und daß das indiskriminierte Untersuchen
im Labor solchen Widerspruch hervorruft, weil es relativ neu ist.
Die klinische Untersuchung wird in ihrem Kostenwert ja nie geschätzt, während wir extremen Kostenforderungen gegenüberstehen.
Und ich glaube, wenn man das kritisch gegenüberstellen will, wegen der Schnelligkeit und der relativen Preiswürdigkeit einer
indiskriminierten Analyse, würde die indiskriminierte Analyse

besser wegkommen als die intensive klinische Untersuchung, zumindest bei internistischen Krankheiten, die durch Laborparameter erkennbar sind.

Dann wollte ich noch eine Anmerkung machen: Wir stehen einer
immer größer werdenden Zahl von Forderungen mit juristischem
Hintergrund gegenüber der indiskriminierten Analyse, z.B. von
seiten der Anaesthesie. Sie müssen einfach nachweisen, daß diese
und jene Werte im Normbereich liegen, damit sie den Patienten
zur Operation freigeben. Ich würde gerne die Meinung eines Internisten zu diesem Problem hören.

HAECKEL:
Wenn Sie so argumentieren, unterstellen Sie, daß das Screening
von vornherein etwas Sinnvolles ist, und es sich nur noch um
eine Kostenfrage handelt. Das ist aber heute nicht beweisbar.

GUDER:
Ich bin ganz Ihrer Meinung. Ich wollte nur das Kostenargument
noch einmal in die Debatte werfen, weil ich glaube, daß Herrn
SIEGENTHALERS Gründe, das Screening abzulehnen, keine Kostengrün-
de sind.

SIEGENTHALER:
Sie haben recht, es ist nicht *allein* der Grund, es ist *mit* ein
Grund, den ich mit in die Waagschale hineinwerfen möchte. Aber
ich muß sagen, es gibt so unendlich viele Krankheitsbilder in
der Klinik, wo wir indiskriminierte Untersuchungen gar nicht
brauchen. Wenn ein Patient mit einem Erysipel zu Ihnen kommt,
dann braucht er gar nicht die ganze Palette. Wenn ein Patient
mit einer Pneumonie zu Ihnen kommt, dann braucht er diese Palette auch nicht. Es gibt Dutzende von Krankheitsbildern, wo das
völlig unnötig ist. Wenn Sie anfangen, die Ärzte so zu program-
mieren, dann werden einfach alle Untersuchungen gemacht, die wir
heute gar nicht mehr verkraften können. Es muß - da bin ich sehr
froh, daß Herr HAECKEL das doch recht kritisch gesehen hat - eine
klinische Relevanz bestehen, und es müssen Konsequenzen daraus
resultieren.

GLADTKE:
Ich wollte auf etwas hinweisen, was möglicherweise vergessen
worden ist: Modellfall des gezielten Screening auf angeborene
Stoffwechselkrankheiten beim Neugeborenen ist die Phenylketon-
urie. Wir haben jetzt mehrere Stoffwechselkrankheiten, die wir
aus dem Blutstropfen beim Neugeborenen finden. Die Kosten-Nutzen-
Relation bei Krankheiten, die zwischen 1 : 500 000 und 1 : 30 000
vorkommen, hat klar gezeigt, daß es sich lohnt, und wir möchten
es als Pädiater nicht mehr missen. Das ist hier nicht angesprochen worden. Wir wissen, daß es sinnvoll ist.

OTTO:
Also Indikation hin, Indikation her. Aber das Ökonomische ist
doch nicht unser primäres Problem. Wenn die indiskriminierte Analyse so gut wie keine Arbeit und so gut wie keine Kosten machen
würde, würden wir dann nicht doch als Kliniker ganz zufrieden
sein, wenn wir mehr Daten hätten? Das typische Beispiel ist eigentlich der Coulter-Counter. Seitdem wir aus dem Counter routine-

mäßig Werte errechnet bekommen, die wir nicht angefordert haben
(MCV, MCHC, Hb$_E$), sind wir doch als Kliniker ganz zufrieden, daß
wir sie dauernd auf der Kurve haben und bauen sie auch durchaus
in die Gedankengänge ein.

SIEGENTHALER:
Dazu muß ich sagen: Wenn Sie mit Hämoglobin und Erythrocyten
allein nicht auskommen, machen Sie noch ein paar Nachuntersuchun-
gen, aber das kommt unter tausenden von Fällen einmal vor.

LANG:
Es sollte nach meiner Meinung ein weiterer Gesichtspunkt diskutiert werden, nämlich das Problem der Basiswerte: Ist es sinnvoll, durch eine primäre indiskriminierte Analyse Basiswerte zu
schaffen, um eine spätere longitudinale Beurteilung zu ermöglichen?

WERNER:
Die Frage ist: Schafft Multiphasic Screening, abgesehen von anderen Nutzen, Basiswerte für die Beurteilung des klinischen Verlaufes? Wir wissen ja, daß ein Großteil der Labordaten für die
Behandlungen verwendet werden, und nicht für die Diagnostik.

FREI:
Die Longitudinalanalyse ist theoretisch natürlich sehr interessant; aber es gibt mehrere praktische Einwände. Wir wissen, daß
die Methoden mit der Zeit verbessert werden, vor allem bei den
Enzymen, daß sich die Referenzwerte verändern und aus diesem
Grunde die gemessenen Daten dann über einen längeren Zeitraum
nicht mehr vergleichbar sind.

LANG:
Ich meinte nicht lebenslange Longitudinaldaten, sondern nur die
für einen mehrwöchigen Krankenhausaufenthalt, um eine bessere
Verlaufs- oder Therapiekontrolle zu ermöglichen. Die Sammlung
von Individualdaten über einen längeren Zeitraum ist wünschenswert, aber sicher heute noch nicht realisierbar.

EGGSTEIN:
Longitudinalstudien, warum eigentlich nicht? Warum nicht den Mut
dazu? Warum muß es immer erst zum Aufschießen der Organverände-
rung kommen, bis wir Veränderungen bzw. eine Diagnose stellen?
Kann man nicht schon durch den Vergleich mit früheren Werten Veränderungen, Tendenzen feststellen und Vermutungsdiagnosen verfolgen, deren frühe Bestätigung dem Patienten nutzt? Dann würde ich
an der grundsätzlichen Nützlichkeit von Longitudinalstudien, damit an vordergründig indifferenzierten Labordaten, keine Zweifel
anmelden!

Frau SCHMIDT:
Unter Bezug auf die Longitudinalbetrachtungen, also den Rück-
griff auf frühere Befunde, aber ebenso im Hinblick auf die Arbeit der Anaesthesisten und anderer Kollegen, die ad hoc-Ent-
scheidungen fällen müssen, möchte ich fragen: Warum wird angenommen, daß ein qualitativer Unterschied zwischen einem unerwarteten pathologischen und einem vielleicht ebenso unerwarteten
normalen Befund besteht?

236

Wenn angestrebt wird, nur die pathologischen Befunde an die Stationen durchzugeben, ist dann der Arzt darüber informiert, daß andere Befunde - vielleicht überraschenderweise - normal waren? Beide Ergebnisse - normal oder pathologisch - können die Diagnosefindung oder Verlaufsbeurteilung wesentlich beeinflussen - ein Hinweis für die Vorteile des (in vernünftigen Grenzen) indiskriminierten Screenings.

GROSS:
Die Frage ist völlig berechtigt, und der Einwand ist völlig richtig. Wir müssen bei normalen Befunden nur unterscheiden nach ihrer Ausschlußkraft. Hat der Patient z.B. ein normales Natrium, was im allgemeinen der Fall ist, würde ich dies nicht speziell bewerten und dem betreffenden Arzt zur Kenntnis geben; es ist nicht unerwartet. Dagegen kann ein anderer Normalbefund eine hohe Aufschlußkraft haben, er kann einen ganzen Sektor von Differentialdiagnosen ausschließen. Insofern hat der Normalbefund durchaus, wie Sie ganz richtig sagen, das gleiche Gewicht wie der unerwartete pathologische Befund. Nur hat er eine andere Dignität. Es gibt eine generelle Regel der Logik, die sich sehr gut hier anwenden läßt: Der Befund ist umso wertvoller, je weniger er erwartet wurde. Das heißt mit anderen Worten, der unerwartete Befund, wenn er ungewöhnlich ist, ist von großem Wert, im anderen Fall ist es Redundanz.

HAECKEL:
Ich bin auch der Meinung, daß jeder erhobene Befund auch der Station durchgegeben werden sollte. Was Sie machen, ist praktisch eine Form der Datenreduktion. Sie sagen, das sind normale, die braucht er sowieso nicht. Andernfalls weiß der Kliniker ohnehin bald, daß alle Befunde, die er nicht bekommen hat, automatisch normal sind. Insofern ist das nur eine Vorstufe einer Datenreduktion, die später durch andere Tests, z.B. Diskriminanzanalysen usw., ersetzt werden sollte. Ich bin deswegen der Meinung, daß man sie auf Station geben sollte, um sie in den Computer zu bekommen. "Unterdrückte" Werte können nicht in die Krankenakte übernommen werden und sind somit für Longitudinal-Betrachtungen oder andere statistische Auswertungen verloren. Daher stimme ich Frau SCHMIDT voll zu.

GROSS:
Das streben wir ja auch an, das habe ich klar gesagt.

OETTE:
Herr HAECKEL, habe ich Sie richtig verstanden, daß Sie alle Daten auf Station geben wollen? Ich glaube, das ist sicher unpraktikabel. Wir Klinischen Chemiker sollten wissen, ob etwas aus diagnostischen Gründen oder aus Verlaufskontrollgründen angefordert wird. Wenn Sie bei einer Verlaufskontrolle die ganze Palette immer wieder auf Station fließen lassen, würden Sie vor lauter Daten überhaupt nichts mehr sehen. Das ist sicher nicht richtig. Bei unseren Auswertungen beziehen sich 90% aller klinisch-chemischen Untersuchungen nur auf 20 Parameter. Wenn man die hämatologischen und Gerinnungsuntersuchungen dazuzieht, sind es nur 30 Parameter und 90%. Interessant ist ferner die Auslastung eines Multikanalsystems, die in der Universitätsklinik sicher

ganz anders ist als in der freien Praxis. Bei uns ist die Auslastung ungefähr 40%; die laborinternen Kosten sind gesunken.
Man muß allerdings dazu anfügen, daß wir mit den Ersatzsystemen
etwas schlechter als in der freien Praxis dran sind; dadurch
wird es etwas teurer.

HAECKEL:
Selbstverständlich bin ich Ihrer Meinung, daß man bei Verlaufskontrollen keine 20 Parameter auf Station liefern sollte, aber
das Basis-Screening-Programm ist ja nicht zum Verlauf gedacht
und dort eigentlich nicht indiziert.

RÓKA:
Es geht ja darum, wie die klinisch-chemischen Daten verwertet
werden, einmal vom Labor, dann vom Kliniker und schließlich auch
für den Patienten. Ich glaube, daß das Labor unbedingt seine
eigenen Daten selber verwalten muß, und es muß entscheiden, welche Daten es für welchen Zweck verwendet: Insbesondere für Plau-
sibilitäts- und Trendanalysen, für den Versuch einzuordnen, zu
verdichten, als Pattern oder als Cluster. Es ist meiner Ansicht
nach selbstverständlich, daß die Daten, die den Kliniker erreichen, vom Kliniker nochmal selektioniert werden müssen, und er
muß die Daten, mit denen er etwas anfangen kann, mit den vielen
übrigen harten und weichen Daten, die er sonst noch bekommt, zusammenfügen. Hier aber eine Bitte an die Kliniker, die wir im
Laufe des Symposiums schon öfter ausgesprochen haben: meiner Ansicht nach brauchen wir im Labor, um die Daten für den Patienten
wirklich optimal zuzubereiten und für Sie verfügbar zu halten,
ein Feedback, aus dem wir erfahren, mit welchen Werten macht der
Kliniker etwas, und mit welchen Werten kann er nichts machen?
Ich glaube, das wäre für uns ganz wichtig, um gewissermaßen unsere Datenverwaltung immer zu optimieren. Schließlich ist für
den Patienten selbst die Frage, die Herr LANG schon gestellt hat,
zu beantworten: Wie weit kann man für den Patienten aus diesen
Daten so etwas wie Basalwerte herausarbeiten, die dann für den
Verlauf seiner Krankheit bzw. für eine bestimmte Zeit verfügbar
sind. Gibt es denn schon irgendwelche Erfahrungen über die Benutzung solcher Daten als Basiswerte für weitere Verlaufskontrollen?

WERNER:
Mir ist keine spezifische Studie bekannt, die diese Frage klärt;
sie sollte offensichtlich gemacht werden.

KELLER:
Wissen Sie, was "normal" ist? Ich weiß es nicht. Ein einziges
Beispiel: Ein junger Mann mit einem Kreatinin zwischen 0.5 und
0.6 mg/dl spendet eine Niere für seinen kranken Bruder. Nachher
hat er zwischen 0.9 und 1.0. Dieser Wert ist in Ihrem Sinne
"normal", er ist doch zweifellos schlechter als der vorherige,
und man weiß auch, warum er schlechter ist. Wenn Sie aber einen
Mann mit einem Kreatinin zwischen 0.5 und 0.6 beobachten, das
auf 0.8, 0.9, 1.0 ansteigt, d.h. mit einer steigenden Tendenz,
dann würden Sie das als Warnzeichen nehmen, auch wenn es noch
im sogenannten "Normalbereich" liegt. Ich glaube, daß die Trend-
beobachtung, d.h. die Longitudinalbeobachtung, sehr wichtig ist.

Die sogenannten Normalbereiche sind ein ganz grobes Raster, das
zur Früherkennung und zur Diagnose eben noch nicht geeignet ist.

GROSS:
Die Frage von Herrn KELLER läßt sich mit drei Sätzen beantworten: Bei Antwort 1 können wir auf eine frühere Arbeit über das,
was normal ist, verweisen. Zweitens habe ich schon seit 15 Jahren postuliert, daß es die Trennung "normal-nicht normal" nicht
geben darf; wir müssen sagen: wahrscheinlich normal, grenzwer-
tig (das betrifft vor allem die Fragen, die hier angesprochen
werden, das breite Screening) und schließlich mit großer Wahrscheinlichkeit pathologisch. Mehr können wir nicht sagen.

RICK:
Ich hätte vielleicht einen Kompromißvorschlag, nach dem man einen
Befund weglassen kann oder nicht. Das Kriterium "normal" oder
"im Normbereich", bzw. "Referenzbereich" hilft offenbar nicht;
es müßte also eine Fragestellung vom Kliniker an das klinisch-
chemische Labor kommen. Erfahrungsgemäß wird das Feld "Fragestellungen" im allgemeinen ziemlich lückenhaft ausgefüllt. Da
steht nach einer mehr oder weniger intensiven Untersuchung des
Patienten "z.B. Leber", "z.B. Niere" usw. Das ist nicht sehr
hilfreich für die geplante Datenreduktion. Ich möchte daher nochmal fragen, ob das von L. WEED vorgeschlagene problemorientierte
Krankenblatt nicht doch eine Hilfe sein könnte? Es könnte uns
sagen, welche Daten wir dem Kliniker geben sollen, auch wenn sie
normal sind, und welche wir wirklich weglassen können. Die Pro-
blemliste müßte nur vom Krankenblatt tatsächlich komplett in
unsere Überlegungen einfließen können.

WERNER:
Von meinem Standpunkt aus: Mehr Daten, auch klinische, sind besser. Ihre Bemerkung trifft sich mit derjenigen von Herrn GROSS,
daß wir statt von gezielten und ungezielten Untersuchungen mehr
von klinischen Profilen und Problemen sprechen sollten.

Ich möchte kurz zusammenfassen, was wir noch prüfen sollten.
Zwei Fragen stellen sich. Eine erste Frage ist: Hat Multiphasic
Screening einen Wert, indem es Basiswerte für Verlaufsanalysen
schafft? Eine zweite Frage ist: Wie können wir sicherstellen,
daß die Daten, welche aus dem analytischen Apparat herauskommen,
auch wirklich verwendet werden?

BÜTTNER:
Ich muß doch zu Ihrem Statement, Herr WERNER, bezüglich der Information der Daten etwas sagen. Wir sind in eine Informationskrise geraten, die dadurch entsteht, daß wir von Daten überflu-
tet werden. Wir können mehr Daten im Grunde nur dann gebrauchen,
wenn gleichzeitig die Möglichkeiten geboten werden, diese Daten
auszuwerten, zu reduzieren, multivariat zu behandeln usw. Alle
Dinge, die wir gestern besprochen hatten, müssen jetzt einfließen, sonst entstehen "Datenfriedhöfe", mit denen wir absolut
nichts anfangen können.

WERNER:
Ich bin mit Ihnen weitgehend einverstanden. In der Informationstheorie haben Sie einen großen wissenschaftlichen Beitrag gelei-
stet, indem Sie uns Methoden in die Hände gegeben haben, mit
denen man dieses Problem analysieren kann. Wir müssen diese
Methoden benützen, und wir werden sie benützen. Aber die andere
Seite der Sache ist, daß wir z.B. in Amerika heute davorstehen,
daß man uns versucht, das Laborvolumen zu rationieren.

F.W. SCHMIDT:
Das indiskriminierte Screening mit klinisch-chemischen Methoden
ist, wie Sie wissen, deswegen in Verruf geraten, weil nach verschiedenen Untersuchungen die "Datenflut" nicht zu greifbaren
Ergebnissen führte, wie z.B. zu einer Verkürzung der Krankenhaus-
liegezeit, einer Verlängerung der Überlebenszeit usw.

Es ist jedoch sehr zweifelhaft, ob diese Urteile gerechtfertigt
sind, da einerseits die beurteilten Parameter in der Regel in
Form der (für die Klinik keineswegs optimalen) Standardprogramme
von Analysenautomaten angeboten wurden, andererseits aber auch
die Ausbildung der meisten Kliniker für eine kritische, wie in-
tegrierende Beurteilung zahlreicher Laborparameter nicht ausreicht.

Letzteres spricht auch gegen ein ungerichtetes Anforderungsblatt
für klinisch-chemische Untersuchungen: M.E. wird damit nur die
Zahl der Anforderungen erhöht und damit der praktische Nutzef-
fekt der Untersuchungen verringert.

Sinnvoller erscheint es uns - wie es jetzt in Hannover begonnen
wurde -, klinisch-chemische Parameter, die für gezielte Fragestellungen relevant sind, in Gruppen bereits auf dem Anforderungsblatt zusammenzustellen.

Ihren Vorschlag - Herr RICK -, daß der Klinische Chemiker selbst
entscheiden sollte, welche Tests jeweils für bestimmte klinische
Fragestellungen relevant sind oder sein können, halte ich für
ebenso idealistisch wie die Annahme, daß in der Regel der Ausbil-
dungsstand des Klinikers ausreicht, die Möglichkeiten der Klinischen Chemie gut zu nutzen.

Ich bin der Meinung, daß das Spektrum der Laborleistungen in auf
bestimmte Fragestellungen bezogenen Gruppen angeboten werden
sollte - was natürlich nicht ausschließt, daß darüber hinausge-
hende Vorschläge erfahrener Klinischer Chemiker sicher dankbar
entgegengenommen werden.

RICK:
Ich möchte das Mißverständnis klären: Wenn Sie die 20 Daten auf
der Station nicht haben wollen, dann geben Sie uns Ihre Problem-
liste, dann streichen wir die Daten weg, die Sie wahrscheinlich
nicht interessieren. So viel medizinisches Verständnis könnten
Sie uns eigentlich noch zutrauen!

HAECKEL:
Ich hätte eine Frage an Herrn GROSS: Sie sagten, ein Vorteil,
oder ein Punkt für die indiskriminierte Anforderung, ist die
Zunahme von Nebendiagnosen, und hatten eine Studie zitiert, bei
der bis zu neun Nebendiagnosen gestellt wurden. Halten Sie es
als Kliniker denn für wünschenswert, daß die Zahl der Nebendiagnosen zunimmt?

GROSS:
Das ist eine schwierige Frage; ich würde einmal sagen, das ist
wünschenswert. Osteoporose ist z.B. eine sehr häufige Nebendia-
gnose bei älteren Menschen. Wenn ein Mann mit einem Ulcus duodeni in die Klinik kommt und ich gleichzeitig Veränderungen an
der Wirbelsäule feststelle, die behandlungsfähig sind, dann
wäre es doch unsinnig, auf diese Nebenbefunde zu verzichten.
Das ist der eine Gesichtspunkt, und der zweite ist, daß wir wechselseitige, gegenseitige Beeinflussungen dieser verschiedenen
Krankheiten oder Krankheitsgruppen oder Syndrome, oder wie Sie
es nennen wollen, im Einzelfall gar nicht übersehen. Es gibt
doch sicher eine positive und eine negative Syntropie, d.h. der
Verlauf kann sehr wesentlich durch solche Dinge zusätzlich beeinflußt werden und das ist für die Prognose, um jetzt ein Wort
von Herrn HARTMANN zu gebrauchen, von entscheidender Bedeutung.
Insofern sind mir sämtliche Nebendiagnosen erwünscht.

Von Herrn BÜTTNER wurde bereits angesprochen, daß sich eine Vielzahl von Daten nicht mehr univariat betrachten lassen kann. Wenn
Sie sie tatsächlich univariat betrachten würden, dann kann man
bei 20 Parametern unter Zugrundelegung einer 95%-Wahrscheinlich-
keit damit rechnen, daß etwa 80% der Patienten pathologische
Werte haben, obwohl sie - egal, wie man es definieren will - gesund oder normal sind. Betrachtet man es multivariat, sieht man
aus der Schilddrüsenstudie (nur T_3 und T_4 zweidimensional aufgetragen) keine Normalverteilung mehr. Statt einer Ellipse gibt
es eine "Kartoffel". Wenn man das dann drei- und mehr-dimensio-
nal anschaut, sieht es noch viel verwirrender aus; es gibt also
keine einfachen mathematischen Modelle mehr, die zur Lösung solcher Probleme führen.

LAUE:
Es ist natürlich fabelhaft, die ganzen Daten zu haben, und vor
allen Dingen auch im Hinblick auf die Longitudinalbeobachtungen
später zurückgreifen zu können. Das ist allerdings schwer vergleichbar, wenn es vor allem über Jahre hingeht, wie schon gesagt wurde. Außerdem ist die Datenverwaltung schwierig. Diese
Daten müssen ja auch, selbst wenn sie falsch-positiv sind, bear-
beitet werden. Daher mein Vorschlag: Es wäre viel besser, man
nimmt in regelmäßigen Abständen vom Patienten Blutproben ab, kon-
serviert sie und hat sie dann (da sind ja alle Daten drin) je-
derzeit zur Verfügung. Man kann gleichzeitig, also in der Serie,
bei viel besserer Präzision und Richtigkeit, unter viel besseren
Vergleichsbedingungen analysieren und kann dann sehen, hat sich
bei dem Patienten im Laufe der Zeit etwas verändert. Die technischen Möglichkeiten sind sicherlich zu schaffen, es wird so viel
investiert, im Rechner und Labor, das wären vergleichsweise
kleine Investitionen.

SIEGENTHALER:
Ich bin mit Herrn SCHMIDT bis zu einem gewissen Grade einverstanden, wenn er gezielt so vorgehen will, wie wir das gestern
z.B. für die Leber gesehen haben. Wenn wir aufgrund langfristi-
ger Konklusion dazu kommen, daß zwei oder drei Parameter dann
wirklich etwas bringen, dann könnte man sich ein solches Basisprogramm, wie Herr HAECKEL sich das vorstellt, zusammenstellen.
Das hat dann aber eine gewisse Grundlage und enthält nicht einfach 50 Daten, von denen kein Mensch weiß, wie er sie zusammensetzen soll. Aber ich darf Ihnen eine in der Schweizerischen
Rundschau der Medizin veröffentlichte Studie aus Basel zitieren:
"Bei 363 Patienten, bei denen die Kliniker die Laboruntersuchungen einzeln verordneten und zu deren Analyse sie ein Computerprogramm benutzten, konnte aufgrund der nicht angeforderten Laborwerte in 1.4% eine Diagnose gestellt werden, die nicht vermutet worden ist. In 79 Fällen dagegen, in 21.8%, lagen abnorme,
nicht angeforderte Laborwerte vor, die nicht erklärt werden konnten, und die der Kliniker, der ein Mehrfachprogramm benützt,
nicht überbewerten darf." Ich würde sagen, das ist ein sehr in-
teressantes Beispiel, das wir weiter verfolgen sollten.

GIBITZ:
Noch ein Wort zum Basisprogramm, wie es sich für interne Krankheitsfälle bewährt hat. Ein Argument dafür ist, daß man mit Einführung solcher Programme, am Beginn einer Durchuntersuchung,
die stationäre Aufenthaltsdauer des Patienten doch etwas verkür-
zen kann, in der Regel um ein bis zwei Tage. Das ist ein Gesichtspunkt, der aus Gründen der Wirtschaftlichkeit der Krankenhäuser eine gewisse Bedeutung hat. Allerdings verwenden wir für
dieses Basisprogramm kein Vielkanalgerät, in dem wir auf analytische Kompromisse angewiesen sind, sondern Ein- und Zwei-Kanal-
Geräte, mit denen wir glauben, auch in dieser ersten Phase bereits analytisch einwandfreie Daten liefern zu können.

SIEGENTHALER:
Darf ich nur dazu etwas sagen: Wenn Sie dabei 21.8% Befunde be-
kommen, die Sie nicht erklären können, dann verlängern Sie mit
Sicherheit die Aufenthaltsdauer.

EGGSTEIN:
Vielleicht darf ich aus den Erfahrungen der letzten 10 Jahre sagen: 1. Wir haben vor 10 Jahren einen Anforderungsbogen entwickelt, wo neben Profilen Einzeluntersuchungen angefordert werden konnten. Bei der nächsten Neuauflage, schon zwei Jahre nachher, haben wir diese Einzelanforderungen weggelassen, weil sie
nicht benützt wurden. 2. Die Zahl der Untersuchungen pro Patient
und Tag hat sich in den letzten Jahren bei uns nicht mehr geändert. Die Frequenz der Untersuchungen hat sich allerdings etwas
verringert, dafür wurde die einmal abgenommene Blutprobe intensiver benützt.

Die Zahl der Untersuchungen pro Patient und pro Tag hat sich in
unserer Klinik also nicht geändert, obwohl sich die ärztliche
Leitung und der Assistentenstamm innerhalb der letzten 10 Jahre
grundsätzlich geändert hat. 3. Was sich geändert hat, in den
letzten 10 Jahren, war das Muster der Untersuchungen, orientiert

an intra-laboratoriellen Kontrollen und nach ökonomischen Gesichtspunkten (Tests, die teuer waren und wenig gebracht haben,
wurden herausgenommen). Und als letztes noch, Herr GROSS: Was
Sie von Ihren 5.000 Patienten berichtet haben über die Wichtigkeit von Anamnese, klinischem Befund, EKG, Röntgen- und Laborbefund, deckt sich überraschend gut mit unseren 2000 analysierten Intensivpflegepatienten.

WISSER:
Herr EGGSTEIN hat ein optimistisches Bild gemalt, als ob die
Basisprogramme schon da wären.

Ich würde Herrn GROSS anbieten, unser Krankenhaus in Ihre Statistik mit einzubeziehen und Ihre Analysenzahlen an einem uni-
versitären mit einem Krankenhaus vom Land zu vergleichen. Ich
habe neulich bei Herrn KNEDEL eine Statistik gesehen über die
Anzahl der Notfallanalysen in Großhadern und in anderen Münchner
Krankenhäusern, das war ein Faktor 10. Da wäre zu klären, warum
derartig diskrepante Analysenzahlen herauskommen. Es wird mit
Sicherheit herauskommen, daß Sie erheblich mehr machen als wir.

WERNER:
Ich bitte jetzt die Referenten um ein Schlußwort.

HAECKEL:
Ich meine, nach wie vor sind alle Standpunkte offen. Für beide
Seiten gibt es gute Gründe dafür und auch Gründe dagegen, wie
wir gehört haben. Wir, die an der heutigen Fragestellung besonders interessiert sind, haben sicher Anregungen erhalten, wo
und wie die offenen Fragen zu klären sind. Hoffentlich kommen
wir in einigen Jahren dahin, definitiv zu entscheiden, ob das
indiskriminierte Screening, und sei es nur bei der Aufnahme
eines Patienten, gerechtfertigt ist; aber zur Zeit muß die Frage
noch offen bleiben.

GROSS:
Ich habe nicht mehr zu sagen, es ist alles klar zur Diskussion
gekommen, und ich kann Herrn HAECKEL nur zustimmen. Die Meinun-
gen sind in Details, würde ich sagen, verschieden. Ich habe in
der Diskussion keine grundlegenden Unterschiede mehr gesehen.
Wir haben einiges mehr präzisiert, was bisher uns allen mehr
oder minder verschwommen klar war, aber im Grunde stimmt es
doch weitgehend überein.

WERNER:
Ich möchte eine kurze Zusammenfassung geben. Die Ursache unserer
Probleme ist die technische Entwicklung, welche uns erlaubt, Ma-
schinen zu bauen, die eine unerwartete Datenflut ausspucken können. Am Ende dieser Entwicklung stehen Geräte, welche Mehrfachanalysen erlauben, welche billig genug erscheinen, um ungezielt
benutzt zu werden. Bei den Spitalaufnahmen und bei Gesunden werden solche Analysen Vorsorgeuntersuchungen genannt. Die Rechtfertigung für ihren Gebrauch ist dreifach: Erstens sollen sie
irgendwie zur allgemeinen Gesundheit beitragen. Aber das wurde
experimentell nie überzeugend gezeigt. In diesem Punkt sind sich
die meisten Sprecher hier einig gewesen. Zweitens können Vor-

sorgeuntersuchungen die Produktivität des Arztes steigern. Um
diesen Punkt hat sich wohl die größte Diskussion entfacht. Ich
habe persönlich 500 Fälle von Vorsorgeuntersuchungen katamne-
stisch untersucht, und Freunde von mir haben viele weitere hundert Fälle analysiert. Wenn man das tut, sieht man häufig, daß
Laboranalysen positiv sind, daß aber der Wert im System nie ausgewertet wurde. Es liegen also echt positive Befunde vor, welche
ignoriert werden. Meiner Ansicht nach ist dies das größte Problem, welches fast alle Studien, die auf diesem Gebiet gemacht
wurden, trivial macht. Jede Analyse der Nützlichkeit von Vorsorgeuntersuchungen ist nämlich wertlos, wenn nicht sichergestellt wurde, daß der Kliniker auch in der Lage war, die ange-
botene Information auszunutzen.

Zusammenfassung

H. Büttner

Bei der Planung dieser Veranstaltung hatte ich zunächst Bedenken, ein so sprödes und theoretisches Thema, wie das der Validität von Befunden, in diesem Rahmen zu behandeln. Der Ablauf der
Tagung und die lebhafte Diskussion haben gezeigt, daß ein solches Thema durchaus zu behandeln ist, und, was noch wichtiger
ist, daß ein erfreuliches Interesse auch auf Seiten der Klinik
besteht, sich mit diesen Fragen zu beschäftigen. Es ist uns offensichtlich auch gelungen, durch gute Referate den Anstoß für
diese Diskussion zu geben. Ich möchte ganz kurz einige Punkte
herausgreifen, die mir besonders wichtig erscheinen.

Im Einführungsreferat von Herrn HARTMANN ist ganz deutlich herausgestellt worden, daß wir Laboratoriumsuntersuchungen für die
verschiedenartigsten ärztlichen Handlungen und nicht nur zum
Zwecke der Diagnosestellung ausführen. In der Diskussion ist
dann doch wieder zu sehr auf das Problem der Diagnose abgehoben
worden, und die anderen Probleme sind etwas an den Rand gedrängt
worden.

Das Referat von Herrn KELLER hat uns ganz in die praktischen
Probleme hineingeführt. Wir müssen mit einer Fülle von Störfaktoren und Einflußgrößen rechnen, die wir zum Teil noch ungenau
übersehen. Die mathematischen Modelle zur Behandlung der durch
diese Einflüsse bedingten Variabilität sind offensichtlich noch
völlig unzureichend. Und für den Kliniker ist sicher deutlich
geworden, daß der "naive Umgang" mit dem Befund nicht mehr möglich ist.

Ich habe dann in meinem Referat versucht, von der Struktur des
Befundes ausgehend, die Begriffe der Relevanz und der Validität,
sowie Möglichkeiten zu ihrer Quantifizierung herauszustellen.
Ich habe bewußt nur die ersten Schritte hier vorgetragen bis hin
zum Konzept des Predictive Value. Herr VOGT hat dann später einen der möglichen Wege für eine Weiterentwicklung gezeigt.

Danach haben wir, der Tradition dieses Symposiums entsprechend,
versucht, an drei Modellen die Probleme etwas praxisnäher zu behandeln. Die beiden Modelle der Lebererkrankungen und der Schilddrüsenerkrankungen sind sicherlich dafür besonders geeignet. Die
lebhafte Diskussion, die sich an Einzelfragen oft entzündet hat,
hat erfreulicherweise aber immer wieder auf das Grundproblem,
die Validität der Befunde, zurückgeführt. Im einzelnen sind verschiedene interessante Probleme deutlich geworden, die weiterver-
folgt werden müssen. So in dem Referat von Herrn VOGT das Problem des Umganges mit Clustern. Vielleicht sollte man nicht von
einer "biochemischen oder serumbiochemischen Entität" sprechen.

Es ist sicher einfacher, diese Cluster als Kürzel für eine multivariate Befundkonstellation anzusehen und versuchsweise in der Klinik damit zu arbeiten.

Mit dem Modell der Herz-Kreislauf-Erkrankungen haben wir dann den sozialmedizinischen Aspekt in die Diskussion gebracht. Dieses Thema hätte Stoff für eine ganze Tagung geboten, hier konnten nur einige Probleme herausgearbeitet werden. Ich bin besonders dankbar, daß Herr ROBRA kurzfristig für Herrn PFLANZ eingesprungen ist.

Wir haben uns schließlich dem Problem der ungezielten Mehrfachanalyse zugewandt und damit ein heißes Eisen aufgegriffen. Die Mehrfachanalyse ist umstritten, weil viele Grundvoraussetzungen noch nicht richtig abgeklärt worden sind. Ich bin ganz sicher, daß die meisten von uns auch nach dieser Diskussion noch ambivalent sind, was den Einsatz der Mehrfachanalyse betrifft, aber ich meine, wir haben doch einen Schritt nach vorwärts getan.

Abschließend möchte ich als Ergebnis dieser Tagung einige allgemeine Schlußfolgerungen ziehen:

1. Das Konzept der Validität eines Befundes erscheint wichtig und notwendig sowohl für die Klinik wie auch das klinisch-chemische Laboratorium.

2. Wie zu erwarten, haben sich vielfältige praktische Probleme ergeben, die zu lösen sind. Ganz besonders gilt dies für die richtige Wahl des Außenkriteriums, an dem wir die Validität unserer Befunde prüfen wollen.

3. Referate und Diskussion haben die große Bedeutung des multivariaten Ansatzes deutlich gemacht. Das bloße Nebeneinanderstellen von Daten ohne eine Verknüpfung schöpft die vorhandene Information nicht aus. Wenn wir diese Verknüpfung vornehmen wollen, benötigen wir mathematisch-statistische Methoden. Allerdings werden die komplexen, multidimensionalen Befunde unanschaulich. Es erhebt sich in diesem Zusammenhang die Frage, ob der Kliniker mit diesen komplexen Daten arbeiten kann. Andererseits muß man sicherlich geeignete, in der Klinik anwendbare Methoden entwickeln, um die größer werdende Datenflut zu beherrschen und der Gefahr einer Informationskrise zu begegnen.

4. Einige grundsätzliche theoretische Fragen wurden nur am Rande angesprochen (etwa BAYES-Statistik, der Wert der Cluster-Analyse). Zur Lösung dieser Fragen bleibt noch viel zu tun.

5. Die Validität von Befunden darf nicht nur im Hinblick auf ärztliche Handlungen untersucht werden.

In den 50er und 60er Jahren hat es Versuche gegeben, mathematisch-statistische Methoden unter der optimistischen Bezeichnung "Computerdiagnostik" in die praktische Medizin einzuführen. Diese Versuche sind gescheitert, man kann aber in der Literatur verfolgen, daß durch die Beschäftigung mit der Computerdiagnostik die Erforschung des diagnostischen Prozesses, des Zustandekommens einer Diagnose, angestoßen worden ist, die reiche Früchte

getragen hat. Es ist das Verdienst von Herrn GROSS gewesen, uns
vor 10 Jahren hierauf hingewiesen zu haben.

In ganz ähnlicher Weise erhoffe ich von der Beschäftigung mit
dem Problem der Validität von Befunden eine bessere theoretische
Durchdringung der Struktur und der Eigenschaften klinisch-chemi-
cher Befunde. Der Anstoß kam in diesem Falle von außen: durch
die Frage, ob die von uns ausgeführten Analysen in dem gegenwärtigen Umfang sinnvoll und ökonomisch sind.

Ich möchte schließen mit einigen Dankesworten. Dank an unsere
Referenten, die, wie ich meine, in schönen, mit sehr viel Arbeit
zusammengestellten Referaten, die Grundlage für eine lebhafte
Diskussion geschaffen haben. Dank an unsere drei Moderatoren,
die Herren RÓKA, SIEGENTHALER und WERNER, die diese schwierigen
Diskussionen hervorragend geleitet haben.

Dank den Herren LANG und RICK für die ausgezeichnete Zusammenarbeit im Organisationskomitee. Die hervorragende Organisation
auch dieses Symposiums ist in besonderem Maße das Werk von Herrn
LANG, dem es immer wieder gelingt, einen engagierten Diskussionskreis zu gewinnen und die Veranstaltung mit dem Charakter besonderer Gastfreundschaft zu versehen. Dank last not least der
Merck'schen Stiftung für Kunst und Wissenschaft, die dieses Symposium ermöglicht hat.

Z. Lojda, R. Gossrau, T. H. Schiebler

Enzymhistochemische Methoden

1976. 20 Abbildungen. VII, 300 Seiten
DM 62,–; approx. US $ 36.60
ISBN 3-540-07810-X

F. Müller, O. Seifert

Taschenbuch der medizinisch-klinischen Diagnostik

Fortgeführt von H. v. Kress
Herausgeber: H. v. Kress, G. A. Neuhaus
70. neubearbeitete Auflage. 1975. 173 Abbil-
dungen (davon 36 farbig), 8 Tabellen.
XXVII, 914 Seiten
Gebunden DM 98,–; approx. US $ 57.90
J. F. Bergmann Verlag, München
ISBN 3-8070-0294-4

W. Rick

Klinische Chemie und Mikroskopie

Eine Einführung
5., überarbeitete Auflage. 1977. 56 Abbil-
dungen (davon 13 Farbtafeln), 29 Tabellen.
XVI, 426 Seiten
DM 26,–; approx. US $ 15.40
ISBN 3-540-08219-0

G. Weiss

Diagnostische Bewertung von Laborbefunden

Mit einem Geleitwort von A. Schretzenmayr
4. Auflage. 1976. XII, 494 Seiten
Gebunden DM 64,–; approx. US $ 37.80
ISBN 3-540-79800-5

G. Weiss

Laboruntersuchungen nach Symptomen und Krankheiten

Mit differentialdiagnostischen Tabellen
Unter Mitarbeit von G. Scheurer,
N. Schneemann, J.-D. Summa, K. H. Welsch,
U. Wertz
2. korrigierte Auflage. 1979. 11 Abbildungen,
62 Tabellen. XII, 9o6 Seiten
Gebunden DM 68,–; approx. US $ 40.20
ISBN 3-540-09768-6

Springer-Verlag
Berlin
Heidelberg
New York